RUDOLF ALLMANN

Röntgenpulverdiffraktometrie

T0226031

Springer

Berlin
Heidelberg
New York
Barcelona
Hongkong
London
Mailand
Paris
Tokio

Rudolf Allmann

Röntgen-Pulverdiffraktometrie

Rechnergestützte Auswertung, Phasenanalyse und Strukturbestimmung

unter Mitwirkung von
Dr. ARNT KERN

2., korrigierte und erweiterte Auflage

Mit 138 Abbildungen und 39 Tabellen

 Springer

Dr. Rudolf Allmann

Philipps-Universität Marburg
Instiut für Mineralogie
Hans-Meerwein-Str.
35032 Marburg

ISBN 3-540-43967-6 Springer-Verlag Berlin Heidelberg NewYork
ISBN 3-540-62493-7 1. Auflage Sven von Loga Verlag

Die Deutsche Bibliothek – CIP-Einheitsaufnahme
Allmann, Rudolf: Röntgenpulverdiffraktometrie : rechnergestützte Auswertung, Phasenanalyse
und Strukturbestimmung / Rudolf Allmann. - 2. Aufl.. - Berlin; Heidelberg; New York; Barcelona;
Hongkong; London; Mailand; Paris; Tokio]: Springer, 2003
   ISBN 3-540-43967-6

Herstellung: PRO EDIT GmbH, 69126 Heidelberg
Umschlaggestaltung: E. Kirchner, 69121 Heidelberg
Gedruckt auf säurefreiem Papier   SPIN 10886042   32/3130Göh – 5 4 3 2 1 0

Vorwort zur 1. Auflage 1994 (Auszug)

Die vor 80 Jahren von Friedrich, Knipping und von Laue (1912) entdeckte Beugung von Röntgenstrahlen an Kristallen wird in vielen Labors zur zerstörungsfreien Identifikation von Festkörperproben benutzt. Der Einsatz von Kleinrechnern (PC's und Mac's) hat vor allem in der Röntgenpulverdiffraktometrie zu einer Renaissance geführt, stand sie doch längere Zeit im Schatten der Einkristallmethoden, die schon seit den 50er Jahren Großrechner zur Aufklärung von Kristallstrukturen benutzten und deren Ergebnisse durch mehrere Nobel-Preise gekrönt wurden.

Allein durch den Umstieg von analoger, manueller zu digitaler, computoraler Auswertung kann die Messgenauigkeit und Reproduzierbarkeit von Pulverdiffraktogrammen um eine Zehnerpotenz (von 1/10 auf 1/100° in 2θ) gesteigert werden, ohne dass dazu ein neues Diffraktometer notwendig wäre. Nimmt man dazu noch einen ortsempfindlichen Detektor, so lässt sich die Messzeit von Stunden auf Minuten verkürzen, so dass damit auch Festkörperreaktionen, wie z. B. das Abbinden von Gips, direkt verfolgt werden können. Im Routinebetrieb gestatten Probenwechsler außerdem, auch die Nachtstunden für Messungen zu nutzen.

Das vorliegende Buch befasst sich einleitend mit den physikalischen Grundlagen und den bisherigen manuellen Methoden, um im Hauptteil auf die Schritte einzugehen, die bei der digitalen Auswertung von Pulverdiffraktogrammen von Bedeutung sind, vor allem, wie man aus einer Rohdatei mit 1000 - 10 000 Einzelwerten einer schrittweisen Messung zu der gewünschten Reflexliste mit Beugungswinkeln, Netzebenenabständen, Intensitäten und Halbhöhenbreiten kommt (meist unter 100 Einzelreflexe).

Diese Reflexdatei ist dann Grundlage für die Reflexindizierung, die Bestimmung von Gitterkonstanten, die Phasenanalyse von Stoffgemischen (falls die Diagramme der Einzelphasen bereits bekannt sind) und die Bestimmung der mittleren Korngröße und eventueller Stressfaktoren.

Außerdem werden moderne Methoden wie ortsempfindliche Detektoren, hochintensive Synchrotronstrahlung und Strukturverfeinerungen an Pulverpräparaten (Rietveldmethode) kurz behandelt. Alle diese Methoden haben sich durch den Einsatz leistungsfähiger PCs und ähnlicher Kleinrechner zu Routineverfahren entwickelt, bei denen eine bedienerfreundliche Software mindestens genau so wichtig ist wie eine fehlertolerante Hardware. Leider wird damit eine Methode aber leicht zu einer "Black Box", die dann bei unkritischer Handhabung zu Fehlurteilen führen kann. Ich hoffe, mit den folgenden Kapiteln dieser Gefahr etwas entgegenwirken zu können.

Der hier behandelte Stoff ist aus mehreren Vorlesungen und Übungen über Röntgenpulverdiffraktometrie (Röntgenkurs I an der Philipps-Universität Marburg) entstanden. Dank eines Forschungssemesters konnte mit der vorliegenden Ausarbeitung begonnen werden. Ich danke Prof. Dr. Georg Amthauer, dass ich die Monate Mai und Juni 1992 an der Paris-Lodron-Universität in Salzburg verbringen und in dieser Zeit den Hauptteil dieser Arbeit fertig stellen konnte. Ich danke meiner Frau, allen Mitarbeitern und Kollegen sowie den Firmenvertretern, die den Entwurf dieses Buches kritisch gelesen und Verbesserungsvorschläge gemacht haben, vor allem Dr. R.X. Fischer, Mainz. Für weitere Anregungen und Verbesserungsvorschläge ist der Autor jederzeit dankbar. Die Abbildungsquellen sind in den Bildlegenden angegeben, wobei dasselbe Bild durchaus in verschiedenen Publikationen vorkommen kann.

Marburg, im April 1994

Vorwort zur 2. Auflage

Der notwendige Neudruck soll genutzt werden, um die inzwischen von einigen Kollegen und mir entdeckten Fehler zu korrigieren. Außerdem entwickelt sich die Pulverdiffraktometrie schnell weiter. Bei der Phasensuche wird mehr und mehr auf die Reflexsuche und die Reflexdatei - wie bei den manuellen Methoden üblich - verzichtet, und die Strichdiagramme der PDF-Datei werden direkt in das gemessene (und untergrundsbereinigte) Diagramm eingepasst. Selbst bei schlechteren Diagrammen ist die Geschwindigkeit und der Erfolg dieser Phasensuche beeindruckend. Bei der Intensitätsmessung halten die aus der Videotechnik bekannten CCD-Arrays Einzug. Auch Geräte mit Bildspeicherplatten erlauben kurze Messzeiten. Außerdem werden neue oder verbesserte Auswertungsprogramme angeboten. Zu erwähnen ist auch die erschwinglich gewordene Datei ICSD der anorganischen Kristallstrukturen (FIZ Karlruhe), die für zur Zeit ca. 60.000 Substanzen erlaubt, theoretische Pulverdiagramme ohne lange Literatursuche zu berechnen. Die Benutzung von Fundamentalfunktionen zur Darstellung der Peakform von Röntgenreflexen hat die Darstellung berechneter Pulverdiagramme sehr vereinfacht und fehlerunempfindlich gemacht. Besonders die Handhabung der Rietveldmethode wurde dadurch sehr vereinfacht. Herrn Dr. A. Kern danke ich für seine Mithilfe bei der Besprechung dieser Methode.

Auch die zweite Auflage wird nicht ganz fehlerfrei sein, und ich bin für Fehlermeldungen und Anregungen jederzeit dankbar.

Marburg, im April 2002

Inhaltsverzeichnis

2

4

Liste der verwendeten Abkürzungen

Vektoren und Matrizen werden fett gedruckt:

a, b, c: Basisvektoren des Kristallgitters (zuweilen mit $\mathbf{a}_1, \mathbf{a}_2, \mathbf{a}_3$ bezeichnet)

a*, b*, c*: Basisvektoren des reziproken Gitters

$\mathbf{S}_0, \mathbf{S}$: Vektoren des einfallenden und ausfallenden Strahls (Längen = $1/\lambda$)

n: Flächennormale, speziell:

$\mathbf{d}_{hkl}$: Abstandsvektor der Ebenenschar hkl (Länge = d_{hkl} = Netzebenenabst.)

$\mathbf{d^*}_{hkl}$: zu $\mathbf{d}_{hkl}$ reziproker Vektor (Länge d^*_{hkl} = $1/d_{hkl}$)

$\mathbf{h} = \mathbf{S}_0 - \mathbf{S}$: Beugungsvektor hkl (Beugung, wenn $\mathbf{h} = \mathbf{d^*}$)

A: eine Matrix mit den Gliedern a_{ik}

$a_0, b_0, c_0, \alpha, \beta, \gamma$: Gitterkonstanten ($\alpha$ = Winkel zwischen **b** und **c** etc.)

$a^*, b^*, c^*, \alpha^*, \beta^*, \gamma^*$: reziproke Gitterkonstanten

V, V^*: Volumen der Elementarzelle bzw. der reziproken Zelle

D: Dichte (in g/cm^3, manchmal auch ###), D_m: gemessen, D_x: berechnet

ρ: meist Elektronendichte (in $e/\text{Å}^3$), auch spezifische Dichte

θ: Glanzwinkel (zw. $\mathbf{S}_0$ und einer Netzebene)

2θ: Beugungswinkel (zwischen $\mathbf{S}_0$ und **S**)

λ: Wellenlänge (oft die von $CuK\alpha$)

ν: Frequenz (= c/λ)

c: Lichtgeschwindigkeit im Vakuum

I_0, I: Intensität des Primärstrahls (I nach Abschwächung durch Absorber)

U: Spannung (in Volt oder kV)

e: Elementarladung des Elektrons

h: Planck'sches Wirkungsquantum

μ: Linearer Absorptionskoeffizient (in cm^{-1})

μ/ρ: Massenschwächungskoeffizient (in cm^2/g), ergibt sich additiv aus den Atomanteilen

x_i: Massenanteil der i.ten Atomart

Z: Ordnungszahl eines Elements im Periodensystem (= Zahl der Elektronen im Atom, bestimmt Streukraft für Röntgenstrahlen)

Z: auch: Anzahl der Formeleinheiten in der Elementarzelle

f_j: Atomformfaktor (Streukraft in Abh. von $\sin\theta/\lambda$, < Z)

Φ_a, Φ_b, Φ_c: Richtungswinkel eines Vektors bezogen auf die Basisvektoren

B: Temperaturfaktor (proportional zum Quadrat der mittleren Auslenkung eines Atoms, deshalb auch Auslenkungsfaktor genannt)

h, k, l (oder ℓ): Miller'sche Flächen-Indizes (hkl) bzw. Konstanten der Laue-Gleichungen oder Glieder des Beugungsvektors **h**

u, v, w: Koordinaten von Gitterpunkten (ganzzahlig für primitive Gitter) x, y, z: relative Koordinaten von Atomen in der Elementarzelle ($0 \leq x,y,z < 1$)

n, N: Zählangaben (Größen von Mengen)

Q_{hkl}:   quadratischer Ausdruck eines Reflexes ($= d^{*2}$, oft $\times 10^4$)

$\angle$:   Winkel

$1, 2, 3, 4, 6, \bar{1}, m, \bar{3}, \bar{4}, \bar{6}$: erlaubte Symmetrieelemente in einem Gitter
                (nach Hermann-Mauguin)

P, A, B, C, I, F, R: Symbole für Bravaisgitter

Å: Ångström-Einheit ($1Å = 10^{-10}$ m)

m_{ik}:   Glied des reziproken Fundamentaltensors ($= \mathbf{a}^*_i \cdot \mathbf{a}^*_k$)

R: Radius des Goniometers (= Abstand Röhrenfokus-Probe)

R: auch: Radius eines gebogenen Monochromators

d: Dicke eines Präparats oder Präparathöhenfehler

m, M: Flächenhäufigkeit einer Flächenform

m: auch: Exponent in der Pearson VII-Profilfunktion

s, sec: Sekunde

s.:   siehe

S: Schüttdichte (in g/cm^2)

PSF   profile shape function (Profilformfunktion)

Die einzelnen *Reflexe* eines Pulverdiagramms werden zuweilen auch als Peaks oder Linien bezeichnet. Der k.te Reflex wird charakterisiert durch *Reflexlage*: $2\theta_k$ (meistens die Lage des Reflexmaximums), *Reflexhöhe*: $I_{peak,k}$ oder $I_{max,k}$, *Halbhöhenbreite*: HB_k (englisch: FWHM = full width at half maximum), *Flankenform* (z.B. der Exponent m_k der Pearson VII-Formel) und *Asymmetrie*. Für die quantitative Analyse sind die *Integralintensitäten* I_{int} besser geeignet als die Reflexhöhen I_{max}.

Die Abbildungen und Tabellen sind innerhalb der Hauptkapitel durchnummeriert.

A Einleitung: Die Bragg'sche Gleichung

Auf einer Skifreizeit der Münchener Physiker im April 1912 konnte Max von Laue seinen Kollegen Arnold Sommerfeld überreden, von dessen frisch ernanntem Assistenten W. Friedrich unter Mithilfe von P. Knipping (Doktorand von W.C. Röntgen) ein Experiment durchführen zu lassen, das gleichzeitig zwei offene Fragen beantwortete: 1): Handelt es sich bei den 1895 entdeckten Röntgenstrahlen um Wellen (wie für Licht) oder um Korpuskularstrahlen (wie die α- und β-Teilchen der Radioaktivität)? und 2): Sind Kristalle gitterartig, d.h. 3-dimensional periodisch, aufgebaut, wie das von Kristallographen schon lange vermutet worden war?

Der Versuch bewies die Wellennatur der Röntgenstrahlen und den gitterartigen Aufbau des bestrahlten Kupfervitriol-Kristalls (und danach - mit besserem Erfolg - eines Zinkblende-Kristalls). Der Zusammenhang zwischen der Wellenlänge der Röntgenstrahlen und der Geometrie der Kristallgitter wurde von v. Laue mathematisch durch die nach ihm benannten Lauegleichungen beschrieben (s. Kap. B.4.2). Die gute Wechselwirkung zwischen Röntgenstrahlung und Kristall erklärt sich aus den sehr ähnlichen Dimensionen: so entspricht die Wellenlänge der viel verwendeten $CuK\alpha$-Strahlung zufällig dem C-C-Abstand im Diamant, beide = 1.54 Å = 0.154 nm = 154 pm.

Mit der Beantwortung der beiden Fragen war für v. Laue das Problem gelöst und mathematisch formuliert. Wie die Atome im Kristallgitter angeordnet sind, interessierte den Physiker v. Laue nur wenig. Dieser Frage widmeten sich die pragmatischeren Engländer und schon 1913, ein halbes Jahr nach der Veröffentlichung von v. Laue, löste Sir W.L. Bragg (Sohn) die Kochsalzstruktur und bestimmte den kürzesten Abstand Na-Cl darin zu 2.8 kX-Einheiten, die später durch die um 2 $^o/_{oo}$ kürzeren Å-Einheiten ersetzt wurden (1Å = 10^{-10}m). Die Feinangleichung der Röntgenwellenlängen an die metrische Skala ist immer noch nicht abgeschlossen und steht in engem Zusammenhang mit der Verfeinerung der Loschmidt'schen Zahl von $6.022094(5).10^{23}$ Atomen pro Grammatom (Deslattes & Henins, 1973,1974,1976).

W.L. Bragg (Sohn) fand 1912, 1913 eine einfachere Formel für die Erklärung der Röntgenbeugung, indem er diese auf die Reflexion von Röntgenlicht an einer Netzebenenschar zurückführte. Wie sichtbares Licht wird Röntgenlicht an einer Netzebene reflektiert, d.h. es gilt Einfallswinkel θ_0 = Ausfallswinkel θ und die Koplanarität der 3 Vektoren S_0 (einfallender Strahl), S (ausfallender Strahl) und n (Normale auf die Netzebene). Im Gegensatz zu Licht ist aber die Absorption der Röntgenstrahlen sehr gering - deswegen können sie ja in der Medizin und Materialprüfung zur Durchstrahlung eingesetzt werden -, so daß die zweite und die folgenden Netzebenen praktisch mit der gleichen Intensität bestrahlt werden wie die oberste Netzebene. Dadurch kommt es zu Interferenzen zwischen den an den verschiedenen Netzebenen reflektierten Röntgenstrahlen. Diese können sich nur dann zu einem meßbaren Effekt aufaddieren, wenn die Gangunterschiede von Strahlen, die an benachbarten Netzebenen reflektiert werden, gleich der Wellenlänge λ der angewendeten Strahlung sind oder einem ganzzahligen Vielfachen davon (n·λ). Der Gangunterschied errechnet sich zu 2d·sinθ und damit lautet die Braggsche Gleichung:

$$n \cdot \lambda = 2d \cdot \sin\theta$$

(da man die ganze Zahl n in die Indizierung hkl der Netzebenenschar integrieren kann als nh, nk, nl, läßt man n speziell in der Pulverdiffraktometrie weg: λ = 2d·sinθ, s. Kap. C).

Die Gleichung enthält 3 Größen, von denen nur 2 bekannt sein müssen. Die dritte Größe kann aus den beiden anderen berechnet werden. Bei der Pulverdiffraktometrie ist die Wellenlänge der Röntgenstrahlen bekannt (z.B. für $CuK\alpha_1$-Strahlung 1.540598(2) Å , Deslattes & Henins, 1973), der Winkel θ eines Reflexes wird gemessen, während die d-Werte eines (unbekannten) Pulvers daraus berechnet werden. Bei der Röntgenfluoreszenzanalyse (RFA) verwendet man dagegen Analysatorkristalle mit bekannten d-Werten, über die Messung von θ läßt sich n·λ bestimmen und damit die Atomart in der Probe, von der die Röntgenstrahlen ausgehen. Der Winkel zwischen einfallendem und ausfallendem Strahl beträgt 2θ und wird als *Beugungswinkel* bezeichnet. Der Einfallswinkel θ selbst wird kaum benutzt. θ wird auch Glanzwinkel genannt.

Die nächsten Kapitel befassen sich mit diesen 3 Größen:
λ steht für die Erzeugung und Messung von Röntgenstrahlen (Kapitel B)
d für das Kristallgitter, zu dem die beugende Netzebenenschar gehört (Kap. C)
θ für die Aufnahmetechniken, mit denen die Beugungswinkel gemessen
   werden (Kapitel D).

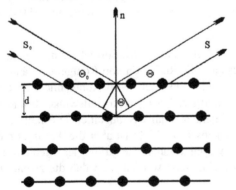

⇐ **Abb.A(1):** Beugungsvorgang an einer Netzebenenschar nach W.L. Bragg (1912). Der untere Strahl legt einen längeren Weg zurück: Gangunterschied = 2·d·sinθ. Innerhalb einer Netzebene sind bei Reflexion die Gangunterschiede = 0.

B Röntgenstrahlen

1895 entdeckte Wilhelm Conrad Röntgen bei der Erzeugung von Kathoden-strahlen eine weitere, rätselhafte, stark durchdringende Strahlung. Seine Benennung "X-Strahlen" wird noch heute in den angelsächsischen und anderen Ländern für die Röntgenstrahlen benutzt. Ihr Wellencharakter wurde erst 1912 nachgewiesen (Friedrich, Knipping & Laue, 1912; Laue, 1913), ihre Wellenlängen sind 3 - 5 Zehnerpotenzen kleiner als die des sichtbaren Lichtes. Daher ist für Röntgenlicht ein Kristall kein homogenes Medium mehr wie für sichtbares Licht. Vielmehr sieht das Röntgenlicht die sehr ungleichförmige (im Kristall aber periodische) Elektronendichteverteilung $\rho(xyz)$ um die einzelnen Atomkerne und tritt mit diesen in Wechselwirkung. Die Atomkerne selbst haben wenig Einfluss, da die Wechselwirkung umgekehrt proportional zur Masse der streuenden Elementar-teilchen ist, es sei denn, die Energie der Röntgenquanten entspricht der Anre-gungsenergie eines Atomkerns (Mößbauereffekt). Insgesamt ist die Wechsel-wirkung bei Wellenlängen unter 1 Å sehr klein, so dass ein Röntgenstrahl schon mehrere Millionen Atome passiert haben muss, um auf die Hälfte geschwächt zu werden. Daher weicht auch die Brechzahl von Röntgenlicht nur minimal von 1.0 (nach unten !) ab und ihr Einfluss kann bei den meisten Untersuchungen außer Acht gelassen werden. Die langwelligste zu Beugungszwecken verwendete Rönt-genstrahlung ist mit λ = 2.29Å die CrKα-Strahlung. Diese wird bei 25°C schon von 18.5 cm Luft zu 50 % absorbiert (54 cm für CuKα und 5.7 m für MoKα).

B.1 Erzeugung von Röntgenstrahlen (Röntgenröhren)

In den meist verwendeten evakuierten Röntgenröhren aus Glas oder Metall befindet sich ein Wolframglühdraht (1200-1800°C Betriebstemperatur) als Katho-de und eine gekühlte Anode (Antikathode) aus einem möglichst elementreinen Metall (z.B. Cr, Fe, Cu, Mo, Ag). Durch die angelegte Hochspannung U von 20-60 kV werden die aus der Kathode austretenden Elektronen stark beschleunigt und mit einer Energie von ungefähr e·U (e = Elementarladung des Elektrons) auf das Anodenmaterial geschossen (e·U muss um die Austrittsarbeiten in Kathode und Anode korrigiert werden). Die Größe des Brennflecks (ca. 1x10 mm^2 und kleiner) entspricht ungefähr der Größe des Heizwendels der Kathode und kann durch ein-fache, elektronenoptische Maßnahmen (Blenden) etwas variiert werden. Der Elek-tronenstrom von 20-60 mA (bei besser gekühlten Drehanoden auch höher) wird durch die Heiztemperatur der Glühkathode geregelt, da mit steigender Temperatur die Austrittsarbeit der Elektronen verringert wird (Abb. B(1-3)). Moderne Nor-malfokusröhren mit einem Brennfleck von 1×10 mm^2 können mit einer Gesamt-leistung von 2000 Watt belastet werden (für Cu-Anoden, bei Mo: 2400 Watt), Feinfokusröhren mit 0.4×8 mm^2 mit 1500 Watt für Cu bzw. 2000 Watt für Mo.

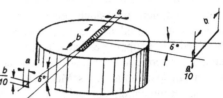

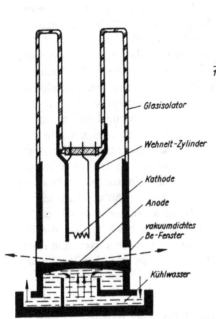

⇑ **Abb. B(2)**: Brennfleck auf der Anode und dessen unterschiedliche Wahrnehmung durch zwei Fenster als Punktfokus bzw. Strichfokus. (Verkürzung ≈ 1:10 bei einem Abnahmewinkel von 6°) (nach Jost, 1975).

⇐ **Abb. B(1)**: Schnitt durch eine Röntgenröhre (nach Jost, 1975).

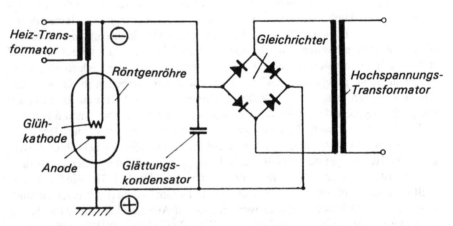

Abb. B(3): Schaltschema eines Röntgengenerators (nach Jost, 1975).

Die Röntgenstrahlung kann die Röhre durch 4 Fenster verlassen, die in Längs- und Querrichtung zum Brennfleck angeordnet sind und die aus wenig absorbierendem Berylliumblech und/oder einer dünnen Glashaut < 1/10 mm zur Abdichtung des Vakuums bestehen. Der Abnahmewinkel beträgt ungefähr 6° (d.h. die Fenster befinden sich um den entsprechenden Betrag oberhalb der Anodenfläche). Dadurch wird der Brennfleck in einer Richtung auf ca. 10% verkürzt gesehen. Für die Fenster in Längsrichtung hat der Brennfleck daher eine scheinbare Größe von 1x1 mm^2 (*Punktfokus*), für die in Querrichtung eine von 10x0.1 mm^2 (*Strichfokus*). Je nach Aufnahmetechnik muss das eine oder andere Fenster verwendet werden. Nach einigen 1000 Betriebsstunden lässt die Röhrenleistung ständig nach, da das Wolfram der Glühwendel im Vakuum allmählich verdampft und sich unter anderem auf den kühlen Fenstern absetzt, obwohl diese in einer Nische der Röhrenwand schon etwas geschützt untergebracht sind. Leider absorbiert dieser Wolframbelag besonders kräftig die gewünschte Strahlung.

B.1.1 Das weiße Röntgenspektrum (Bremsstrahlung)

Die kinetische Energie der Elektronen wird bei der Abbremsung in der Anode vorwiegend in Wärme umgesetzt (zu ungefähr 99.5%), nur ein Bruchteil in Quanten kurzwelliger, elektromagnetischer Strahlung: die kontinuierliche oder weiße Bremsstrahlung. Im günstigsten (sehr seltenen) Fall wird die gesamte kinetische Energie E_{kin} = e·U in ein Röntgenquant gleicher Energie umgesetzt. Dieses hat dann die kürzeste mit der Röhrenspannung U erreichbare Wellenlänge, die *Grenzwellenlänge* λ_{min}. Es gilt $E_{kin} = h \cdot \nu_{max} = h \cdot c / \lambda_{min}$ (h: Planck'sches Wirkungsquantum, c: Lichtgeschwindigkeit, ν: Frequenz, e: Elementarladung des Elektrons). Setzt man die Werte der Naturkonstanten in diese Gleichung ein, so ergibt sich $\lambda_{min}[\text{Å}] = 12398/U[V]$, d.h. für die Erzeugung von Röntgenstrahlen mit einer Wellenlänge von 1 Å muss man mindestens 12.4 kV Spannung anlege. Die Ausbeute an Röntgenstrahlung nimmt mit der Ordnungszahl des Anodenelements zu. Deshalb werden in der Medizin meist Wolframanoden benutzt. Die Intensitätsverteilung folgt dem Maxwell'schen Verteilungsgesetz und hat bei ca. $1.5\lambda_{min}$ ihr Maximum (s. Abb. B(4)).

B.1.2 Charakteristische Röntgenstrahlung

Übersteigt die Energie der Elektronen oder der Bremsstrahlung die Ionisierungsenergie der tiefer liegenden Elektronenschalen der Anodenatome, so können diese ionisiert werden, d.h. es werden Elektronen aus den tiefer liegenden Schalen herausgeschossen. Dadurch geraten diese Atome in einen instabilen Zustand, der durch den Sprung von Elektronen aus höheren Schalen auf die ionisierte tiefere Schale ausgeglichen wird. Da den Schalen definierte Energien zugeordnet sind, werden bei diesen Sprüngen elektromagnetische Quanten in einem sehr engen Energiebereich frei, die sich der Bremsstrahlung überlagern. Diese charakteristische Strahlung ist bei kristallographischen Untersuchungen der gewünschte Anteil der erzeugten Röntgenstrahlung.

Nicht allen Elektronen ist der Sprung auf eine tiefere Schale erlaubt (Auswahlregel), sondern nur dann, wenn sich die Nebenquantenzahlen der beiden Elektronenzustände in Quelle und Ziel um 1 unterscheiden. Da die besonders wichtige innerste Schale (K-Schale) nur s-Elektronen enthält, können aus den höheren Schalen L, M, N etc. nur die p-Elektronen auf die ionisierte K-Schale springen. Die entsprechenden Strahlen nennt man $K\alpha$, $K\beta$ usw.. Natürlich ist wegen der direkten Nachbarschaft der (gewünschte) $K\alpha$-Übergang am wahrscheinlichsten, aber ein gewisser Anteil an (störender) $K\beta$-Strahlung lässt sich nicht vermeiden. Der erzeugte $K\beta$-Anteil beträgt ungefähr 1/5 des $K\alpha$-Anteils. Durch anschließende Maßnahmen wird versucht, diesen $K\beta$-Anteil soweit wie möglich zu eliminieren (Filter, Kristallmonochromatoren, Diskriminatoren).

Die Schalennumerierung K, L ,M... entspricht der Hauptquantenzahl n = 1, 2, 3..., die Nebenquantenzahl ℓ = 0, 1, 2,..., n-1 bestimmt die Winkelverteilung der Teil-Elektronenwolke (Bahnimpuls; s, p, d ... -Elektronen). Da in den Atomen auch die innere Quantenzahl j = $\ell \pm 1/2$, die aus der vektoriellen Addition von Bahnimpuls und Spin des Elektrons resultiert, zu geringen Energieaufspaltungen führt, ist die Energie der $K\alpha$-Quanten etwas unterschiedlich: $K\alpha_1$ für j = 3/2 (mit 4 Elektronen besetzt, die sich in der magnetischen Quantenzahl unterscheiden; $p_{x,y}$) und $K\alpha_2$ für j = 1/2 (mit 2 Elektronen besetzt: p_z). Da die Übergangswahrscheinlichkeit der 6 p-Elektronen ungefähr gleich ist, beträgt $I(K\alpha_1):I(K\alpha_2)$ ungefähr 2:1. Das Verhältnis $\lambda(K\alpha_1):\lambda(K\alpha_2)$ nimmt mit steigender Ordnungszahl zu (s. Kap. B.1.2.1). Meistens verwendet man die aufgespaltene $K\alpha_{1+2}$-Strahlung, da die Unterdrückung von $K\alpha_2$ nur unter starkem Intensitätsverlust auch für die $K\alpha_1$-Strahlung möglich ist (bei der Guinier-Kamera verwendet man dazu gebogene Kristallmonochromatoren, die leider sehr justieranfällig sind). Da aber sowohl $\lambda\alpha_1/\lambda\alpha_2$ als auch $I\alpha_1/I\alpha_2$ bekannt sind, lässt sich rechnerisch das $K\alpha_2$-Spektrum recht einfach aus dem Doppelspektrum entfernen ($K\alpha_2$-Stripping, s. Kap. E.2.4).

Der anomale Zustand der Ionisierung einer inneren Schale ist nur von kurzer Dauer (ca. 10^{-12} sec.). Trotzdem erreichen in dieser Zeit weitere ca. 10^8 Elektronen den Brennfleck und dadurch können einige Atome sogar doppelt ionisiert werden. Fehlt außer dem K- auch ein L-Elektron, so wird der Enerieunterschied zwischen K- und L-Schale etwas geringer und beim Elektronenübergang entstehen daher Röntgenquanten mit gering größerer Wellenlänge. Auch dieser Effekt trägt zur Linienbreite bei und zwar bei $K\alpha_2$ etwas stärker als bei $K\alpha_1$.

Da ca. 99.5% der Energie als Wärme verloren geht, entsteht bei einer üblichen Röntgenröhre mit U = 40 kV und 25 mA Röhrenstrom auf dem Brennfleck von nur 10 mm^2 Größe die Heizleistung einer Kochplatte mit 1 kVA. Diese

Energiedichte würde in kürzester Zeit zum Aufschmelzen des Anodenmaterials führen, wenn dieses nicht effektiv von hinten mit 2-5 l Wasser pro Minute gekühlt würde. Zur Wasserersparnis ist ein geschlossener Kühlwasserkreislauf anzuraten, der noch den Vorteil hat, dass sich die Oxidation der Kühlwasserrohre besser kontrollieren lässt, denn losgelöste Rostpartikel können leicht zu einem Verschluss der Kühlwasserleitung (meist in der heißen Röhre selbst) führen. Wenn dann noch der Wasserfluss-Schutzschalter ausfällt, schmilzt die Anode und das Röhrenvakuum saugt das restliche Kühlwasser in die unter Hochspannung stehende Röhre. Die Folgen kann sich jeder selbst ausmalen. Der meiste Schmutz ist häufig in den ersten Litern des Kühlwassers enthalten, die man am besten durch einen Bypass abfließen lässt. Die Temperatur des Kühlwassers sollte leicht über der Raumtemperatur liegen, da sich sonst eine Wasserhaut auf der Glasoberfläche bilden kann, die beim Einschalten der Röhre zu elektrischen Überschlägen führt. Um eine eventuelle Wasserhaut verdampfen zu lassen, sollte die Röhre nach dem Einschalten ca. 5 Minuten mit der geringsten Röhrenleistung aufgeheizt werden, ehe die volle Leistung eingestellt wird.

Tab. B(1): Wellenlängetabelle für übliche Anodenmaterialien.

(Nach Tab. 4.2.2.1 der Internat. Tables, vol. C, 1999). Die dort fehlenden Werte für Fe, Co, Ni wurden entsprechend den sehr sorgfältigen Messungen von Deslattes & Henins (1973) für $CuK\alpha_1$ (1.540598(2) Å, Faktor 1.00002343) und $MoK\alpha_1$ (.7093187(4) Å, Faktor 1.00002636) aus den Werten der Internat. Tables, IV, 1973 korrigiert, in dem sie mit dem Mittelwert 1.0000249(15) multipliziert wurden, um einen in sich konsistenten Satz von Wellenlängen (in Å) zu erreichen.. ($\lambda(K\bar{\alpha}) = (2 \cdot \lambda(K\alpha_1) + \lambda(K\alpha_2))/3$.)

Anode	$\lambda(K\alpha_1)$	$\lambda(K\alpha_2)$	$\lambda(K\bar{\alpha})$	$\lambda(K\beta_1)$	$\lambda(K\alpha_2)/\lambda(K\alpha_1)$
Cr	2.28975(3)	2.293652(3)	2.29105(3)	2.084912(3)	1.00170
Fe	1.93609(1)	1.94003(1)	1.93740(1)	1.75665(2)	1.00204
Co	1.78901(1)	1.79290(1)	1.79030(1)	1.62083(2)	1.00217
Ni	1.65795(1)	1.66179(1)	1.65923(1)	1.50017(1)	1.00232
Cu	1.5405929(5)	1.544414(2)	1.541867(2)	1.392246(14)	1.00248
Zr	.785958(3)	.790179(3)	.787365(3)	.701801(3)	1.00537
Mo	.7093171(4)	.713607(12)	.710747(6)	.632303(13)	1.00605
Ru	.643099(6)	.647421(6)	.644540(6)	.572497(4)	1.00672
Rh	.613294(6)	.617546(6)	.614711(6)	.545619(4)	1.00693
Pd	.585464(5)	.589835(6)	.586921(6)	.520533(4)	1.00747
Ag	.5594218(8)	.563813(3)	.560886(2)	.497082(6)	1.00785
W	.2090131(2)	.213831(2)	.210619(1)	.184377(3)	1.02305
Au	.1801978(5)	.1850766(6)	.181826(2)	.1589953(8)	1.02707

Weitere Messgrößen, die Deslattes & Henins (1973,1974,1976) bei der Neubetimmung der Loschmidt'schen (oder Avogadro'schen) Zahl mit Messfehlern unter 1 ppm bestimmt haben, ist die Dichte von Si: $D_m = 2.3289925(12)$ g·cm^{-3} bei

14

25°C. Die Gitterkonstante des Si (a_0= 5.4310628(9) + ΔT·0.0000136 Å/°C bei 25 °C + ΔT) wurde an einem Einkristallblock durch gleichzeitige optische und Röntgen-Interferenz an die Wellenlänge eines ^{3}He-^{20}Ne-Lasers mit λ = 632991.452(6) pm angeglichen. Der von ihnen angegebene Ausdehnungskoeffizient α ist mit 2.56·10^{-6}/K deutlich kleiner als andere Literaturwerte (4.2·10^{-6}/K). Bei Si-Pulvern werden wegen der Oberflächenspannung der Oxidhaut die Gitteronstanten etwas kleiner: für den Standard SRM640 mit ca. 10 μm Korngröße ist a_0 = 5.43083(1) Å bei 25 °C, für den Nachfolger SRM640a mit 5-10 μm ist a_0 = 5.43083(1) Å.

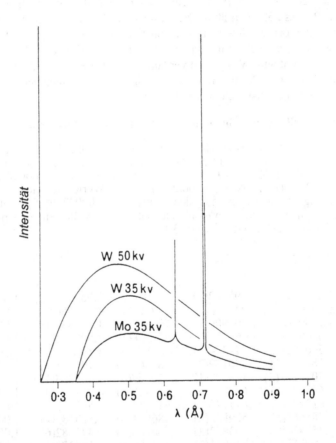

Abb. B(4): Emission einer Röntgenröhre für verschiedene Anodenelemente und Anregungsspannungen. Die Ausbeute steigt mit (dem Quadrat) der Anregungsspannung und der Ordnungszahl. Die Bremsstrahlung des Mo ist von der charakteristischen Strahlung überlagert, da die Ionisierungsspannung für die K-Schale (20 kV) überschritten ist (für W: 69.5 kV) (nach McKie & McKie, 1974).

Die CuKα-Strahlung wird in der Pulverdiffraktometrie am häufigsten eingesetzt. Da diese Strahlung Eisenatome ionisiert, die dadurch FeKα-Strahlung aus-
senden (Fluoreszensstrahlung), ergibt Cu-Strahlung bei eisenhaltigen Präparaten
einen sehr hohen Untergrund. In diesem Fall werden Fe- oder Cr-Röhren verwendet. In der Einkristallröntgenographie wird bei nicht zu großen Elementarzellen
vorwiegend MoKα-Strahlung benutzt (bei Eiweißkristallen wegen der besseren
Auflösung aber wieder CuKα-Strahlung). Die Betriebsspannung sollte das 3-5-
fache der Anregungsspannung (s. Tab. B(2)) betragen.

B.1.3 Monochromatoren

Bei den meisten Methoden der Röntgenbeugung wird eine monochromatische
Strahlung angestrebt (Ausnahme: Laue-Methode bei Einkristallen), d.h. die
Bremsstrahlung und der Kβ-Anteil sollen so weit wie möglich unterdrückt werden. Auf eine Trennung von $K\alpha_1$ und $K\alpha_2$ wird meist verzichtet, da diese nur
unter starker Intensitätseinbuße auch des gewünschten Anteils möglich ist.

B.1.3.1 Kβ-Filter

**Tab. B(2): Anregungsspannung und Kβ-Filter für gebräuchliche Röntgen-
anoden.** Bei den angegebenen Dicken ist Kβ auf 1% bzw. 0.2% der durchgelassenen Kα-Strahlung geschwächt.(Werte nach Internat. Tables, vol III und C)

Anode	Anregspann. für K-Serie [kV]	Kβ-Filter	geeignete Dicken [mm] 1%	0.2%	K-Absorptions- kante des Filters [Å]
Cr	5.989	V	0.011	0.017	2.26921(2)
Fe	7.111	Mn	0.011	0.018	1.896459(6)
Co	7.709	Fe	0.012	0.019	1.743617(5)
Ni	8.331	Co	0.013	0.020	1.608351(4)
Cu	8.981	Ni	0.015	0.023	1.488140(4)
Mo	20.00	Zr	0.081	0.120	0.688959(3)
Ag	25.50	Pd,Rh	0.062	0.092	0.50916; 0.53395
W	69.50	Hf			0.18982
Au	80.80	Ir			0.16292

Eine einfache Methode, den Anteil der Kβ-Strahlung auf 1% und weniger zu
reduzieren, ist der Einsatz von Kβ-Filtern, die den starken Sprung im Absorp-
tionsverhalten der Atome in der Nähe ihrer Anregungsenergien ausnutzen.
Werden Atome von Röntgenquanten getroffen, die nicht genügend Energie
besitzen, um die K-, L- ... -Schalen zu ionisieren, so ist die Absorption relativ
gering. Sobald aber die Energie der Röntgenquanten die Anregungsspannung der
Atome übersteigt, findet deren Ionisation statt und die Röntgenstrahlung wird
stark geschwächt. Am stärksten ist die Schwächung, wenn die beiden Energien
gleich sind (Resonanz). Mit steigender Energie der Röntgenquanten nimmt dieser

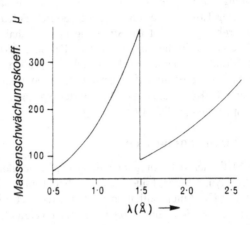

Abb. B(5): Änderung des linearen Absorptionskoeffizienten μ (in cm⁻¹) von Nickel mit der Wellenlänge (Kα-Abbruchskante) (nach McKie & McKie, 1974).

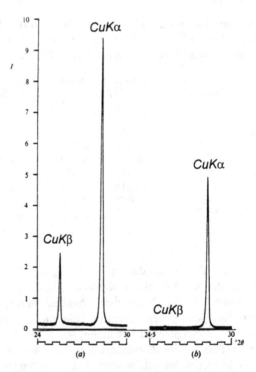

Abb. B(6): Effekt eines Kß-Filters. Messung des 111-Reflexes von Si mit Cu-Strahlung (40 kV). a) ungefiltert, b) mit 0.018 mm dickem Ni-Filter (nach Int. Tabl. II, 1967)

Absorptionseffekt dann wieder ab, so dass es im Absorptionsverlauf zu sehr scharfen Absorptionskanten kommt, die gerade den Anregungsenergien der betreffenden Atomschalenentsprechen. Die Absorptionskante des Filtermaterials muss zwischen den Wellenlängen von Kα und Kβ liegen.

Meist setzt man direkt vor die Fenster der Röntgenröhre dünne Folien aus dem geeigneten Element, das mit seiner Ordnungszahl um 1 oder 2 niedriger liegt als die Ordnungszahl des Anodenelements. Manchmal ist es zweckmäßiger, die Filterfolie zwischen Probe und Detektor zu platzieren. Wenn, wie üblich, der Kβ-Anteil durch Filterung auf 0.2 - 1% geschwächt wird, geht natürlich auch die Intensität der Kα-Strahlung zurück (auf 30 - 50 % der ungefilterten Strahlung).

B.1.3.2 Ebene Kristallmonochromatoren

Entsprechend der Bragg'schen Gleichung kann man auch die Reflexion an einer Kristallfläche zur Monochromatisierung benutzen, da für einen bestimmten Einfallswinkel nur Strahlen einer Wellenlänge λ (und die Oberschwingungen $\lambda/2$, $\lambda/3$,...) durchgelassen werden. Die Ausbeute an reflektierter Strahlung hängt vom Material des Monochromatorkristalls ab: je kleiner die Elementarzelle und je niedriger die Ordnungszahl der Atome darin, desto größer ist die Ausbeute (Renninger, 1956). Als sehr gut geeignet haben sich pyrolytisch abgeschiedene Graphit-Einkristalle erwiesen, wie sie von der Firma Union Carbide hergestellt werden. Die Ausbeute beträgt ungefähr 30% und ist damit ebenso gut wie bei Kβ-Filtern. Diese Graphitkristalle sind keine idealen Einkristalle, sondern weisen durch Kleinwinkelkorngrenzen eine Mosaikstruktur auf, so dass die Lage der Netzebenen (mit d = 3.35 Å) um ca. ±0.5° schwankt (Mosaikbreite). Das bewirkt eine Verringerung der Trennschärfe, so dass sich Kα$_1$ und Kα$_2$ mit solchen Graphitmonochromatoren nicht trennen lassen. Graphitmonochromatoren werden sowohl primärseitig (d.h. zwischen Röhre und Präparat), als auch sekundärseitig eingesetzt. Letztere haben den Vorteil, auch die in der Probe entstehende langwelligere Fluoreszenzstrahlung zu unterdrücken. Si- und Ge-Monochromatoren haben wegen der Diamantstruktur den Vorteil, dass die 111-Ebenen auch die erste Oberschwingung ($\lambda/2$) unterdrücken. Auch aus Quarz können Monochromatoren mit großer Trennschärfe hergestellt werden.

Bei der sehr energiereichen und nahezu parallelen Synchrotronstrahlung (s. Kap. D.5), die nur ein kontinuierliches Spektrum liefert, werden durch Doppel- oder Vierfachmonochromatoren sehr enge Spektralbereiche herausgefiltert. Durch die Parallelität der Synchrotronstrahlen ist die Winkelauflösung der Röntgenreflexe gegenüber konventionellen Geräten ungefähr um den Faktor 5 besser (Halbhöhenbreiten von 0.02° in 2θ gegenüber 0.1° konventionell).

B.1.3.3 Gebogene (fokussierende) Kristallmonochromatoren.

Der Nachteil einer geringen Ausbeute an monochromatisierter Strahlung lässt sich durch gebogene Monochromatoren teilweise korrigieren. Diese wirken dann wie ein Hohlspiegel für Licht, allerdings meist nur in einer Dimension. Nur Graphit lässt sich heiß auch doppelt gekrümmt pressen. Manche Aufnahmetechniken sind nur mit gebogenen Monochromatoren möglich, vor allem die Durchstrahltechniken (z.B. die Guinier-Methode, s. Kap. D.2.4). Gebogene Monochromatoren werden fast nur primärseitig eingesetzt. Die beste Trennschärfe haben Monochromatoren nach Johansson: dazu wird die orientierte Kristallplatte erst auf eine Krümmung von $2R$ geschliffen und dann weiter mechanisch auf R gebogen (d.h. die Netzebenen haben die halbe Krümmung der Oberfläche, s. Abb. B(7)). Mit solchen Monochromatoren lässt sich auch $K\alpha_1$ und $K\alpha_2$ trennen. Durch Monochromatoren entsteht eine teilweise Vorpolarisation der Röntgenstrahlen, die bei der Intensitätsberechnung durch entsprechende Polarisationsfaktoren beachtet werden muss.

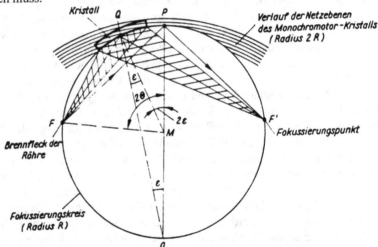

Abb. B(7): Prinzip des gebogenen und rundgeschliffenen Einkristallmonochromators nach Johansson. Die Krümmung der Netzebenen ist 2R (Krümmungsmittelpunkt O), die der Oberfläche aber R. Der skizzierte Monochromator ist asymmetrisch: kurzer Abstand zum Röhrenfokus, langer Abstand zum Fokus des gebeugten Strahlenbündels (Jost, 1975)

B.1.3.4 Göbel-Spiegel

Eine Weiterentwicklung der gebogenen Kristallmonochromatoren stellen die Göbel-Spiegel dar (Gutman-Optics), die aus ca. 50 dünnen Schichten bestehen, die auf eine parabolisch oder elliptisch gekrümmte Unterlage aufgedampft werden (z.B. abwechselnd W und Si). Dabei sind die Schichtdicken dieser Multilayer-

Kristalle nicht konstant, sondern nehmen in einer Richtung zu (z.B. von 32 auf 42 Å). Das führt dazu, dass ein divergenter Strahl von 0.5-2° Öffnungswinkel an verschiedenen Stellen unter unterschiedlichen Richtungen auf den Spiegel trifft und trotzdem überall Bragg-Beugung erfährt, und zwar so, dass der reflektierte Strahl parallel bzw. fokussiert ist (Abb. B(8)). Die Reflektivität (Quantenausbeute) für die gewünschte $K\alpha_{1,2}$-Strahlung beträgt 70-90 %, während der $K\beta$-Anteil und die Bremsstrahlung unterdrückt werden.

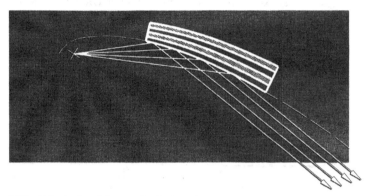

Abb. B(8): Prinzip des (hier parabolisch) gekrümmten Göbel-Spiegels mit zunehmender Dicke der aufgedampften dünnen Schichten (Firmenschrift der SIEMENS AG, 1995).

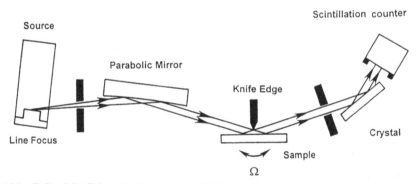

Abb. B(9): Möglicher Strahlengang bei Verwendung eines parabolischen Göbel-Spiegels (Schuster & Göbel, 1997). Die Probenoberfläche kann uneben sein.

Bei Untersuchungen von dünnen Schichten mit streifendem Einfall führt die Anwendung eines Göbel-Spiegels zu einem beträchtlichen Intensitätsgewinn. Das gilt auch für die Untersuchung von Mikromengen (z.B. in dünnen Kapillaren). Bei der normalen Pulverdiffraktometrie nach Bragg-Brentano ist der Intensitätsgewinn nur gering, aber durch die hohe Parallelität gelten nicht mehr die hohen Anforderungen an die Güte der Probenoberfläche, da das Prinzip der Parafokussierung wegfällt und der sonst sehr störende Präparathöhenfehler daher kaum noch bemerkbar ist. Unregelmäßig mit einem Spachtel eingefüllte Proben ergeben bei Verwendung eines Göbel-Spiegels keine zusätzliche Linienverbreiterung oder - verschiebung. Selbst Bruchflächen (von Gesteinen etc.) lassen sich so direkt untersuchen. Auch eine Abweichung von der $2\theta/\theta$-Geometrie (Probenkippung) wird so möglich. Ebenso stört bei Proben mit geringer Absorption nicht mehr der durch die größere Eindringtiefe bedingte Transparenzfehler. Allerdings sind mit Göbelspiegel gemessene Reflexe grundsätzlich etwas breiter (Bergmann & Kleeberg, 2001).

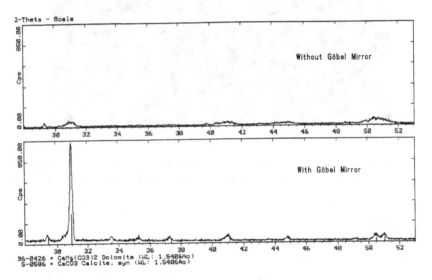

Abb. B(10): Vergleich zweier Röntgen-Diagramme von der unebenen Bruchfläche eines Bohrkerns in einem dolomitischen Kalk ohne und mit Göbel-Spiegel (Firmenschrift XRD13 der SIEMENS AG, 1995).

B.1.3.5 Diskriminatoren (Impulshöhenbegrenzer)

Werden die Röntgenstrahlen photoelektrisch erfasst, so lässt sich auch die Energie der Röntgenquanten mehr oder weniger gut messen. Zählt man dann nur die Quanten in einem vorgegebenen Energiebereich, so wirkt sich das wie eine Monochromatisierung aus (Diskriminator). Die Trennschärfe ist meist nicht besonders gut, doch reicht sie aus, um in kristallmonochromatisierter Strahlung die Obertöne ($\lambda/2$, $\lambda/3$, ..) zu unterdrücken. Am schlechtesten ist die Energieauflösung der Szintillationszähler. Mit Proportionalzählern lässt sich schon $K\beta$ abtrennen und Festkörperdetektoren (wie Li-gedriftetes Si, das aber leider mit flüssigem Stickstoff gekühlt werden muss) gestatten die Trennung von $K\alpha$-Quanten benachbarter Elemente, sind also zu Röntgenfluoreszenzanalyse geeignet.

B.1.4 Strahlenschutz

Die für Beugungsexperimente benutzte Strahlung ist relativ langwellig und wird daher vom Körpergewebe viel stärker absorbiert als die in der Medizin benutzte kurzwellige Strahlung, d.h. die langwellige Strahlung ist ausgesprochen gefährlich. Sie bewirkt Verbrennungen der Haut, die nur sehr langsam abheilen, bis hin zu starken Gesamtschäden des Organismus. Die Gefahr wird verstärkt, weil Röntgenstrahlen weder gesehen noch ihr Auftreffen gefühlt werden kann. Es muss unbedingt vermieden werden, mit den Fingern oder anderen Körperteilen in den Primärstrahl zu gelangen. Auch ist stets auf etwaige Sekundärstrahlung zu achten, die seitlich zwischen Röntgenröhre und Kamera etc. austreten kann. Die gesetzlich vorgeschriebenen Strahlenschutzvorrichtungen dürfen auf keinen Fall von den Geräten entfernt werden. Die sogenannten "Strahlenschutz-Plaketten" bieten keinen Strahlenschutz, sondern registrieren nur die Strahlendosis, der der Träger oder die Trägerin der Plakette ausgesetzt war (s. de Castro, 1987; v. Philipsborn, 1994).

B.2 Nachweis von Röntgenstrahlen

Für Röntgenstrahlen besitzt der Mensch kein Sinnesorgan, obwohl sie das Körpergewebe stark schädigen können. Zum Nachweis, sowohl in Fragen des Strahlenschutzes als auch der quantitativen Messung, ist man deshalb auf Hilfsmittel angewiesen.

Das älteste dieser Hilfsmittel, das schon bei der Entdeckung von W. Röntgen eine entscheidende Rolle spielte, ist der photographische Film. Für die großflächige Erfassung von Röntgenstrahlen, wie z.B. in der Medizin bei der Abbildung von Knochenbrüchen, ist der Film noch heute das Mittel der Wahl, vor allem weil er sich gut aufheben und wieder betrachten lässt. In letzter Zeit kommen aber immer leistungsfähigere elektronische Flächendetektoren und die filmähnlichen Bildspeicherplatten (imaging plates) auf den Markt, deren Bilder sich in digitaler Form auf Datenträgern gut speichern, wieder betrachten und bearbeiten lassen.

Bei der punktförmigen Erfassung von Röntgenstrahlen haben die elektronischen Detektoren den Film wegen ihrer größeren Genauigkeit und Reproduzierbarkeit schon seit mehreren Jahrzehnten vollständig verdrängt. Zur Zeit werden auch die Flächendetektoren zu Routinegeräten und Filme sind auch hier nicht mehr nötig.

B.2.1 Photographische Filme

Beim Film ist der Zusammenhang zwischen aufgenommener Energie (in 1. Näherung gleich dem Produkt aus Beleuchtungsdichte und -dauer. Bei geringen Beleuchtungsdichten erfordert der Schwarzschildeffekt aber eine Verlängerung der Belichtungszeit) und der Filmschwärzung leider nicht linear und hängt außerdem noch von der Entwicklungsart und -dauer sowie dem Alter des Films ab. Bei einer bestimmten Energieaufnahme ist die maximale Schwärzung erreicht und noch höhere Intensitäten lassen sich nicht mehr erkennen. Deshalb sollten für genaue Intensitätsmessungen stets Eichkeile des gleichen Filmmaterials der gleichen Entwicklung unterzogen werden.

Der erfassbare dynamische Intensitätsbereich beträgt ungefähr 1:1000 und reicht für die quantitative Erfassung von Röntgenintensitäten nicht aus. Man behilft sich mit mehreren Messungen verschiedener Dauer (z.B. 1 Tag für den ersten Film und 1 Stunde für den 2.) oder durch einen Packen mehrerer Filme, zwischen die dünne Metallfolien zur Abschwächung gelegt werden.

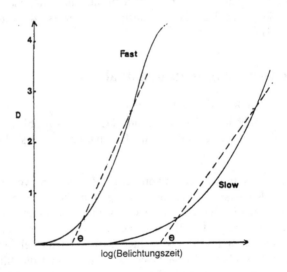

Abb. B(11): Schematische Darstellung zweier charakteristischer Schwärzungskurven von Röntgenfilmen mit unterschiedlicher Empfindlichkeit und Gradation (nach Dinnebier, 1989).

Die optische Dichte D des belichteten Films ergibt sich aus dem Verhältnis der Intensitäten des durchgelassenen Lichtes hinter dem zu messenden belichteten Filmbereich (I) und hinter einem unbelichteten Vergleichsbereich (I_0) durch:

$$D = \log_{10}(I_0/I).$$

Der Zusammenhang mit der erfolgten Belichtungsmenge E (von exposure) ergibt eine typische Gradationskurve, die wegen ihrer Form auch S-Kurve genannt wird. Die Lage der Kurve (mehr rechts oder links) wird Empfindlichkeit S_0

(speed) genannt (weiter links: schnell = fast, weiter rechts: träge = slow). Die Steilheit der Kurve ist die Gradation (steil = hart, flach = weich).

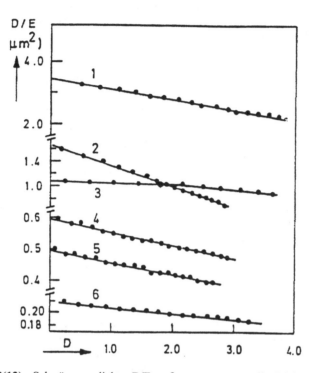

Abb. B(12): Schwärzungsdichte D/E aufgetragen gegen die Dichte D von sechs verschiedenen, kommerziellen Filmtypen (nach Vonk, 1988).

Ein Photon (Röntgenquant) aktiviert ein AgBr-Partikel der Filmemulsion, so dass es sich bei der folgenden Entwicklung in ein Silber-Partikel umwandeln kann. Mehrfachaktivierung desselben Korns führt zu keiner Erhöhung der optischen Dichte. Bezeichnet man die Gesamtzahl aller AgBr-Körner mit n_0 und die der aktivierten mit n, so erhöht sich bei einer Belichtungszunahme von dE die Anzahl der belichteten Körner um dn nach folgender Gleichung:

$$dn = a((n_0-n)/n_0)dE$$

mit a = Absorptionsfaktor der AgBr-Partikel für Röntgenstrahlung. Daraus ergibt sich:

$$n = n_0(1-\exp(-aE/n_0)).$$

Die nach der Entwicklung und Fixierung (= Herauslösen des nicht-aktivierten AgBr) verbleibende Silbermenge wird nicht direkt gemessen, sondern mit einem Densitometer die Lichtdurchlässigkeit D dieser Silberschicht. Diese hängt wie folgt von der Belichtung E ab (Näheres bei Vonk, 1988):

$$D/E = S_0(1-D/2D_{max})$$

mit S_0 gleich der Empfindlichkeit und D_{max} der maximalen Schwärzung des Films. Diese Parameter hängen nicht nur vom Filmmaterial, sondern auch von der Art der Entwicklung ab.

Für *Eichkeile* belichtet man verschiedene Filmabschnitte verschieden lang, wobei man die Belichtungszeit als Maß für E nehmen kann. Trägt man D/E gegen D ab, lässt sich S_0 aus dem Achsenabschnitt und D_{max} aus der Steigung der annähernden Geraden entnehmen. S_0 ist der mittleren Korngröße des AgBr proportional, so dass grobkörnige Filme schneller sind. D_{max} entspricht der Silbermenge pro Flächeneinheit der Filmemulsion. Um diese und damit den Anteil der im Film absorbierten Röntgenstrahlen zu erhöhen, werden Röntgenfilme häufig zweiseitig beschichtet. Ab und zu werden auch Szintillationsschirme hinter den Film gelegt, die die durch den Film hindurchgehende Röntgenstrahlung in sichtbares Licht umsetzen, das den Film zusätzlich schwärzt. In ihrer Quantenausbeute und Messgenauigkeit sind Filme kaum schlechter als elektronische Detektoren, wohl aber in der Breite des dynamischen Messbereiches.

B.2.2 Bildspeicherplatten (imaging plates)

In letzterer Zeit werden Bildspeicherplatten angeboten, die etwa 100-fach empfindlicher sind als Filme und die einen etwa 100-fach größeren linearen Messbereich haben (10^5 statt 10^3). Diese bestehen aus einer runden Metallplatte mit 18 oder 30 cm Durchmesser, die mit einer Pulverschicht aus BaFBr, das mit Eu^{2+} dotiert ist, bedeckt ist. Bei der Belichtung mit Röntgenlicht werden die Eu^{2+}-Ionen zu Eu^{3+} ionisiert und die frei werdenden Elektronen können von Farbzentren eingefangen werden. Dieser metastabile Zustand (latentes Bild) hat eine Halbwertszeit von ungefähr 10 Stunden. Aber 3 Minuten reichen schon für eine normale Aufnahme aus.

Mit rotem (Laser)-Licht kann man die eingefangenen Elektronen über die Potentialschwelle anheben, von der sie in den Grundzustand unter Aussendung eines blauen Lichtquants zurückfallen. D.h. die Belichtung mit Röntgenlicht muss im Dunklen erfolgen, da sichtbares Licht das entstandene Bild sofort wieder löschen würde. Das Auslesen des Bildes erfolgt mit einem roten Laserstrahl ähnlich wie bei einer CD-ROM-Datenplatte, allerdings in einer Spiralbahn. Die Intensität des freigesetzten blauen Lichtes wird pixelweise durch einen Photomultiplier (s.u.) verstärkt und digital (16 bit) gespeichert, wobei die Pixelgröße ungefähr 150 μm und weniger (bis 50 μm) beträgt. Das ergibt 1-10 Millionen Pixel pro Aufnahme.

Dieses Auslesen dauert ebenfalls ungefähr 3-4 Minuten für eine Platte mit 18 cm Durchmesser. Zur Löschung des Restbildes wird die Platte kurz belichtet und steht danach für die nächste Aufnahme zur Verfügung. Diese Platten sind also auch sehr umweltverträglich, da keine Entwickler- und Fixierabfälle zu entsorgen sind. Während der nächsten Aufnahme werden die zunächst spiralförmig angeordneten Pixel in ein kartesisches Koordinatensystem transformiert (Dauer ungefähr 4 Minuten). Gebogene Bildspeicherplatten verlangen eine eigene Auslesemechanik und werden von mehreren Firmen angeboten (z.B Stoe oder Huber).

B.2.3 Elektro-optische Detektoren (Zählrohre etc.)

Detektoren wandeln individuelle Röntgenphotonen in Spannungsstöße um, die entweder einzeln gezählt oder integriert werden. Alle Detektoren nutzen auf die eine oder andere Weise die Fähigkeit der Röntgenstrahlen, Atome zu ionisieren. Sir W.H. Bragg (Vater) benutzte 1913 ein Ionisationsspektrometer für den Nachweis, dass Röntgenstrahlen (Gas-)Atome ionisieren können, was damals als Beweis für die Partikelnatur einer Strahlung galt. Dies stellte einen gewissen Widerspruch zur Beugung am Kristallgitter dar, da damit die Wellennatur bewiesen worden war. Nach dem Dualitätsprinzip von Energie und Materie bedeutet dies heute keinen Widerspruch mehr.

Zur Beurteilung ihrer Einsatzfähigkeit sind drei spezielle Kenngrößen von großer Wichtigkeit: die *Quantenausbeute*, die *Linearität* und die *Proportionalität*.

Unter *Quantenausbeute* versteht man den Anteil der auftreffenden Photonen, der zu einem Spannungsstoß führt und damit im Zähler erfasst werden kann. Wegen der geringen Absorption der Röntgenstrahlen geht ein Teil auch ohne Wechselwirkung durch den Detektor hindurch. Ideal wäre eine hohe Quantenausbeute für die abgebeugte charakteristische Strahlung und eine geringe für gestreute oder gebeugte kurzwelligere Strahlung, weil letztere nur den Untergrund (das Rauschen) erhöht, besonders bei niedrigen Beugungswinkeln. Gasgefüllte Zähler, wie der Geiger-Müller-Zähler und der daraus weiter entwickelte Proportionalzähler, erfüllen diese Forderung zum Teil, da die Gasfüllung der Detektoren die kurzwellige Röntgenstrahlung viel weniger absorbiert. Bei den Szintillationszählern lässt sich durch Anpassung der Dicke des Szintillationskristalls diese Eigenschaft optimieren, ebenso bei den Si(Li)-Zählern durch die Dicke der verwendeten Si-Scheibe. Die meisten der käuflichen Detektoren sind in dieser Hinsicht auf die viel verwendete CuKα-Strahlung optimiert. Beim Einsatz dieser Zähler mit energiereicherer MoKα- oder energieärmerer CrKα-Strahlung muss man daher einen gewissen Verlust an Quantenausbeute in Kauf nehmen.

Eine wichtige Forderung ist die *Linearität* eines Zählers, d.h. dass die Anzahl der vom Detektor abgegebenen Spannungsstöße proportional zur Menge der auftreffenden Photonen (= der Intensität des abgebeugten Röntgenstrahls) ist. Eine wichtige Größe zur Beschreibung von Abweichungen von diesem Idealverhalten ist die *Totzeit* τ eines Detektors. Das ist die Zeit, die der Detektor und die anschließende Elektronik zur Verarbeitung des entstehenden Spannungsstoßes benötigen und während der kein weiteres Photon registriert werden kann. Bei modernen Zählern liegt τ in der Größenordnung von 2-10 μsec. Die gemessene Impulsrate R_m hinkt daher hinter der wahren Zählrate R_w her, besonders bei hohen Zählraten. Es gilt in 1. Näherung:

$$R_w = R_m/(1-R_w\tau).$$

In modernen Zählelektroniken ist eine entsprechende Totzeitkorrektur bereits hardwaremäßig eingebaut. Auch softwaremäßig kann man in begrenztem Umfang eine solche Korrektur vornehmen, wenn vorher eine Eichkurve von R_m gegen R_w aufgenommen wurde.

Unter *Proportionalität* versteht man den linearen Zusammenhang zwischen der Energie eines individuellen Röntgenquants (d.h. seiner reziproken Wellenlänge) und der Spannung des von ihm im Detektor ausgelösten Spannungsstoßes. Die aktuelle Größe dieser Spannung hängt natürlich von der Art des Detektors und der anschließenden Verstärkerstufe ab. Je besser die Proportionalität eines Detektors ist, desto besser können damit Photonen unterschiedlicher Energie unterschieden und die Impulse unerwünschter Photonen in der anschließenden Zählelektronik eliminiert werden. Solche Schaltungen werden Diskriminatoren (Impulshöhenbegrenzer) genannt.

Die Energie der Impulse hat bei den verschiedenen Detektoren eine sehr verschiedene Fehlerbreite, d.h. sie unterscheiden sich erheblich in der erreichbaren Trennschärfe. Für CuKα-Quanten mit ca. 8 keV beträgt beim Szintillationszähler der Fehler ca. ±7.2 keV, d.h. mit einem Diskriminator lässt sich λ/2 gerade noch entfernen, nicht aber eine eventuelle Fe-Fluoreszenzstrahlung von 6 keV, die bei eisenhaltigen Präparaten Ursache einer starken Erhöhung des Untergrunds ist. Beim Gas-Proportionalzähler beträgt der Fehler nur ca. ±1.4 keV und eine weitgehende Unterdrückung der Fe-Fluoreszenzstrahlung ist möglich. Noch geringer (ca. ±0.4 keV) ist der Fehler beim Si(Li)-Festkörperdetektor, der daher die charakteristische Strahlung direkt benachbarter Elemente unterscheiden und somit als Detektor in der Röntgenfluoreszenzanalyse eingesetzt werden kann.

B.2.3.1 Der Gas-Proportionalzähler

Wenn ein Röntgenphoton mit einem inerten Gasatom in Wechselwirkung tritt, kann dieses ein äußeres Elektron verlieren und in ein Ionenpaar aus positivem Gasion und freiem Elektron übergehen. Für das in Zählern viel verwendete Xenon beträgt diese Ionisierungsenergie ungefähr 20.8 eV. Ein CuKα-Photon hat andererseits eine Energie von 8.04 keV. Diese reicht daher aus, um ca. 8040/20.8 = 387 Ionenpaare zu erzeugen (primäre Elektronen). Die tatsächliche Anzahl der zum Signal beitragenden Elektronen ist noch wesentlich größer, aber proportional zu der Zahl primärer Elektronen. Die Auflösung des Detektors ist umgekehrt proportional zur Zahl der primären Ionenpaare.

Die Grundschaltung eines gasgefüllten Zählers ist in Abb. B(14) dargestellt. Der Zähler selbst besteht aus einem Metallrohr C in einer Hülle J mit einem dünnen axialen Draht A, der als Anode geschaltet und mit ungefähr 1.5 - 2 kV gegenüber der geerdeten Rohrwand aufgeladen ist. Die Strahlen treten durch das Fenster W ein (aus Glimmer oder Be).

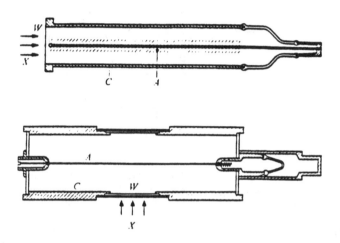

Abb. B(13): Querschnitte durch einen Geiger-Müller-Zähler (oben. Eintritt vom Rohrende) und durch einen Proportionalzähler (unten. Eintritt seitlich). W = Fenster, C = Kathode, A = Anodendraht (Int. Tabl. II, 1967).

Die primären Ionen, die durch den geschilderten Ionisierungsprozess lokal in der Gasfüllung des Rohres gebildet werden, werden zu dem zentralen Draht hin beschleunigt, während die Gasionen zur Rohrwand wandern. Die kinetische Energie, die diese geladenen Teilchen besonders in der Nähe des Drahtes durch das angelegte Feld erhalten, wird bei Zusammenstößen mit weiteren Gasatomen teilweise für die Erzeugung weiterer, sekundärer Ionenpaare verbraucht. Auf diese Weise erzeugt jedes primäre Elektron viele sekundäre Elektronen. Diese sogenannte Gasverstärkung liegt je nach Zähleraufbau und angelegter Spannung zwischen 10^3 und 10^5. Diese schnell entstehende Elektronenwolke lässt beim Auftreffen auf den Draht die Spannung im Kondensator C_1 kurz abfallen. Dieser Spannungsstoß wird auf geeignete Verstärker übertragen und registriert. Trägt man bei konstanter Strahlungsintensität die Zählrate gegen die im Zähler angelegte Hochspannung auf, so erhält man für einen gewissen Spannungsbereich eine kaum geänderte Zählrate (Plateau). Die in einem Proportionalzähler verwendete Spannung sollte ungefähr in der Mitte dieses Plateaus liegen (s. Abb. B(15)).

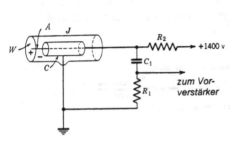

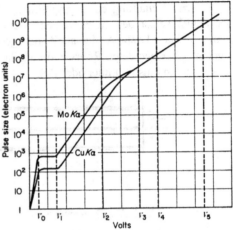

Abb. B(14): Grundschaltung eines Zählrohrs zur Registrierung von Röntgenquanten. A: Anodendraht. C: Metallrohr als geerdete Kathode. W: Fenster (nach Klug & Alexander, 1974).

Abb. B(15): Impulshöhe in gasgefüllten Zählern als Funktion der Spannung und der Energie der Röntgenquanten. V_0-V_1: Bereich für Ionisationskammer. V_1-V_2: Proportionalbereich. AbV_4: Ionisierung des gesamten Gasraums unabhängig von der Energie der Röntgenquanten. V_4-V_5: Bereich des Geiger-Müller-Zählers. Ab V_5: kontinuierliche Entladung (nach Klug & Alexander, 1974).

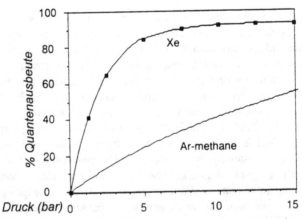

Abb. B(16): Steigerung der Quantenausbeute eines Proportionalzählers durch Erhöhung des Gasdrucks (für CuKα-Strahlung, nach Tissot & Eatough, 1991).

Bei Steigerung der Spannung über die Lage des Plateaus hinaus nimmt die Zahl der Sekundärionen immer stärker zu, bis schließlich der gesamte Gasraum erfasst und die Elektronenlawine von der Anzahl der auslösenden Primärelektronen unabhängig wird. Die registrierten Impulse sind unter diesen Bedingungen viel stärker, aber die Proportionalität ist verloren gegangen. So betriebene Zähler werden als Geiger-Müller-Zählrohre bezeichnet. Bei diesen ist das Eintrittsfenster meist am Rohrende mit einem langen Weg in der Gasfüllung, während beim Proportionalzähler das Fenster seitlich in der Rohrwand angebracht ist. Wegen der stärkeren Ionisierung ist die Totzeit des Geiger-Müller-Zählrohrs mit ca. 50 µsec größer als die des Proportionalzählers (einschließlich der Verzögerung in der Verstärkerelektronik 2-10 µsec).

B.2.3.2 Der Szintillationszähler

Im Szintillationszähler erfolgt die Umwandlung der Energie eines Röntgenphotons in einen Spannungsstoß in zwei Stufen. Zunächst werden im Szintillationskristall die eingefangenen Photonen in schwache blaue Lichtblitze umgesetzt, die dann in einem Photonenvielfachverstärker (Photomultiplier) einen messbaren Spannungsstoß erzeugen, der dann wie beim Proportionalzähler weiterverstärkt und registriert wird (Abb. B(17)).

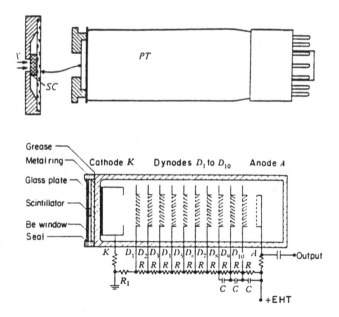

Abb. B(17): Oben: Äußere Ansicht eines Photonenvervielfältigers (Photomultiplier) mit vorgesetztem Szintillationskristall SC (Int. Tabl. II, 1967) Unten: Schnittbild mit verschiedenen Dynodenstufen (nach Klug & Alexander, 1974).

Für Röntgenstrahlen wird als Szintillationsmaterial (oder "Phosphor") meist Thallium-dotiertes NaI verwendet. Dieses fängt energiereiche (Röntgen)-Photonen ein und gibt einen Teil der Energie wieder in Form energiearmer (Licht)-Photonen ab ($\lambda = 4100$ Å).

Diese Photonen fallen auf die erste Sb/Cs-Photokathode des Vielfachverstärkers, auf der sie einige Elektronen freisetzen. Diese wiederum werden auf die Oberfläche der nächsten Kathode (Dynode) gelenkt, auf der wegen des angelegten Feldes mehr Elektronen freigesetzt werden als auf sie auftreffen. Im allgemeinen sind 10 solcher Dynoden in einer Kaskade hintereinander geschaltet, so dass der Elektronenstrom lawinenartig anschwillt. An jeder dieser Stufen liegt ein höheres Potential an, durch das die Elektronen jedes Mal beschleunigt werden und diese kinetische Energie beim Auftreffen auf die nächste Stufe zur Freisetzung weiterer Elektronen genutzt werden kann. Die an der letzten Dynode austretenden Elektronen werden gesammelt und ergeben einen Spannungsstoß, der wie beim Proportionalzähler weiter verarbeitet wird. Die Gesamtspannung beträgt 500-1500 V.

B.2.3.3 Der Si(Li)-Festkörperdetektor

Der Si(Li)-Detektor ist eine "p-Typ"-Silicium-Einkristallscheibe von einigen mm Dicke, die mit Li dotiert wurde, um den elektrischen Widerstand zu erhöhen. An diese Scheibe werden 300-1000 V angelegt. Auf der Rückseite der Scheibe ist die Li-Konzentration erhöht, so dass dort ein "n-Typ"-Bereich vorliegt, der mit einer Goldschicht abgedeckt wird. Das Ganze bildet eine p-i-n-Diode.

Ein auf der Detektorfläche auftreffendes Röntgenphoton erzeugt eine Anzahl von Elektronen/Loch-Paaren, die der Energie des Röntgenquants proportional ist (z.B. 8040 eV/3.8 eV für CuKα auf Si). Die Elektronen wandern wegen des angelegten Feldes durch die Detektorscheibe, wo sie durch einen spannungsempfindlichen Vorverstärker (Feldeffekt-Transistor FET) soweit verstärkt werden, dass der Impuls durch einen Draht zum Hauptverstärker weitergeleitet werden kann. Die meisten Si(Li)-Detektoren sind für einen Bereich von 2-20 keV ausgelegt. Für höhere Energien werden Ge(Li)- oder die weniger störanfälligen Reinst-Ge-Detektoren eingesetzt.

Der Nachteil dieses Detektors ist die Notwendigkeit, ihn zusammen mit dem Vorverstärker mit flüssigem Stickstoff zu kühlen, um das Rauschen niedrig zu halten und eine Diffusion des Li im angelegten Feld zu vermeiden. Außerdem hat er eine relativ große Totzeit. Der Vorteil ist eine bessere Quantenausbeute und die bedeutend bessere Proportionalität, die es gestattet, die charakteristische Strahlung benachbarter Elemente sauber zu trennen (vergl.: Bish & Chipera, 1989).

Die Wirkungsweise des Si(Li)-Detektors kann mit der des Proportionalzählers verglichen werden. Da die Energie zur Erzeugung eines Elektronen/Loch-Paares

(3.8 eV) geringer ist als zur Ionisierung eines Gasatoms (20.8 eV), ist die Anzahl von Primärelektronen pro Röntgenphoton beim Si(Li)-Detektor größer. Allerdings entstehen in diesem keine Sekundärelektronen, so dass die Gasverstärkung des Proportionalzählers hier wegfällt.

Statt der apparativ ziemlich aufwendigen Kühlung mit flüssigem Stickstoff werden in neuerer Zeit auch thermoelektrische Peltier-Kühlungen benutzt. Jedoch hat die notwendige Kühlung (zumindest während der Messung) bisher eine weite Verbreitung der Festkörper-Detektoren verhindert. Deshalb wurde nach Festkörper-Detektoren gesucht, die auch bei Raumtemperatur erfolgreich arbeiten. CdTe hat sich als brauchbar für kürzere Wellenlängen erwiesen. Mit $CuK\alpha$-Strahlung wird aber ein sehr hoher Untergrund beobachtet. Besser geeignet ist Quecksilberjodid, von dem sich aber nur schwer genügend große Einkristalle ziehen lassen (Faile et al., 1980).

B.2.3.4 Ortsempfindliche und Flächendetektoren (OED)

Mit dem Film und der Bildspeicherplatte haben wir schon zwei Flächendetektoren kennengelernt, deren Bild aber nachträglich noch durch Zusatzgeräte (Photometer bzw. Laser-Auslesegerät) ausgelesen und digitalisiert werden muss. Für ein synchrones Auslesen, das auch den Ort des auftreffenden Röntgenquants registriert, kann man im einfachsten Fall einen Proportionalzähler verwenden, bei welchem an beiden Enden des Anodendrahts die Elektronen gesammelt und die Impulse elektronisch verstärkt werden. Wenn der Anodendraht aus einem schlecht leitenden Material besteht, werden die Impulse auf dem Weg zu den Drahtenden verzögert und geschwächt und treffen dort zu leicht unterschiedlichen Zeiten und mit unterschiedlicher Stärke ein, je nach dem Ort der Impulsentstehung. Oft haben diese Detektoren keine abgeschlossene Gasfüllung, sondern sind als Durchflusszähler gebaut mit einem Gasfluss von 1-2 l/h (z.B. ein CH_4/Ar-Gemisch).

Durch diese eindimensional-ortsempfindlichen Detektoren kann die Messzeit eines Pulverdiagramms von Stunden auf Minuten verkürzt werden. Auf dem Markt sind Detektoren, deren Draht der Krümmung des Fokussierungskreises angepasst ist und die gleichzeitig 10°, 60° und sogar 120° erfassen und die die Zählraten in 1024 bzw. 2048 Kanälen wegspeichern. Das entspricht einer Schrittweite von ca. 0.07°. Die Halbhöhenbreiten sind etwa 20 - 30% größer als bei der Messung mit einem Proportional- oder Szintillationszähler, weil die Fokussierungsbedingungen für den gesamten Bereich schwieriger einzuhalten sind als bei einem nur punktempfindlichen Detektor. Das Totzeitproblem gilt natürlich für die gesamte Drahtlänge, so dass die Intensität des Primärstrahls nicht zu hoch werden darf. Vor allem für die Verfolgung von Phasenumwandlungen und chemischen Reaktionen im Minutenbereich sind diese ortsempfindlichen Detektoren den traditionellen Zählern weit überlegen. Letztere sind für die Bestimmung von genauen Reflexlagen und damit von Gitterkonstanten vorzuziehen. Ebenso, wenn auf eine größere Auflösung Wert gelegt wird. Häufig sind moderne Goniometer mit beiden Detektorenarten ausgestattet, die sich schnell auswechseln lassen.

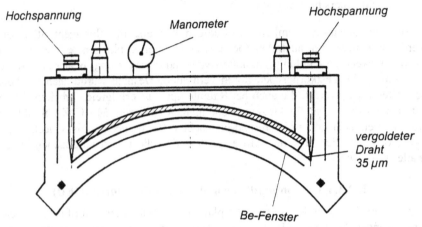

Abb. B(18): Vereinfachter Schnitt durch den ortsempfindlichen Detektor der Fa. Stoe, Darmstadt. Der magnetische Anodendraht wird durch ein Magnetfeld in der gebogenen Form gehalten, damit er möglichst gut dem Fokussierungskreis angepasst ist (Firmenschrift, STOE, Darmstadt, auch: Wölfel, 1983, Foster & Wölfel, 1988).

Für Einkristallaufnahmen werden immer mehr Flächendetektoren angeboten, die neben der Energie des Röntgenquants auch noch die x- und y-Koordinaten der Auftreffstelle registrieren. Das tut auch die Bildspeicherplatte. Für Pulveraufnahmen interessant ist die Tatsache, dass auf Flächendetektoren ganze Debye-Scherrer-Kegel eines Röntgenreflexes ausgemessen werden können und dass damit der Textureffekt direkt erfasst werden kann. Die Auswertung der gesamten Beugungskreise ergibt weitgehend texturfreie Integralintensitäten.

In dem Flächendetektor der Firma Bruker AXS wird der eine Draht des Proportionalzählers durch ein Raster paralleler Drähte ersetzt. Zwei solche Drahtraster sind rechtwinklig kurz hintereinander angeordnet. Die elektronische Auswertung der empfangenen Impulse ist entsprechend aufwendig. Die neueste Entwicklung benutzt die aus der Videotechnik bekannten CCD-Arrays (z.B. Fa. Bruker AXS oder ähnlich im X'Celerator der Firma Philips, s. Kap. D.3.1).

B.3 Absorption von Röntgenstrahlen

Die Abschwächung der Röntgenstrahlen in Materie folgt einem einfachen Exponentialgesetz:

$$I = I_0 \cdot e^{-\mu d}.$$

Tab. B(3): **Einige Massenschwächungskoeffizienten** μ/ρ (in cm²/g; nach International Tables, vol. IV) (AG = Atomgewicht)

El.	Z	AG	CrKα	FeKα	CuKα	MoKα
H	1	1.008	.412	.400	.391	.373
Li	3	6.94	1.24	.798	.477	.197
Be	4	9.01	3.18	1.92	1.01	.245
B	5	10.81	7.23	4.28	2.14	.345
C	6	12.01	14.5	8.55	4.22	.535
N	7	14.01	24.4	14.5	7.14	.790
O	8	16.00	37.2	22.2	11.0	1.15
F	9	19.00	53.1	32.0	16.0	1.58
Na	11	22.99	98.5	59.9	30.3	2.94
Mg	12	24.31	131	80.2	40.9	3.98
Al	13	26.98	158	97.5	50.2	5.04
Si	14	28.09	203	126	65.3	6.53
P	15	30.97	236	148	77.3	7.87
S	16	32.06	282	177	92.5	9.63
Cl	17	35.45	322	205	109	11.6
Ar	18	39.95	356	225	120	12.6
K	19	39.10	427	275	148	16.2
Ca	20	40.08	500	319	171	19.0
Ti	22	47.90	571	370	202	23.3
V	23	50.94	77.3	411	223	25.2
Cr	24	52.00	85.7	462	252	29.2
Mn	25	54.94	96.1	59.9	272	31.9
Fe	26	55.85	113	70.4	304	37.7
Co	27	58.93	125	78.3	339	41.0
Ni	28	58.71	146	91.8	48.8	47.2
Cu	29	63.54	155	97.4	51.5	49.3
Zn	30	65.37	172	110	59.5	55.5
Ga	31	69.72	187	117	62.1	56.9
Ge	32	72.59	200	126	67.9	60.5
As	33	74.92	224	142	75.6	66.0
Se	34	78.98	246	156	82.9	68.8
Br	35	79.91	266	169	90.3	74.7
Rb	37	85.47	312	198	106	79.1
Zr	40	91.22	399	254	137	16.1
Ag	47	107.87	617	398	218	26.4
Au	79	196.97	568	370	208	111

Dabei ist I_0 die Intensität beim Eintritt in ein homogenes Material (z.B. eine Metallplatte), d die Weglänge (in cm) im Material und I die Intensität beim Verlassen des Materials. Der *lineare Absorptionskoeffizient* μ (in cm^{-1}) ist eine Materialkonstante, die außerdem noch von der Wellenlänge λ abhängt. In erster Näherung steigt μ mit λ^3. Dieser Anstieg wird aber durch Resonanzeffekte überlagert, die z.B. bei den Kβ-Filtern ausgenutzt werden.

Für eine bestimmte Dicke, die *Halbwertsdicke* $d_{1/2} = \ln2/\mu = 0.693/\mu$, wird gerade die Hälfte des durchgehenden Strahls absorbiert. Eine 10 mal so dicke Platte lässt nur noch 0.1% der einfallenden Energie durch ($2^{-10} = 1/1024$). Die Absorption hängt praktisch nur von der Art und Anzahl der absorbierenden Atome ab, nicht von ihrem Bindungszustand. Bei bekannter chemischer Zusammensetzung (d.h. der Massenanteile x_i der beteiligten Elemente) des absorbierenden Materials lässt sich für eine vorgegebene Wellenlänge der *Massenschwächungskoeffizient* μ/ρ unabhängig von der Dichte ρ (in g·cm^{-3})wie folgt berechnen:

$$\mu/\rho = \Sigma x_i \cdot (\mu/\rho)_i.$$

Der Zählindex i läuft dabei über alle beteiligten Elemente ($\Sigma x_i = 1$). Die μ/ρ-Werte sind in verschiedenen Tabellenwerken aufgelistet (z.B. Internat. Tables, vol. IV, geändert gegenüber vol. III). Für einige Wellenlängen und häufigen Elemente wurden die gemessenen μ/ρ-Werte (in cm^2/g) in Tabelle B(3) zusammengestellt.

Als Beispiel sei die Absorption in Luft berechnet, die vor allem bei großen Wellenlängen nicht zu vernachlässigen ist (Tab. B(4)).

Tab. B(4): Berechnung der Massenschwächung (Halbwertslänge) von drei oft gebrauchten Röntgenstrahlungen in Luft (ρ = 0.001293 g/cm^3 bei Normalbedingungen)

El.	Vol%	x_i	$(\mu/\rho)_i$ (cm^2/g) CrKα	CuKα	MoKα	$(\mu/\rho)_i \cdot x_i$ CrKα	CuKα	MoKα
N_2	78.08	0.7555	24.42	7.142	0.7898	18.45	5.40	0.597
O_2	23.17	0.2317	37.19	11.03	1.147	8.62	2.55	0.265
Ar	0.93	0.0128	355.5	255.1	12.62	4.55	2.88	0.162
					$\Sigma=\mu/\rho$	31.62	10.83	1.024
					μ(0°C)	0.041	0.014	0.0013
			Halbwertslänge(0°C)			17cm	49.5cm	5.24m
			Halbwertslänge(25°C)			18.5cm	54cm	5.72m

Bei einem Diffraktometer mit einem Abstand Röhre-Probe = Probe-Detektor = 20 cm beträgt die Weglänge in Luft 40 cm. Mit CrKα-Strahlung kommen somit bei 25°C nur noch 22.4% der Energie beim Detektor an. Selbst normale Luftdruckschwankungen von 10 mbar ändern die registrierte Energie um 1.3 %, so dass für genaue, vergleichende Intensitätsmessungen nicht nur die Raumtemperatur, sondern auch der herrschende absolute Luftdruck angegeben werden muss.

Bei der meistens verwendeten CuKα-Strahlung ist der Einfluss der Luft schon viel geringer. Nach 40 cm Luft mit 25°C kommen noch 60 % der Energie durch und 10 mbar Luftdruckschwankung ändern die Intensität nur noch um 0.3 %. Diese Intensitätsverluste in Luft lassen sich stark verringern, wenn der Strahlengang statt in Luft in Helium oder im Vakuum erfolgt (Abb. E(2)).

Bei Pulvern muss noch die *Packungsdichte* berücksichtigt werden. So hat Quarz, SiO_2 mit ρ = 2.65 g/cm^3, für CuKα einen μ/ρ-Wert von 36.3 cm^2/g und entsprechend μ = 96.3 cm^{-1}. Bei einer Packungsdichte von 70 % beträgt der effektive lineare Absorptionskoeffizient aber nur μ' = 0.7·μ = 67.4 cm^{-1}. Da die vereinfachten Intensitäts-Formeln für unendlich dicke Proben ab einer Mindestprobendicke d mit μ·d = 2.5 gelten, bedeutet dies, dass eine Quarzprobe ohne Porenraum für die Bragg-Brentano-Methode mindestens 0.26 mm dick sein muss, bei 70 % Packungsdichte aber 0.37 mm, damit bei größeren 2θ-Werten auf die Korrekturen für dünne Proben verzichtet werden kann (s. Kap. G.2). Bei dicken Proben ist die gemessene Intensität eines Reflexes unabhängig von der Packungsdichte. Nur die Eindringtiefe ändert sich und damit die durch die Transparenz bedingte Linienverschiebung, die bei 2θ = 90° am größten ist (für Quarz ca. 0.02°, s. Abb. C(9)).

Unabhängig von der Packungsdichte lässt sich die Mindestmenge an Probenmaterial pro cm^2 berechnen, wenn direkt die reziproken μ/ρ-Werte verwendet werden. Für Quarz (und jede andere SiO_2-Modifikation) erhält man so mindestens 2.5/36.3 = 0.069 g/cm^2 notwendiges Probenmaterial. Das sind bei einer Probenfläche von 1×4 cm^2 rund 0.3 g, die man mindestens einsetzen muss, um eine unendlich dicke Probe anzunähern. Umgekehrt kann durch die Messung von μ' und den Vergleich mit dem berechneten μ-Wert die Packungsdichte als μ'/μ experimentell bestimmt werden. Zur Absorptionsmessung sollte dabei gut monochromatisierte Strahlung (Kristallmonochromator) verwendet werden.

Für die quantitative Analyse ist μ/ρ des zu bestimmenden Gemisches von Bedeutung. Kennt man die Schüttdichte S (in g/cm^2) einer gleichmäßig aufgetragenen Probe, so lässt sich μ/ρ berechnen nach μ/ρ = ln(I$_0$/I)/S (bei schrägem Einfall und doppeltem Weg durch die Probe muss S noch mit 2/sinθ multipliziert werden. Ein einfacher Plastikträger mit einer 0.1 mm tiefer liegenden Kupferplatte von 15 mm $\varnothing$ ist für solche Messungen geeignet. (Für I$_0$/I: Messen einiger Cu-Reflexe mit und ohne Probe. Diese Reflexe dürfen nicht mit Probenreflexen überlappen. Für S: Auswiegen der Probe und Division durch die Probenfläche).

Als Beispiel seien die Messwerte einer Quarzprobe mit S = 0.0235 g/cm^2 aufgeführt: I$_0$ = 6661 und I = 69 Impulse für 2θ = 43.27°; und 748 bzw. 66 Impulse bei 89.90°. Daraus ergibt sich μ/ρ = 35.87 bzw. 36.47 cm²/g, in guter Übereinstimmung mit 36.39 cm²/g, die sich aus den μ/ρ-Werten der Tabelle B(3)) ergeben.

B.4 Beugung von Röntgenstrahlen.

Für die Beschreibung der Röntgenbeugung an Pulvern genügt die Bragg'sche Gleichung. Für den Zusammenhang zwischen Beugung und reziprokem Gitter sind jedoch die von Max von Laue aufgestellten Beziehungen besser geeignet. Von P.P. Ewald (1921) wurden diese Beziehungen in eine leicht verständliche geometrische Konstruktion umgesetzt, die unter dem Namen Ewald-Kugel oder Ewald-Kreis (bei Beschränkung auf 2 Dimensionen) bekannt ist.

B.4.1 Die Laue-Gleichungen.

Fällt ein Röntgenstrahl S_o, dem die reziproke Länge λ^{-1} zugeordnet wird, auf eine Punktreihe mit einem Punktabstand d (eine Translationsrichtung im Kristall, z.B. die a-Achse) und bildet der Strahl mit der Punktreihe einem Winkel Φ_0, so beträgt der Wegunterschied des Strahlengangs an zwei benachbarten Punkten $d \cdot \cos\Phi - d \cdot \cos\Phi_0$. Dabei ist Φ der Winkel, den der ausfallende, abgebeugte Strahl S (Länge ebenfalls λ^{-1}) mit der Punktreihe bildet. Nur wenn dieser Gangunterschied λ oder ein Vielfaches davon ($n\lambda$, n = ...,-2,-1,0,1,2,3,...) beträgt, können sich die einzelnen gestreuten Wellen aufaddieren:

$$d \cdot \cos\Phi - d \cdot \cos\Phi_0 = n\lambda.$$

Der Winkel Φ ist dabei nicht auf die Zeichenebene beschränkt, sondern die Gesamtheit der möglichen, abgebeugten Strahlen bildet einen Kegel um die Punktreihe mit dem halben Öffnungswinkel Φ. Der Kegel für den Gangunterschied 0 enthält immer den durchgehenden Primärstrahl. Die verschiedenen Vielfachheiten n ergeben einen endlichen Satz von Kegelmänteln (endlich, weil $\cos\Phi$ die Werte ± 1 nicht überschreiten kann, s. Abb. B(19)).

Damit die Beugungsbedingungen für ein dreidimensional-periodisches Gitter erfüllt sind, muss diese Beziehung zumindest für alle drei Basistranslationen des Gitters gleichzeitig gelten:

$$a \cdot \cos\Phi_a - a \cdot \cos\Phi_{ao} = h\lambda$$
$$b \cdot \cos\Phi_b - b \cdot \cos\Phi_{bo} = k\lambda$$
$$c \cdot \cos\Phi_c - c \cdot \cos\Phi_{co} = l\lambda.$$

Das sind die drei **Laue-Gleichungen**. Die Winkel Φ_{ao}, Φ_{bo} und Φ_{co} sind dabei die *Richtungswinkel* des Vektors S_o im Koordinatensystem des Gitters, d.h. die Winkel, die S_o mit den Gittervektoren **a**, **b**, bzw. **c** einschließt. Entsprechend sind Φ_a, Φ_b und Φ_c die Richtungswinkel des ausfallenden Strahls, d.h. des Vektors **S**.

Die ganzzahligen Vielfachheiten wurden mit h, k, l bezeichnet, da sie eng mit den Miller'schen Indizes zusammenhängen, wie noch gezeigt werden wird.

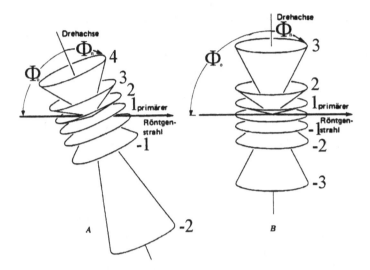

Abb. B(19): Lauekegel um eine Translationsrichtung des Kristalls bei verschiedenen Einfallswinkeln Φ_0. Der 0.te Kegel (d.h. Gangunterschied 0λ) enthält immer den ausgehenden Primärstrahl (nach Buerger, 1977).

Unter der Voraussetzung, dass $\alpha=\beta=\gamma=90°$, ist die Quadratsumme der *Richtungscosinus* einer beliebigen Richtung = 1, d.h. $\cos^2\Phi_a + \cos^2\Phi_b + \cos^2\Phi_c = 1$. Nach Umformen der obigen Gleichungen in $\cos\Phi_a - \cos\Phi_{ao} = h\lambda/a$ etc., ihrer Quadrierung und Addition erhält man:

$$(\cos^2\Phi_a + \cos^2\Phi_b + \cos^2\Phi_c) + (\cos^2\Phi_{ao} + \cos^2\Phi_{bo} + \cos^2\Phi_{co})$$
$$- 2(\cos\Phi_a \cdot \cos\Phi_{ao} + \cos\Phi_b \cdot \cos\Phi_{bo} + \cos\Phi_c \cdot \cos\Phi_{co})$$
$$= \lambda^2(h^2/a^2 + k^2/b^2 + l^2/c^2).$$

Weiterhin ist der dritte Klammerausdruck gleich dem Skalarprodukt $S_o \cdot S \cdot \lambda^2$. Das ist aber gleich dem Cosinus des eingeschlossenen Winkels, d.h. $= \cos 2\theta$. Damit vereinfacht sich die linke Seite zu: $1+1 - 2\cos 2\theta = 2(1-(\cos^2\theta - \sin^2\theta)) = 4\sin^2\theta$ Der Ausdruck $(h^2/a^2 + k^2/b^2 + l^2/c^2)$ ist in einer orthorhombischen Zelle gerade gleich $1/d^2(hkl)$ (siehe Kap. C.2). Wir erhalten also:

$$4\sin^2\theta = \lambda^2/d^2(hkl), \text{ und nach dem Wurzelziehen}$$

$$2\sin\theta = \lambda/d(hkl).$$

Das ist die Bragg'sche Gleichung, die damit in den Laue-Gleichungen enthalten ist (hier nur für eine orthorhombische Zelle bewiesen).

Die Skalarprodukte zwischen den Vektoren S_0 und S einerseits und den Gittervektoren a, b, c andererseits betragen: $a \cdot S_0 = a/\lambda \cdot \cos \Phi_{ao}$, $a \cdot S = a/\lambda \cdot \cos \Phi_a$ usw.. Zieht man λ in den Laue-Gleichungen auf die linke Seite und setzt man die gleichwertigen Skalarprodukte ein, so gehen die Gleichungen über in:

$$a \cdot S - a \cdot S_0 = h$$
$$b \cdot S - b \cdot S_0 = k$$
$$c \cdot S - c \cdot S_0 = l.$$

Die Gittervektoren lassen sich in diesen Gleichungen noch ausklammern. Die auftretende Vektordifferenz $h = (S - S_0)$ wird als *Beugungsvektor* h bezeichnet:

$$a \cdot h = h$$
$$b \cdot h = k$$
$$c \cdot h = l.$$

Das ist die kürzeste Form der Laue-Gleichungen. Gelten diese drei Gleichungen, so ist auch für eine beliebige, andere Translationsrichtung $[uvw] = ua + vb + wc$ die Beugungsbedingung erfüllt, denn $[uvw] \cdot h = uh + vk + wl$ ist ebenfalls eine ganze Zahl. h halbiert den Winkel zwischen S_0 und S. Dieser beträgt $180° - 2\theta$ (Komplementwinkel zu 2θ). Damit können wir auch die Länge von h berechnen: $|h| = 2 \sin\theta/\lambda$, oder umgeformt $\lambda = 2 \sin\theta/|h|$. Das ähnelt aber der Bragg'schen Gleichung, nur mit $1/|h|$ statt d_{hkl}. Dieses Ergebnis besagt: Die Beugungsbedingungen sind genau dann erfüllt, wenn der Beugungsvektor $h = S - S_0$ mit dem reziproken Gittervektor $d*_{hkl}$ übereinstimmt, denn h und $d*_{hkl}$ haben die gleiche Lage (= Winkelhalbierende von S_0 und S) und die gleiche Länge von $2\sin\theta/\lambda$. Der Vektor h wird mit seinen Indizes hkl angegeben. W.L. Bragg hat als erster diese Beziehungen zwischen den Laue-Konstanten und den Miller'schen Indizes erkannt.

B.4.2 Die Ewald'sche Konstruktion (Ewaldkugel)

Dieser Sachverhalt lässt sich nach P.P. Ewald (1921) leicht in eine geometrische Konstruktion umsetzen, aus der man ohne weitere Rechnung ablesen kann, wie ein Kristall zum einfallenden Strahl S_0 ausgerichtet werden muss, damit sich eine bestimmte Netzebenenschar (hkl) in Reflexionsstellung befindet, und in welcher Richtung dann der abgebeugte Strahl S zu finden ist. Dazu konstruiert man das reziproke Gitter und lässt den Vektor S_0 im Ursprung des reziproken Gitters enden, d.h. im Punkt 000. Um dem Anfangspunkt von S_0 konstruiert man eine Kugel mit dem Radius $1/\lambda$. Diese Kugel heißt Ewaldkugel und geht immer durch 000. Alle Drehungen des Kristalls lassen den Ursprung O = 000 des reziproken Gitters unverändert an der gleichen Stelle.

Ein Reflex hkl befindet sich immer dann in Reflexionsstellung, wenn sich der Gitterpunkt hkl auf der Ewaldkugel befindet. Der Vektor S(hkl) des abgebeugten Strahls zeigt vom Mittelpunkt der Ewaldkugel zum Gitterpunkt hkl auf der Kugel. Für reziproke Gitterpunkte hkl, die nicht auf der Ewaldkugel liegen, kann man leicht die Drehung um den Ursprung O ablesen, die nötig ist, um den Punkt hkl auf die Kugeloberfläche, d.h. in Reflexionsstellung, zu bringen. Reziproke Gitterpunkte, die weiter als $2/\lambda$ von O entfernt sind, können nie in Reflexionsstellung gebracht werden. Sie liegen außerhalb der *Grenzkugel* (oder *Ausbreitungskugel*) um O mit dem Radius $2/\lambda$. Das ist gleichbedeutend mit der Tatsache, dass $\sin\theta$ nicht größer als 1 werden kann.

Das Volumenverhältnis von Grenzkugel : reziproker Zelle V^* ergibt die Zahl N_{max} der maximal messbaren Einzelreflexe (Volumen der Elementarzelle $V = 1/V^*$):

$$N_{max} = (32 \pi V)/(3 \lambda^3).$$

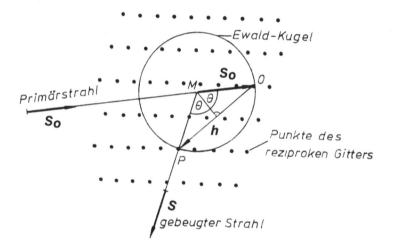

Abb. B(20): Die Ewald'sche Konstruktion (in der Ebene). O ist der Ursprung des reziproken Gitters = Endpunkt des einfallenden Strahls S_0 = MO. Der Kreisradius beträgt $1/\lambda$. Beugung tritt auf, wenn der darstellende Punkt P der Netzebenenschar hkl auf den Ewaldkreis fällt, d.h. wenn $h = S - S_0$ mit $d^*_{hkl} = OP$ zusammenfällt. MP ist dann die Richtung des abgebeugten Strahls S. Die Richtung MD, d.h. das Lot auf h oder dreidimensional: die Ebene senkrecht h, entspricht der Lage der Netzebene (hkl).

Speziell für CuKα ergibt das: $N_{max} = 9.14 \, V/Å^3$. Die Zahl messbarer Pulverreflexe ist viel geringer, da dieser Wert zunächst durch den Zentrierungsfaktor (2 für A-, B-, C- oder I-Zellen, 3 für hexagonal aufgestellte R-Zellen und 4 für F-Zellen) und die Flächenhäufigkeit der allgemeinen Fläche (hkl) der holoedrischen

Kristallklasse des vorliegenden Kristallsystems geteilt werden muss (z.B. im kubischen Kristallsystem durch 48, im triklinen durch 2). Außerdem ist der maximal gemessene 2θ-Wert kleiner als $180°$. Der Ausdruck für N_{max} verkleinert sich dann um $sin^3(\theta_{max})$. Von den verbleibenden Reflexen ist ein großer Anteil nicht stark genug, um sich deutlich genug vom Untergrund abzuheben.

Auf alle Fälle gilt, dass bei gleich großen Zellen niedrigsymmetrische Substanzen linienreichere Pulverdiagramme haben als hochsymmetrische. Bei der Berechnung von Gütekriterien für Pulverdiagramme geht neben der mittleren Messgenauigkeit der Einzelreflexe das Verhältnis von gemessenen zu theoretisch möglichen Reflexen innerhalb eines 2θ-Intervalls ein (z.B. F_{30}, s. Kap. F.1). Weicht die tatsächliche Kristallklasse nur minimal von einer höher symmetrischen ab (*Pseudosymmetrie*), so spalten einige Linien der höhersymmetrischen Kristallklasse etwas auf - eventuell ist nur eine Linienverbreiterung zu erkennen - , und diese Aufspaltung ist dann ein Maß für die Symmetrieerniedrigung (z.B. beim Übergang vom monoklinen Orthoklas zum triklinen Mikroklin, beide $KAlSi_3O_8$). So weichen z.B. die d-Werte der im Orthoklas zusammenfallenden Reflexe 131 und $1\bar{3}1$ im Mikroklin maximal um 0.08 voneinander ab (3.03 bzw. 2.95 Å). Die Größe dieser Aufspaltung kann als Maß für die Al/Si-Ordnung eines Mikroklins benutzt werden

C Kristalle

C.1 Kristallgitter, Elementarzelle

Idealkristalle werden vollständig durch das Baumotiv und die Metrik einer einzigen *Elementarzelle* beschrieben, aus der der Idealkristall durch unendliche, dreidimensional-periodische Wiederholung entsteht. Unter der *Kristallstruktur* versteht man dieses Baumuster, und erstes Ziel der Strukturbestimmung ist das Auffinden der Zellmetrik (des Translationsgitters), die sich allein aus der Lage der Röntgenreflexe ergibt. Erst danach kann die Atomanordnung erschlossen werden, die sich in den Reflexintensitäten widerspiegelt. Bei *Realkristallen* kommen dazu die Baufehler, d.h. die Abweichungen von dieser regelmäßigen Anordnung, die für die physikalischen Eigenschaften oft wichtiger sind als die Idealstruktur.

Die Metrik des Idealkristalls wird durch drei unabhängige, kleinste Verschiebungsvektoren **a**, **b**, **c** beschrieben, die den Idealkristall in sich selbst überführen. Diese Vektoren werden auch zur Definition des kristalleigenen Koordinatensystems benutzt. Im allgemeinen gibt man nur die Längen der Elementarperioden a_0, b_0, c_0 sowie die Winkel α, β, γ zwischen den Achsen an, um die Metrik der Elementarzelle zu beschreiben. Dabei geht aber die Information über die Lage der Zelle im Raum verloren. Bei der Röntgenographie von Einkristallen muss auch diese Orientierung bekannt sein, d.h. statt der 6 *Gitterkonstanten* werden die **a**, **b**, **c** selbst durch 3×3 = 9 Koordinaten beschrieben (Orientierungsmatrix).

Statt der absoluten Koordinaten X,Y,Z (gemessen in Å) werden fast nur die relativen Koordinaten $x = X/a_0$, $y = Y/b_0$, $z = Z/c_0$ benutzt. Der Vorteil dieser Darstellung ist, dass die relativen Koordinaten uvw eines beliebigen Gitterpunktes ganzzahlig sind (solange die kleinstmögliche oder primitive Zelle benutzt wird). Mit [uvw] = u**a**+v**b**+w**c** wird der Gittervektor vom Nullpunkt O zum Gitterpunkt G(uvw) beschrieben. Kantenrichtungen als Schnittgeraden zweier Kristallflächen sind stets parallel zu solchen Gittervektoren (meist mit kleinen Absolutwerten für uvw). So entspricht die Kantenrichtung [100] der Richtung der a-Achse des Kristalls. Im Idealkristall gilt, dass jede Eigenschaft ρ sich periodisch wiederholt, d.h.:

$$\rho(xyz) = \rho(x+u, y+v, z+w) \text{ (für beliebige ganzzahlige uvw)}.$$

Realkristalle unterscheiden sich von den Idealkristallen neben den Baufehlern durch ihr endliches Volumen und das Vorhandensein einer Oberfläche. Fehlende Bausteine sind daran zu erkennen, dass die für den Idealkristall berechnete *Röntgendichte* D_x in der 2. Dezimale häufig 1 bis 2 Einheiten höher liegt als die tatsächlich gemessene Dichte D_m. Die Formel für die Röntgendichte lautet:

$$D_x[\text{g·cm}^{-3}] = M \cdot Z \cdot 1.66055[10^{-24}\text{g}]/V[\text{Å}^3].$$

Dabei ist M die relative Masse einer Formeleinheit (bezogen auf $^{12}C = 12$), Z die Anzahl der Formeleinheiten pro Zelle und V das Zellvolumen (s.u.). Der Faktor $1.66055 \cdot 10^{-24}$g ist die *atomare Masseneinheit* (amu) oder die reziproke Loschmidt'sche Zahl ($6.022094 \cdot 10^{23}$ Moleküle/Mol). Bei Verwendung von Å^3 für das Volumen kürzt sich die Potenz 10^{-24} gerade weg ($1Å^3 = 10^{-24}$ cm^3). Mit der gemessenen Dichte D_m kann diese Formel auch benutzt werden, um bei neuen Verbindungen die Zahl Z der Formeleinheiten zu berechnen. Z ist häufig gleich 2 oder 4. Zur Dichtebestimmung kann die Pyknometer- oder die Schwebemethode verwendet werden.

C.2 Miller'sche Indizes (hkl) und Netzebenenabstände

Wählt man in einem Kristallgitter einen beliebigen Gitterpunkt als Nullpunkt des kristalleigenen Koordinatensystems mit den Basistranslationen **a**, **b** und **c** als Achsen, so lassen sich auch die Netzebenenscharen mit einfachen ganzen Zahlen hkl beschreiben. Als repräsentative Einzelebene wählt man aus der Schar diejenige aus, die der Ebene durch den Nullpunkt direkt benachbart ist. Diese Netzebene schneidet die drei Achsen in echten Bruchteilen der Translationsperioden: a_0/h, b_0/k und c_0/ℓ (in relativen Koordinaten: $1/h$, $1/k$, $1/\ell$). Diese drei ganzen Zahlen hkl werden Miller'sche Indizes genannt. Die äußerste Fläche einer Schar ist häufig eine morphologische Kristallfläche und wird dann mit (hkℓ) gekennzeichnet. Netzebenen treten um so wahrscheinlicher als begrenzende Kristallflächen auf, je kleiner die Absolutwerte der hkl sind, d.h. je größer d_{hkl} ist. Einige Ebenenscharen sind in Abb. C(1) eingezeichnet. In Abb. C(2) wurden die Ebenennormalen $\mathbf{d}_{100}$ und $\mathbf{d}_{001}$ in der a,c-Fläche einer monoklinen Zelle konstruiert.

Aus der Achsenabschnittsgleichung erhält man auch die mathematische Darstellung dieser Ebene. Für alle Punkte auf dieser Netzebene (nicht nur die Gitterpunkte) gilt:

$$hx + ky + \ell z = 1.$$

Für die dazu parallelen Netzebenen gilt: $hx + ky + \ell z = n$, wobei die ganze Zahl n angibt, um die wievielte Netzebene vom Nullpunkt aus gerechnet es sich handelt. Falls ein Gittervektor [uvw] (z. B. eine morphologische Kantenrichtung) in einer Ebene (hkl) liegt, so gilt $hu + kv + \ell w = 0$. Damit lässt sich auch die gemeinsame Kante [uvw] zweier Flächen (h_1,k_1,l_1) und h_2,k_2,l_2) berechnen, indem man die beiden Gleichungen nach u:v:w auflöst und die kleinstmöglichen uvw angibt (bei zwei Gleichungen für drei Unbekannte ist die Lösung mehrdeutig, d.h. mit uvw ist auch nu,nv,nw eine Lösung). Die Lösung lautet:

$$u : v : w = (k_1 l_2 - k_2 l_1) : (l_1 h_2 - l_2 h_1) : (h_1 k_2 - h_2 k_1).$$

Von besonderem Interesse sind die *Netzebenenabstände* d_{hkl}, die direkt in die Bragg'sche Gleichung eingehen. Für den Sonderfall, dass $\alpha = \beta = \gamma = 90°$, soll die

Formel hier abgeleitet werden. Bei kartesischen Koordinaten gilt für Punkte auf der Einheitskugel: $x^2 + y^2 + z^2 = 1$. Weiterhin bildet der Radius O-P(xyz) mit den Achsen die Winkel Φ_a, Φ_b und Φ_c. Es gilt $\cos\Phi_a = x$, $\cos\Phi_b = y$ und $\cos\Phi_c = z$, und folglich gilt für die Quadratsumme der Richtungscosinus:

$$\cos^2\Phi_a + \cos^2\Phi_b + \cos^2\Phi_c = 1.$$

Dies gilt auch noch für eine orthorhombische Zelle mit ungleichen Achseneinheiten aber rechten Winkeln.

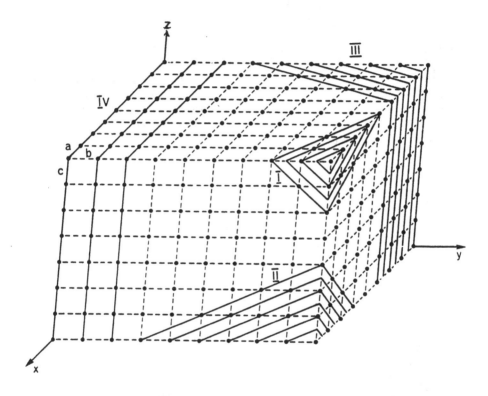

Abb. C(1): Kristallgitter mit eingezeichneten Netzebenenscharen: I (122), II ($\bar{2}\bar{1}2$), III ($\bar{2}10$), IV (010) (nach McKie& McKie, 1974).

Wie in Abb. C(3) dargestellt, hat die erste zum Nullpunkt benachbarte Netzebene die absoluten Achsenabschnitte a_0/h (Punkt A), b_0/k (Punkt B) und c_0/ℓ (Punkt C). Das Lot vom Nullpunkt O auf diese Ebene hat die gesuchte Länge d_{hkl} und trifft die Ebene im Punkt D (Abb. C(3)). Die Richtung OD schließt mit den Achsen die Winkel Φ_a, Φ_b und Φ_c ein. In den rechtwinkligen Dreiecken OAD, OBD und OCD gilt:

$$\cos \Phi_a = d_{hkl}/(a_o/h)$$
$$\cos \Phi_b = d_{hkl}/(b_o/k)$$
$$\cos \Phi_c = d_{hkl}/(c_o/\ell).$$

Nach Quadrierung und Summenbildung ergibt sich:

$$\cos^2 \Phi_a + \cos^2 \Phi_b + \cos^2 \Phi_c = 1 = d_{hkl}{}^2(h^2/a_o{}^2 + k^2/b_o{}^2 + \ell^2/c_o{}^2),$$

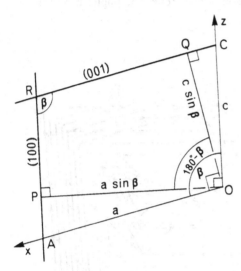

$\Leftarrow$ **Abb. C(2):** x,z-Fläche einer monoklinen Zelle mit eingezeichneten Flächennormalen $\mathbf{d}_{100}$ = OP und $\mathbf{d}_{001}$ = OQ (nach McKie& McKie, 1974).

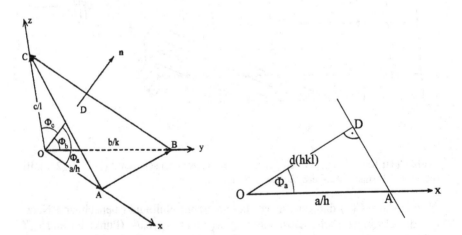

Abb. C(3): Zur Ableitung des Netzebenenabstands OD = d_{hkl} (= Lot vom Nullpunkt auf die Fläche ABC). Φ_a, Φ_b, Φ_c sind die Richtungswinkel von OD. Rechts ist das Teildreieck OAD dargestellt.

d.h. der gesuchte Ausdruck für d_{hkl} in orthorhombischen (und höhersymmetrischen, orthogonalen) Zellen lautet:

$$1/d_{hkl}^2 = h^2/a_0^2 + k^2/b_0^2 + l^2/c_0^2.$$

In einer kubischen Zelle mit $a_0 = b_0 = c_0$ vereinfacht sich dieser Ausdruck weiter zu: $1/d_{hkl}^2 = (h^2+k^2+l^2)/a_0^2$, d.h. alle Werte $1/d^2$ sind in diesem Fall ganzzahlige Vielfache von $1/a_0^2$. Dadurch ist es bei unbekannten kubischen Substanzen recht einfach, die Größe $1/a_0^2$ aus einem Satz von d-Werten zu ermitteln und gleichzeitig die Faktoren $(h^2+k^2+l^2)$ zu bestimmen, aus denen sich leicht die hkl selbst ableiten lassen (z. T. mehrdeutig. Z. B. gilt $h^2+k^2+l^2 = 27$ für hkl = 333 und 511).

Multipliziert man hkl mit einem gemeinsamen Faktor n, so ergibt sich

$$d_{nh,nk,nl} = d_{hkl}/n.$$

Daher lässt sich in der Bragg'schen Gleichung

$$n{\cdot}\lambda = 2d{\cdot}\sin\theta$$

die Ordnung n nach rechts ziehen und der Ausdruck d_{hkl}/n durch den Netzebenenabstand $d_{nh,nk,nl}$ ersetzen, d.h. die Ordnung n lässt sich so formal aus der Bragg'schen Gleichung entfernen:

$$\lambda = 2d{\cdot}\sin\theta.$$

In diesem Sinne ist der Reflex 222 der Reflex 2. Ordnung an der Netzebene (111). Um Verwechslungen zu vermeiden, werden die stets teilerfremden Miller'schen Indizes (hkl) für eine Kristallfläche in Klammern angegeben, die Reflexindizes hkl aber ohne Klammern. Alle Reflexe nh,nk,nl werden an derselben Netzebenenschar (hkl) gebeugt. Ihr Intensitätsverhältnis ist daher unabhängig von einer eventuellen Textur der Probe.

C.3 Das reziproke Gitter

In dem Ausdruck $1/d_{hkl}^2 = h^2/a_0^2 + k^2/b_0^2 + l^2/c_0^2$ (für $\alpha=\beta=\gamma=90°$) stört, dass die Größen d, a, b, c (in Å) im Nenner vorkommen. Rein rechnerisch wird die Gleichung durch die reziproken Größen (in Å^{-1}) $d^* = 1/d$, $a^* = 1/a_0$, $b^* = 1/b_0$ und $c^* = 1/c_0$ vereinfacht:

$$d^{*2} = h^2{\cdot}a^{*2} + k^2{\cdot}b^{*2} + l^2{\cdot}c^{*2}.$$

Diese Gleichung hat die Form der Längenberechnung des Vektors $\mathbf{d}^*_{hkl}$, der parallel zu $\mathbf{d}_{hkl}$ ist (d.h. senkrecht auf der beugenden Netzebene steht) aber die Länge $d^* = 1/d$ hat (d.h.. $\mathbf{d}^*_{hkl} = \mathbf{d}_{hkl}/(d_{hkl})^2$). Entsprechendes gilt für Vektoren $\mathbf{a}^*$, $\mathbf{b}^*$ und $\mathbf{c}^*$ (solange $\alpha=\beta=\gamma=90°$).

Da die obige Gleichung für beliebige hkl gilt, muss gelten:

$$d^*_{hkl} = h \cdot a^* + k \cdot b^* + l \cdot c^*,$$

d. h. die Menge aller Endpunkte der Vektoren d^*_{hkl} bildet wieder ein Punktgitter, das sogenannte reziproke Gitter. Das gilt für primitive Gitter. Bei zentrierten Gittern fällt ein Bruchteil der d^* systematisch weg.

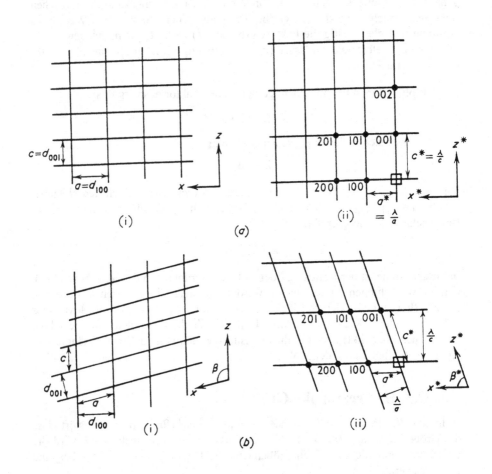

Abb. C(4): Beziehung zwischen Gitter (links) und reziprokem Gitter: a) für eine orthorhombische, b) für eine monokline Zelle (nach Megaw, 1973). Der Radius der Ewaldkugel wurde hier = 1 gesetzt (statt $1/\lambda$).

Die obige Vektorgleichung lässt sich auf allgemeine Zellen verallgemeinern, wenn die Basisvektoren a^*, b^*, c^* entsprechend angepasst werden. Man benutzt die Gleichung selbst zur *Definition des reziproken Gitters*, in dem man für hkl 100, 010 und 001 einsetzt:

$\mathbf{a*} = \mathbf{d^*}_{100}$, d.h. $\mathbf{a*} \perp \mathbf{b}, \mathbf{c}$ (diese spannen die Ebene (100) auf)
$\mathbf{b*} = \mathbf{d^*}_{010}$, d.h. $\mathbf{b*} \perp \mathbf{a}, \mathbf{c}$
$\mathbf{c*} = \mathbf{d^*}_{001}$, d.h. $\mathbf{c*} \perp \mathbf{a}, \mathbf{b}$

So gilt für eine monokline Zelle (mit b als monokliner Achse):

$\mathbf{a*} = \mathbf{d^*}_{100} = 1/d_{100} = 1/(a \cdot \sin\beta)$
$\mathbf{b*} = \mathbf{d^*}_{010} = 1/d_{010} = 1/b$
$\mathbf{c*} = \mathbf{d^*}_{001} = 1/d_{001} = 1/(c \cdot \sin\beta)$
$\beta* = \angle\, \mathbf{a*}, \mathbf{c*} = \angle\, \mathbf{d^*}_{100}, \mathbf{d^*}_{001} = \angle\, \mathbf{d}_{100}, \mathbf{d}_{001} = 180° - \beta$,

während $\alpha*$ und $\gamma*$ gleich 90° sind, wie α und γ selbst in der monoklinen Ausgangszelle. $\mathbf{a}$ und $\mathbf{a*}$ sind ebenso wie $\mathbf{c}$ und $\mathbf{c*}$ nicht mehr parallel zueinander, sondern schließen beide einen Winkel von ß-90° ein. Nur $\mathbf{b}$ und $\mathbf{b*}$ sind im monoklinen System noch parallel.

Für trikline Zellen ergeben sich noch kompliziertere Formeln. Zunächst berechnet man die Winkel $\alpha*$, $\beta*$ und $\gamma*$ der reziproken Zelle:

$$\cos \alpha* = (\cos\beta \cdot \cos\gamma - \cos\alpha)/(\sin\beta \cdot \sin\gamma)$$
$$\cos \beta* = (\cos\alpha \cdot \cos\gamma - \cos\beta)/(\sin\alpha \cdot \sin\gamma)$$
$$\cos \gamma* = (\cos\alpha \cdot \cos\beta - \cos\gamma)/(\sin\alpha \cdot \sin\beta).$$

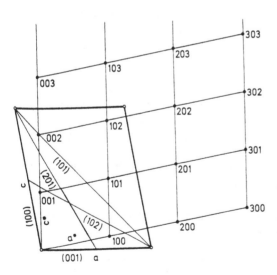

⇐ **Abb. C(5):** Gitter (fett) und reziprokes Gitter übereinander gezeichnet. Die eingezeichneten Spuren der Netzebenen (101), (201) und (102) stehen senkrecht auf den Verbindungslinien vom Ursprung (linke, untere Ecke) zu den reziproken Gitterpunkten 101, 201 bzw. 102. Je näher die Netzebene am Ursprung liegt (d.h. je kleiner d), desto weiter ist der zugehörige Punkt des reziproken Gitters entfernt (nach Krischner, 1990).

Damit vereinfachen sich die Formeln:

$$a^* = \frac{bc \cdot \sin\alpha}{V}, \quad b^* = \frac{ca \cdot \sin\beta}{V}, \quad c^* = \frac{ab \cdot \sin\gamma}{V} \quad zu$$

$$a^* = 1/(a \cdot \sin\beta \cdot \sin\gamma^*), \quad b^* = 1/(b \cdot \sin\gamma \cdot \sin\alpha^*), \quad c^* = 1/(c \cdot \sin\alpha \cdot \sin\beta^*).$$

Die Winkel zwischen den Achsen und den entsprechenden reziproken Achsen betragen: $\angle \mathbf{a}, \mathbf{a}^* = \arccos(\sin\beta \cdot \sin\gamma^*)$ usw..

Die Volumenformel für trikline Zellen:

$$V = abc \cdot \sqrt{1 + 2 \cdot \cos\alpha \cdot \cos\beta \cdot \cos\gamma - \cos^2\alpha - \cos^2\beta - \cos^2\gamma}$$

vereinfacht sich, wenn mindestens ein Winkel des reziproken Gitters bekannt ist:

$$V = abc \cdot \sin\alpha \cdot \sin\beta \cdot \sin\gamma^* \text{ (oder genau ein anderer Winkel mit *).}$$

Das reziproke Gitter vom reziproken Gitter ist wieder das ursprüngliche Gitter, d.h. die beiden Gitter sind dual zueinander. Für die Volumina gilt $V \cdot V^* = 1$. Alle Formeln bleiben richtig, wenn man gesternte und ungesternte Größen austauscht, z. B. gilt $\cos\alpha = (\cos\beta^* \cdot \cos\gamma^* - \cos\alpha^*)/(\sin\beta^* \cdot \sin\gamma^*)$. Viele Erscheinungen der Physik werden ebenfalls im reziproken Raum beschrieben, z. B. der **k**-Raum des Bändermodells der metallischen Leitfähigkeit oder der Frequenzraum eines akustischen Signals.

C.4 Symmetrie und Kristallklassen

Symmetrieoperationen sind Abbildungsfunktionen eines Gegenstandes auf sich selbst, wobei Ausgangs- und Endlage nicht zu unterscheiden sind. So geht der Buchstabe N durch eine 180°-Drehung in sich selbst über oder der Buchstabe A durch eine senkrechte Spiegelebene.

Bei dreidimensionalen Gittern sind die Möglichkeiten der Drehung im Raum sehr eingeschränkt, da die (idealerweise) unendlich vielen Gitterpunkte wieder auf Gitterpunkte abgebildet werden müssen. Die möglichen Drehwinkel Φ_k (k = ganze Zahl) müssen dafür die Gleichung $2\cos\Phi_k = k$ erfüllen. Diese Gleichung hat nur fünf Lösungen mit k = -2, -1, 0, 1, 2, da ein Cosinuswert die Grenze ±1 nicht überschreiten kann. Diesen Lösungen entsprechen die Winkel Φ_k = 180°, 120°, 90°, 60° und 0° = 360°, d.h. nach n = 2-, 3-, 4-, 6- und 1-facher Wiederholung der Drehung geht das Gitter nach 360° Drehung wieder in die Ausgangslage über. Man spricht von einer n-zähligen *Drehachse*, die nach Hermann-Mauguin einfach als n bezeichnet wird.

Alle Drehachsen (außer 1) sind nur in speziellen Gittern mit weniger als 6 Freiheitsgraden möglich: 2 verlangt eine monokline Zelle (zwei Winkel = 90°), 3 eine hexagonale oder rhomboedrische, 4 eine tetragonale und 6 eine hexagonale Zelle.

Die Kombination von zwei senkrecht aufeinander stehenden 2-zähligen Achsen verlangt eine orthorhombische und die von zwei 4-zähligen Achsen eine kubische Zelle. Bei allen Drehungen (Symmetrieelemente der 1. Art) bleibt die Händigkeit eines Objektes erhalten, d.h. eine rechte Hand geht in eine rechte Hand über. Nun gibt es noch Symmetrieelemente der 2. Art, die die Händigkeit ändern, d.h. eine rechte Hand in eine linke überführen und umgekehrt.

Ohne Beschränkung ist in allen Gittern die Spiegelung am Nullpunkt möglich, die einen Punkt xyz in -x,-y,-z überführt. Man bezeichnet diese Punktspiegelung auch als *Symmetriezentrum* $\bar{1}$. Dies lässt sich durch Hintereinanderausführen (Multiplikation im gruppentheoretischen Sinne) mit den Drehachsen koppeln (*Drehinversionsachsen*), so dass es insgesamt auch 5 Symmetrieelemente der 2. Art gibt, die Gitter in sich selbst überführen: $\bar{1}$, $\bar{2}$ = m, $\bar{3}$, $\bar{4}$, $\bar{6}$. Diese stellen an die Gitter dieselben Anforderungen wie die entsprechenden Drehachsen, d.h. $\bar{4}$ verlangt genau wie die Drehachse 4 eine tetragonale Zelle mit a=b≠c, α=β=γ=90° mit nur noch zwei Freiheitsgraden. (Genauer ist: a=b und c beliebig, da c in Sonderfällen im Rahmen der Fehlergenauigkeit zufällig gleich a sein kann).

$\bar{2}$ ist identisch mit einer *Spiegelebene*, die senkrecht auf der erzeugenden 2-zähligen Achse steht und mit m (= mirror) bezeichnet wird. Bestimmte Symmetrieelemente lassen sich auch kombinieren. Insgesamt gibt es neben den 10 einfachen Symmetrieelementen noch 22 mögliche Kombinationen, die zusammen als die 32 *Kristallklassen* bezeichnet werden (Bezeichnung der Symmetrieelemente, Kristallklassen und Raumgruppen nach Hermann-Maugin). Kristallflächen (hkl), die symmetrisch zueinander sind, werden zu *Flächenformen* {hkl} zusammengefasst; z. B. gilt in der monoklinen Kristallklasse 2/m: {hkl} = (hkl)+$(h\bar{k}l)$+$(\bar{h}\bar{k}\bar{l})$+$(\bar{h}k\bar{l})$. Die entsprechenden d_{hkl} sind zwangsläufig gleich lang, d.h. die entsprechenden Reflexe fallen in einem Pulverdiagramm zusammen (*Flächenhäufigkeit* m = 4).

Da bei der Röntgenbeugung die Intensitäten bei Beugung an der Vorderseite (I(hkl)) und an der Rückseite (I($\bar{h}\bar{k}\bar{l}$)) einer Netzebenenschar hkl praktisch identisch sind (Friedel'sche Regel, geringe Abweichungen ergeben sich aus der "anomalen" Dispersion einiger Atome), ist das Beugungsbild stets zentrosymmetrisch zusätzlich zu der Symmetrie des beugenden Kristallgitters; d. h. von den 32 Kristallklassen sind für den Röntgenographen zunächst nur die 11 zentrosymmetrischen wichtig, die auch Laue-Klassen genannt werden (s. Tab C(1)).

Bei Pulverdiagrammen fallen alle Reflexe einer Flächenform {hkl} zusammen. Das stört weiter nicht, wenn bei den Intensitätsformeln die Flächenhäufigkeit m entsprechend berücksichtigt wird. Störender ist das zwangsläufige Übereinanderfallen von Reflexen unterschiedlicher Intensität bei Kristallen mit erniedrigter Symmetrie (Hemiedrie). So haben in der Laueklasse 4/m {hkl} und {khl} unterschiedliche Intensitäten aber gleiche d-Werte. Ähnliches gilt für $\bar{3}$, $\bar{3}$m, 6/m, m$\bar{3}$.

Im atomaren Maßstab, d.h. bei der Beschreibung der Kristallstrukturen, sind neben den Symmetrieelementen, die die Morphologie der Kristalle bestimmen (angegeben durch die Kristallklassen oder Punktgruppen) noch Kombinationen mit Translationen möglich, die einen bestimmten Bruchteil der Elementartranslationen a_0, b_0 oder c_0 betragen. So werden aus Spiegelebenen *Gleitspiegelebenen* und aus Drehachsen *Schraubenachsen*, die keinen Punkt mehr in sich selbst überführen (wie das die Kristallklassen zumindest für den Mittelpunkt des Kristalls tun: Punktgruppen). Aus den 32 Kristallklassen werden dadurch 230 *Raumgruppen*, deren Kenntnis für die Aufklärung und Beschreibung von Kristallstrukturen unentbehrlich ist. Diese zusätzlichen Symmetrieelemente äußern sich in der systematischen Auslöschung bestimmter Reflexe.

Tab. C(1): Die 11 Laueklassen, zugeordnet den 7 Kristallsystemen (in Klammern: abgekürzte Symbole). Außerdem sind die möglichen Bravaisgitter angegeben

Kristallsystem	mögliche Laueklassen	mögliche Bravaisgitter
triklin	$\bar{1}$	P
monoklin	2/m	P, C (oder I)
orthorhombisch	2/m 2/m 2/m (mmm)	P, C (oder A,B), I, F
tetragonal	4/m und 4/m 2/m 2/m (4/m m m)	P, I
trigonal*	$\bar{3}$ und $\bar{3}$ 2/m ($\bar{3}$m)	P, R
hexagonal	6/m und 6/m 2/m 2/m (6/m m m)	P
kubisch	2/m$\bar{3}$ (m$\bar{3}$) und 4/m$\bar{3}$2/m (m$\bar{3}$m)	P, I, F

*) Die trigonalen Kristallklassen vertragen sich mit zwei Zellarten: der rhomboedrischen (R: $a=b=c$, $\alpha=\beta=\gamma$, nicht-symmetriebedingt auch 90° möglich) und der hexagonalen (hexP: $a=b$, $\alpha=\beta=90°$, $\gamma=120°$). Meist wird die rhomboedrische Zelle in eine dreimal so große hexagonale Zelle transformiert mit zusätzlichen Gitterpunkten in 1/3,2/3,2/3 und 2/3,1/3,1/3 (unüblich aber möglich ist eine Transformation mit 1/3,2/3,1/3 und 2/3,1/3,2/3). Bei Beugung am Einkristall lässt sich auch P$\bar{3}$m1 von P$\bar{3}$1m unterscheiden, nicht aber bei Pulverdiagrammen.

C.5 Verbotene Reflexe (Auslöschungsregeln)

Die Intensität der Röntgenreflexe hängt davon ab, inwieweit die einzelnen Atome in Phase streuen oder nicht, (d.h. von den Abweichungen $(hx+ky+lz)$ der Atome aus den beugenden Netzebenen). So können sich die Einzelbeiträge der Atome für eine Ebenenschar hkl zufällig auslöschen. Von diesen "zufällig" verschwindenden Reflexen sind die systematisch ausgelöschten zu unterscheiden. Diese werden durch zentrierte Bravaisgitter oder bestimmte Symmetrieelemente der atomaren Anordnung (Gleitspiegelebenen und Schraubenachsen) bedingt.

Alle hkl sind betroffen (*integrale Auslöschung*), wenn zentrierte Zellen vorliegen. Obwohl alle Gitter durch primitive Zellen (nur ein Gitterpunkt pro Zelle) beschrieben werden können, zieht man dann für die Beschreibung eines Gitters eine größere, zentrierte Zelle mit 2, 3, oder 4 Gitterpunkten pro Zelle vor, wenn dadurch rechte Winkel erreicht werden können, die die diversen geometrischen Berechnungen erleichtern. Neben den 7 primitiven Zellen gibt es 7 wesentlich verschiedene, zentrierte (insgesamt 14 *Bravaisgitter,* siehe Tab. C(1)). R ist in rhomboedrischer Aufstellung primitiv, in hexagonaler zentriert mit 3 Gitterpunkten pro Zelle. Für die betreffenden Bravaisgitter gilt:

P: keine systematische Auslöschung für die hkl
A: hkl-Reflexe nur mit $k + \ell = 2n$ (d.h. verboten: $k+\ell = 2n+1$)
B: hkl-Reflexe nur mit $h + \ell = 2n$ (d.h. verboten: $h+\ell = 2n+1$)
C: hkl-Reflexe nur mit $h + k = 2n$ (d.h. verboten: $h+k = 2n+1$)
I: hkl-Reflexe nur mit $h + k + \ell = 2n$
R: hkl-Reflexe nur mit $-h + k + \ell = 3n$ (bei hexagonaler Aufst., obvers)
F: Die Regeln für A, B und C gleichzeitig,
   d.h. alle hkl = ggg oder uuu (g = gerade, u = ungerade).

Nur eine Ebene des reziproken Gitters (*zonale Auslöschung*) ist betroffen beim Vorliegen einer Gleitspiegelebene, z. B. gilt für eine c-Gleitung in einer monoklinen Zelle: $h0\ell$ nur mit $\ell = 2n$ (entsprechend für eine a-Gleitung: $h = 2n$ und für eine diagonale n-Gleitung $h+\ell = 2n$). Für $k \neq 0$ ergeben sich keine systematischen Auslöschungen.

Noch weniger Reflexe sind bei Vorhandensein einer Schraubenachse betroffen (*serielle Auslöschung,* nur ein Reflex und seine höheren Ordnungen); z. B. gilt für die 3_1-Achse beim Quarz: 00ℓ nur mit $\ell = 3n$, d.h. die Reflexe 001 und 002 sind verboten. Mit diesen Auslöschungsregeln lassen sich die möglichen Raumgruppen eines Kristalls stark einschränken: von den insgesamt 230 Raumgruppen kommen meist nur zwei oder drei in Frage. In günstigen Fällen ist die Raumgruppenbestimmung auch eindeutig, wie bei der bei Molekülkristallen häufigen und beliebten Raumgruppe $P2_1/c$ ($h0\ell$ nur mit $\ell = 2n$, 0k0: nur mit $k = 2n$). Genaueres dazu findet sich in Lehrbüchern der Kristallographie oder in den International Tables (vol. I bzw. A).

C.6 Indizierung von Röntgenreflexen

Bei Pulverdiagrammen von kubischen Substanzen sind die Einzelreflexe gut mit ungefähr gleichweiten Abständen voneinander getrennt. Bei Symmetrieabbau spalten die Reflexe jedoch bis zu 24-fach auf und vor allem im oberen Winkelbereich können die Reflexe dann so dicht liegen, dass sie nicht mehr aufgelöst werden können, und dass auch der Untergrund über weite Strecken nicht mehr erreicht wird. Die Indizierung solcher Diagramme wird dann recht schwierig und selbst moderne Computerprogramme versagen häufig, vor allem bei triklinen Zellen mit V > 1000 Å^3. Das Problem, den Reflexen eines Diagramms die hkl der sie erzeugenden Netzebenen zuzuordnen, vereinfacht sich, wenn die Zelle schon bekannt oder zumindest annähernd bekannt ist.

C.6.1 Indizierung bei bekannter Zelle

Aus der Gleichung für das reziproke Gitter:

$$\mathbf{d}^*_{hkl} = h \cdot \mathbf{a}^* + k \cdot \mathbf{b}^* + l \cdot \mathbf{c}^*$$

folgt durch Quadrieren der allgemeingültige 6-gliedrige *quadratische Ausdruck* Q_{hkl}:

$$Q_{hkl} = d^{*2} = 1/d^2 = \sin^2\theta \cdot 4/\lambda^2 = h^2 \cdot a^{*2} + k^2 \cdot b^{*2} + l^2 \cdot c^{*2} +$$
$$2hk \cdot a^*b^*\cos\gamma^* + 2hl \cdot a^*c^*\cos\beta^* + 2kl \cdot b^*c^*\cos\alpha^*,$$

der abgekürzt wird zu:

$$Q_{hkl} = h^2 \cdot A + k^2 \cdot B + l^2 \cdot C + hk \cdot D + hl \cdot E + kl \cdot F \text{ (triklin)},$$

mit $A = a^{*2}$, $B = b^{*2}$, $C = c^{*2}$, $D = 2a^*b^*\cos\gamma^*$, $E = 2a^*c^*\cos\beta^*$ und $F = 2b^*c^* \cdot \cos\alpha^*$. Da sich Q und $\sin^2\theta$ nur um den Faktor $4/\lambda^2$ unterscheiden, kann man diese Gleichung entsprechend auch für die $\sin^2\theta_{hkl}$ aufstellen. Für die höher symmetrischen Kristallsysteme vereinfacht sich dieser Ausdruck zu:

monoklin:	$Q_{hkl} = h^2 \cdot A + k^2 \cdot B + l^2 \cdot C + hl \cdot E$
orthorhombisch:	$Q_{hkl} = h^2 \cdot A + k^2 \cdot B + l^2 \cdot C$
tetragonal:	$Q_{hkl} = (h^2 + k^2) \cdot A + l^2 \cdot C$
kubisch:	$Q_{hkl} = (h^2 + k^2 + l^2) \cdot A$
hexagonal, trigonal	$Q_{hkl} = (h^2 + k^2 + hk) \cdot A + l^2 \cdot C$
trigonal (rhomboedr.)	$Q_{hkl} = (h^2 + k^2 + l^2) \cdot A + (hk + hl + kl) \cdot D$.

Falls die Gitterkonstanten bekannt sind, können die sechs oder weniger Parameter A,B,C,D,E,F berechnet werden und damit jeder beliebige $2\theta_{hkl}$- oder d_{hkl}-Wert. (Physikalisch sinnvoller wäre es, statt der d-Werte die d*-Werte zu verwenden. Das hat sich aber leider nicht durchgesetzt). Bei den häufig vorkommenden Mischkristallen variieren die Gitterkonstanten und damit die Parameter von Q etwas mit der chemischen Zusammensetzung. Die Q-Werte lassen sich dann nur ungefähr berechnen. Für isolierte Reflexe kann man die Indizierung dann immer noch übernehmen, aber bei überlappenden Reflexen ist Vorsicht geboten, eine mögliche Indizierung zu schnell als richtige zu übernehmen. Sonst bekommt man bei der nachfolgenden Zellverfeinerung nur die Zelle heraus, die man bei der Indizierung hineingesteckt hat.

Sind genügend Reflexe indiziert (eventuell auch mehrfach), so lassen sich die Parameter A,B,C,D,E,F - und damit die Gitterkonstanten - nach der Methode der kleinsten Quadrate verfeinern. Am besten geht man dabei schrittweise vor: zuerst verwendet man nur ganz sichere Indizierungen für eine erste Verfeinerung. Damit berechnet man neue Q-Werte und vergleicht sie mit den gemessenen. Eventuell lassen sich dann weitere Reflexe zuordnen, die man mit in die nächste Verfeinerung übernimmt und so fort.

Sehr hilfreich sind bei diesem Verfahren berechnete Pulverdiagramme, die allerdings die (ungefähre) Kenntnis der Kristallstruktur voraussetzen. Bei möglichen Mehrfachindizierungen wird häufig nur für ein hkl eine hohe Intensität I_{hkl} berechnet. Diese Indizierung ist dann den anderen vorzuziehen. Da die obige Formel für Q nichts über Intensitäten aussagt, werden auch die hkl von schwachen und zufällig ausgelöschten Reflexen berechnet, deren kritiklose Übernahme zu verfälschten Gitterkonstanten führt.

Ist die Indizierung bekannt, führt die Methode der kleinsten Quadrate in einem Schritt zur richtigen Lösung, da Q linear in A,B,C,D,E,F ist (d.h. die partiellen Ableitungen sind von den Startwerten unabhängig, z. B. $\partial Q/\partial A = h^2$).

C.6.2 Indizierung unbekannter Substanzen

In diesem Fall muss sicher gestellt werden, dass die Substanz rein ist oder dass zumindest die Linienlagen von Verunreinigungen bekannt sind und aus der d/I-Liste (d-Werte und Intensitäten) gestrichen werden können. Vermutungen über das Kristallsystem sind hilfreich, da die Indizierung um so leichter ist, je weniger Freiheitsgrade die Zellparameter haben.

C.6.2.1 Kubische Kristalle

Am einfachsten sind kubische Kristalle zu indizieren, da alle Q-Werte ganzzahllige Vielfache von A sind.

Diese Faktoren ($h^2+k^2+l^2$) werden noch kleiner, wenn man die Differenzen benachbarter Q-Werte bildet, die im günstigsten Fall gleich A selbst sind oder das 2-, 3- oder 4-fache davon. Bei kubischen P-Zellen können einige Vielfachheiten nicht auftreten. Die erste dieser verbotenen Zahlen ist 7 = 8-1. Zahlentheoretisch lässt sich nachweisen, dass sich auch die höheren 8n-1 nicht als Summe von drei Quadratzahlen darstellen lassen (insgesamt alle Zahlen der Form $m^2(8n-1)$). Die ersten möglichen Vielfachheiten in einem kubischen P-Gitter sind: 1, 2, 3, 4, 5, 6, 8, 9, 10, 11, 12, 13, 14, 16 (alle Differenzen = 1 oder 2). Beim kubischen I-Gitter kommen wegen der Auslöschungsregel (h+k+l=2n) nur geradzahlige Vielfache von A vor, d.h. der größte gemeinsame Teiler aller Q für I-Zellen ist 2A. Das kann zur Verwechslung mit einer P-Zelle führen. Jedoch ist der 7. Reflex (mit 14A) erlaubt und erst der 14. fällt aus (mit 28A). Auch die Flächenhäufigkeiten stimmen bei P- und I-Zellen bezogen auf die Reihenfolge nicht überein.

Beim kubischen F-Gitter (nur ggg und uuu erlaubt) wechseln die Linienabstände stärker. Die ersten Q-Werte sind das 3, 4, 8, 11, 12, 16, 19, 20, 24, 27, 32-fache von A. Am Beispiel mit NaCl (einfache Debye-Scherrer-Aufnahme) soll die Indizierung einer kubischen Substanz vorgeführt werden (Tab. C(2)).

Tab. C(2): Auswertung der Filmmessung einer NaCl-Probe mit $CuK\alpha$-Strahlung (Debye-Scherrer-Film)

Nr.	$2\theta°$	$\sin^2\theta \cdot 10^4$	Δ	n	h k l
1	27.6	569		3	1 1 1
			177		
2	31.7	746		4	2 0 0
			749		
3	45.5	1495		8	2 2 0
			552		
4	53.8	2047		11	3 1 1
			201		
5	56.6	2248		12	2 2 2
			734		
6	66.2	2982		16	4 0 0
			564		
7	73.1	3546		19	3 3 1
			194		
8	75.4	3740		20	4 2 0
			746		
9	84.1	4486		24	4 2 2
			566		
10	90.6	5052		27	3 3 3, 5 1 1
			936		
11	101.4	5988		32	4 4 0
			574		
12	108.2	6562		35	5 3 1
			181		
13	110.4	6743		36	6 0 0, 4 4 2
			757		
14	120.0	7500		40	6 2 0
			565		
15	127.8	8065		43	5 3 3
			182		
16	130.5	8247		44	6 2 2
			725		
17	142.6	8972		48	4 4 4
			545		
18	154.6	9517		51	5 5 1
			193		
19	160.4	<u>9710</u>		<u>52</u>	6 4 0
	Σ	98215		525	

Im Beispiel häufen sich die Differenzen, die durch die Messfehler noch stärker verfälscht sind als die Q-Werte selbst, um die Werte 185 (1A), 555 (3A) und 740 (4A). Ein Wert erreicht sogar 5A (= 925 ≈ 936). Damit lassen sich die Vielfachheiten n = ($h^2+k^2+l^2$) festlegen und damit auch die möglichen hkl (normiert zu h≥ k≥l). Für eine vereinfachte Berechnung wird $\Sigma\sin^2\theta/\Sigma n$ = 98215/525 = 187.08 gebildet, d.h. A = 0.018708 = $(\lambda/2a_0)^2$ und damit ergibt sich mit λ = 1.5419 Å für a_0(NaCl) = 5.636 Å. Diese vereinfachte Berechnung erlaubt keine Fehlerabschätzung (s. nächstes Kapitel). Mit diesem Wert errechnete Bragg 1913 den ersten Atomabstand in einem Kristall, nämlich d(Na-Cl) = a_0/2 = 2.82 Å.

Schon dieses einfache Beispiel zeigt, dass das mathematisch eigentlich lösbare Problem (A = größter gemeinsamer Teiler der Q) durch die Messfehler sehr erschwert wird, da die Messwerte von den theoretischen Werten abweichen und eben nicht nur der größte gemeinsame Teiler zu bestimmen ist (exakt wäre dieser bei obigem Beispiel = 1 und nicht 187). Je niedriger symmetrisch das Kristallsystem ist, desto gravierender wirken sich Messfehler aus, d.h. bei der Indizierung unbekannter Substanzen müssen die Messungen so gut wie nur möglich sein (möglichst genauer als $\pm0.03°$) und vor dem Umwandeln der gemessenen 2θ-Werte in Q-Werte müssen systematische Fehler soweit wie möglich eliminiert werden. Das geschieht am besten durch Zumischen eines Standards mit bekannten d- (und damit 2θ-) Werten. Die gemessenen 2θ-Werte des Standards werden mit den Sollwerten verglichen, und aus den Abweichungen wird eine Korrekturkurve konstruiert, mit der dann die 2θ-Werte der unbekannten Substanz korrigiert werden (Vorsicht beim Extrapolieren dieser Kurve!). Als Standard wird häufig Si-Pulver <10μm verwendet. Bei Gesteinspulvern eignet sich auch der fast immer vorhandene Quarz (eventuell zumischen).

C.6.2.2 Wirtelige Kristalle (tri-, tetra- und hexagonal)

Bei der Indizierung wirteliger Kristallsysteme mit 2 Freiheitsgraden kann man mit Erfolg graphische Verfahren anwenden, die die beiden Dimensionen eines Papierbogens ausnutzen. Für tetragonale Kristalle soll dies hier gezeigt werden. Der Ausdruck $Q_{hkl} = (h^2+k^2)A + l^2C$ wird dazu umgeformt in $Q = A\cdot(h^2+k^2+l^2\cdot C/A)$ und logarithmiert: $\log Q = \log A + \log(h^2+k^2+l^2\cdot C/A)$ (nach Hull & Davey, 1921). Der erste Ausdruck $\log A$ ist eine additive Konstante, die durch Rechts- und Links-Verschieben eines Papierstreifens mit aufgetragenen $\log Q$-Werten simuliert werden kann (d.h. Anpassung von $A = 1/a^2$). Der zweite Ausdruck lässt sich für vorgegebene $C/A = a^2/c^2$ berechnen, wobei c/a nach oben aufgetragen wird, d.h. durch vertikale Verschiebung wird c/a adaptiert. Sagel (1958) hat zusammen mit diesen Kurven eine $\log \sin^2\theta$-Skala publiziert, in der die Messwerte sofort eingetragen werden können (Abb. C(6)). Auf dieser wird auch die verwendete Wellenlänge markiert, so dass nach erfolgter Einpassung diese λ-Marke auf der Abszisse sofort a^2 anzeigt. Zunächst wird durch Horizontalverschiebung versucht, die senkrecht verlaufenden Geraden für die hk0 einzupassen und danach durch Vertikalverschiebung die gebogenen Kurven für die hkl-Reflexe. Dieses Verfahren lässt sich auch auf Computer übertragen.

C.6.2.3 Niedrigsymmetrische Kristalle mit 3, 4 und 6 Freiheitsgraden (Ito-Verfahren)

Bei mehr als 2 zu bestimmenden Parametern helfen solche Nomogramme nicht mehr und man muss zu rein numerischen Verfahren übergehen, die meist auf eine von Ito (1949, 1950) angegebene Methode zurückgehen, die im Ansatz schon bei

Abb. C(6): Nomogramm zur Indizierung tetragonaler Kristallgitter (Sagel, 1958)

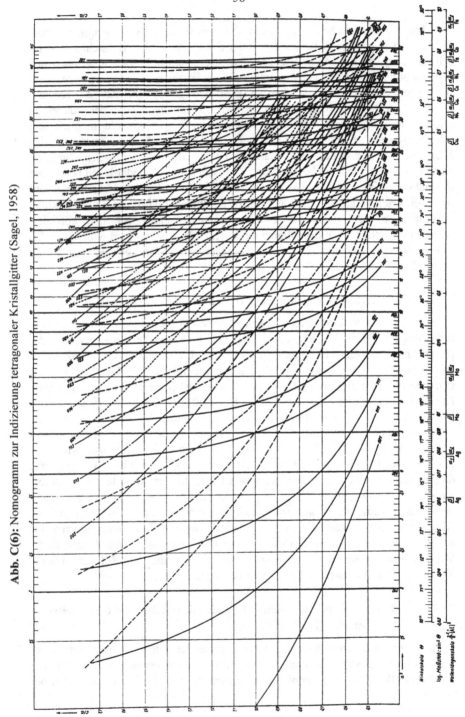

Runge (1917) zu finden ist. Beim Ito-Verfahren wird gleich der ungünstigste Fall angenommen, d.h. die Zelle wird als triklin behandelt. Wenn dann im Laufe der Rechnung für 2 oder 3 der gemischten Glieder D,E,F Null herauskommt, so ist das System monoklin oder orthorhombisch. Der Start ist aber immer triklin.

Für die erste Annahme setzt Ito Q1 (den kleinsten Q-Wert) einfach gleich A, und sieht nach, ob die höheren Ordnungen $h^2A = 4A$, $9A$ usw. existieren (d.h. die h00-Reflexe dieses Ansatzes). Die nächste noch nicht erfasste Linie (meist Q2) wird als B angenommen und es werden davon ebenfalls die höheren Ordnungen bestimmt (0k0-Reflexe). Danach werden mögliche hk0-Reflexe gesucht mit

$$Q_{h\pm k0} = h^2A + k^2B \pm hkD,$$

indem ein D ermittelt wird, mit dem möglichst viele gemessene Q erklärt werden können. Die $Q_{h\pm k0}$ liegen dabei symmetrisch um die berechenbaren Werte ($h^2A + k^2B$). Im günstigsten Fall ist D = 0 (d.h. $\gamma^* = 90°$) und eine Reihe gemessener Q-Werte stimmt (immer innerhalb eines vorgegebenen Fehlerfensters) mit den ($h^2A + k^2B$)-Werten überein. (Im folgenden Beispiel lassen sich mit D = 559 einige Messwerte erklären).

Nach dem Abhaken aller möglichen hk0-Reflexe wird der kleinste verbleibende Q-Wert (oft Q3) als C angenommen und das obige Verfahren wird für die h0l-Reflexe (zur Festlegung von E) und für die 0kl-Reflexe (für F) wiederholt. Damit sind alle 6 Größen bestimmt und die verbleibenden Q-Werte müssen sich als Q_{hkl} deuten lassen. Wenn nicht, war der Ansatz verkehrt und man kann dann für die erste Linie z. B. 4A annehmen (d.h. Verdopplung der a-Gitterkonstante, 001 könnte ja ausgelöscht sein).

Bei monoklinen und höheren Kristallsystemen führt dieses Rechenverfahren häufig zu einer Lösung. Visser (1969, PC-ITO) hat dieses Verfahren programmiert. Im ungünstigen Fall liefert die Rechnung aber nur stapelweise bedrucktes Papier und keine akzeptable Lösung. Große trikline Zellen > 1000 $Å^3$ sind ohne Vorkenntnisse auch mit PC-Unterstützung häufig nicht zu indizieren und nur Einkristallverfahren führen dann zum Erfolg (eventuell kommt für winzige Einkristalle < 1µm die Elektronenbeugung im Durchstrahlelektronenmikroskop in Frage).

Ähnliche Indizierungsverfahren, die aber erst versuchen, ob nicht eine Zelle mit weniger Freiheitsgraden eingepasst werden kann, stammen von P.-E. Werner (TREOR, 1985) und D. Louër (DICVOL, 1991). Diese Programme sind auch zusammen mit PC-ITO und einem Verfeinerungsprogramm für Gitterkonstanten (LSUCRE) in dem Mess- und Auswerteprogrammpaket GUFI von R.E. Dinnebier (1993) enthalten.

C.6.2.4 Beispiel für das Ito-Verfahren

An einem mit CuKα-Strahlung gemessenen (MgF_2)-Kristall soll dieses Verfahren vorgeführt werden (Tab. C(3)). Dabei wird die Tatsache, dass MgF_2 tetragonal ist (Rutil-Struktur), nicht benutzt, sondern die Zelle wird zunächst als triklin angesehen.

Tab. C(3): Indizierungsversuch nach Ito für eine Filmaufnahme von MgF_2.

Nr.	$2\theta°$	$\sin^2\theta$ $\cdot 10^4$	h	k	l	h	k	l
				trikl.*			tetr.	
1	27.3	558	1	0	0	1	1	0
2	35.3	920	0	1	0	1	0	1
3	40.5	1198	0	0	1	1	1	1
4	43.8	1392	1	1	-1	2	1	0
5	53.7	2038	1	1	0	2	1	1
6	56.4	2233	2	0	0	2	2	0
7	60.9	2566				0	0	2
8	63.7	2782				3	1	0
9	64.8	2871				2	2	1
10	67.9	3120	1	-2	0	1	1	2
11	68.3	3150				3	0	1
12	71.7	3434	2	0	1	3	1	1
13	78.0	3958	0	1	1	2	1	2
14	83.9	4469				4	0	0
15	87.0	4739				4	1	0
16	87.6	4793	0	0	2	2	2	2
17	90.2	5018	3	0	0	3	3	0
18	94.0	5352	1	2	0	3	1	2
19	94.4	5384				4	1	1
20	96.7	5582				4	2	0
21	97.6	5661				3	3	1
22	102.1	6048				1	0	3
23	103.8	6193				3	2	2
24	104,2	6222	3	0	1	4	2	1
25	105.4	6329				1	1	3

*) Für einige Reflexe ergeben sich bei der triklinen Zelle Mehrfachindizierungen, was auf eine höhersymmetrische Kristallklasse hinweist. Z. B. für Nr. 2: 010 und 1-10, für Nr. 5: 110, 2-10 und 01-2.

Der Q-Wert der ersten Linie (siehe Tab. C(3)) wird gleich A gesetzt. Mit A =558 sind auch die höheren Ordnungen 4A = 2232 und 9A = 5022 vorhanden (innerhalb eines Fehlerfensters von ±10). Für B = 920 werden keine höheren Ordnungen gefunden (4B = 3680, 9B = 8280 liegt schon außerhalb des Messbereichs).

Damit wird eine Tabelle der $h^2A + k^2B$ aufgestellt. Von diesen Werten erscheint nur 3152 bei den Messwerten. Das ist etwas zu wenig, um D = 0 anzunehmen. Um 1478 liegen die Werte 2038 und 920 ungefähr symmetrisch. Damit lohnt es sich, mit $(2038-920)/2 = D = 559$ einen Versuch zu starten (unter $+$ und $-$ sind die Addition bzw. Subtraktion von $|hk\cdot D|$ zu $h^2A + k^2B$ angegeben). Vorhandene Werte sind mit * gekennzeichnet:

hk0	k^2B	920	3680	8280
	h\k	1	2	3
h^2A				
558	1	1478	4238	8838
	+	2037*	5356*	
	-	919*	3120*	7161
2232	2	3152	5912	
	+	4270		
	-	2034*	3676	
5022	3	5942		
	+			
	-	4265		

Fünf der so berechneten Q_{hk0} tauchen in der Reflexliste auf. Als nächstes wird $C = 1198$ (Q3) gesetzt mit $4C = 4792$. Bei der Suche von E für die $h0\ell$-Reflexe kommen drei der $(h^2A + l^2C)$-Werte in der Messliste vor, d.h. E kann = 0 angenommen werden.

$h0\ell$	$\ell\,^2C$	1198	4792
	h\ℓ	1	2
h^2A			
558	1	1756	5350*
	+		
	-		
2232	2	3430*	
	+		
	-		
5022	3	6220*	
	+		
	-		

Jetzt bleibt nur noch F für die Q_{0kl} zu bestimmen. Ein Versuch mit $F = 2B = 1840$ ergibt, dass 3 der 4 berechenbaren Werte in der Messliste vorkommen (ein solcher Ansatz erleichtert die spätere Zellreduktion):

$0k\ell$	$\ell\,^2C$	1198	4792
	k\ℓ	1	2
k^2B			
920	1	2118	5712
	+	3958*	
	-	278	2032*
3680	2	4878	
	+		
	-	1198*	

Damit sind alle 6 Parameter gefunden. Zum Abschluss müssen nun innerhalb des Messbereichs für alle hkl die Q_{hkl} berechnet und mit der Messliste verglichen werden. Das ist zeitaufwendig und sollte mit einem PC erfolgen. Im obigen Beispiel deuten die Werte von D ≈ A, E = 0 und F = 2B darauf hin, dass die Zelle höher symmetrisch ist und es soll daher versucht werden, die gefundene Zelle auf eine Normalform zu bringen oder zu "reduzieren".

Bei monoklinen Zellen sind aufgrund der Auslöschungsregeln häufig die Reflexe 100, 010 und/oder 001 verboten. Andererseits kann man die Existenz der beiden rechten Winkel α und γ nutzen, um z. B. die Möglichkeit zu testen, einen Reflex als 020 anzunehmen. Im monoklinen System gelten die Gleichungen 2Q(020) + Q(h10) = Q(h30) und 3Q(020) + Q(h20) = Q(h40) (entsprechend mit Q(01ℓ) usw.). Kommen die Summen $2Q_j+Q_i$ und $3Q_j+Q_i$ häufig in der Liste der gemessenen Q vor, ist Q_j sehr wahrscheinlich = Q(020) und a* und b* lassen sich bestimmen und damit die ganze Zone hk0 (entsprechend auch die Zone 0kℓ). Damit fehlt nur noch der Winkel β*, für den man wie im allgemeinen Fall Paare in der Zone h0l sucht. Somit ist es sinnvoll, bei vermuteter monokliner Zelle ein spezielles Indizierungsprogramm zu benutzen (Smith & Kahara, 1975; Boultif & Louër, 1991).

C.6.3 Zellreduktion nach M.J. Buerger (1957, 1960)

Die Parameter A,B,C,D,E,F hängen eng mit dem *metrischen Fundamentaltensor* M der reziproken Zelle zusammen, dessen Matrixglieder m_{ik} die Skalarprodukte $\mathbf{a_i}^* \cdot \mathbf{a_k}^*$ der Basisvektoren sind (i,k = 1,2,3), d.h. es gilt $m_{11} = A$, $m_{22} = B$, $m_{33} = C$, $m_{12} = m_{21} = D/2$, $m_{13} = m_{31} = E/2$, $m_{23} = m_{32} = F/2$. (Es gilt $|M| = V^{*2}$). Ziel der Zellreduktion ist es, die kürzesten Translationen als Basisvektoren zu nehmen. Dazu dürfen die Flächendiagonalen der reziproken Zelle nicht kürzer sein als die benachbarten Zellkanten. Sonst wird die längere Kante durch die kürzere Flächendiagonale als Basisvektor ersetzt. Die Bedingung für das Längersein der Diagonale lautet:

$$|m_{ik}| < 1/2 \cdot \min(m_{ii}, m_{kk}).$$

Ist diese Bedingung nicht für alle 3 m_{ik} erfüllt, so ist die Zelle nach folgendem Schema zu transformieren:

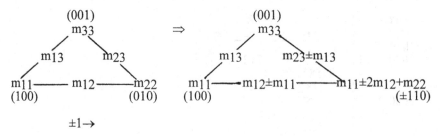

Diese Transformation ist in jeder der 6 Dreiecksrichtungen möglich. Auf den vorliegenden Fall angewendet, ergibt sich:

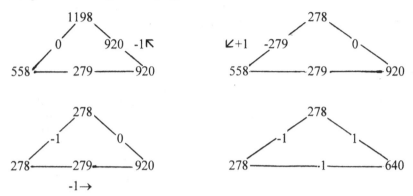

Im Rahmen der Fehler sind die neuen $m_{ik} = 0$ und $m_{11} = m_{33}$, d.h. die transformierte Zelle ist tetragonal mit A' = 278 und C' = 640. Mit $Q_{hkl} = (h^2+k^2)A' + l^2C'$ lassen sich alle Werte der Messliste eindeutig indizieren (letzte Spalte der Tabelle C(3)).

Wird, wie in der Vorschrift oben angegeben, Buch über die einzelnen Transformationen geführt, so erhält man am Ende die *Transformationsmatrix* T, die die trikline reziproke Zelle in die tetragonale Zelle überführt. Das Endergebnis der drei Transformationen des Beispiels lautet:

$$\begin{pmatrix} a^* \\ b^* \\ c^* \end{pmatrix}_{tetrag.} = \begin{pmatrix} 0 & -1 & 1 \\ 1 & -1 & 1 \\ -1 & 2 & -1 \end{pmatrix} \cdot \begin{pmatrix} a^* \\ b^* \\ c^* \end{pmatrix}_{trikl.}$$

Dieselbe Transformationsmatrix T gilt auch für die Atomkoordinaten xyz oder speziell für die Koordinaten uvw der Gitterpunkte. Dagegen werden die Gittervektoren **a**, **b**, **c** ebenso wie die Indizes hkl mit der Matrix $\overline{T}^{-1}$ transformiert (transponierte inverse Matrix zu T, transponiert: Zeilen und Spalten vertauscht). So lautet für obiges Beispiel die Transformation für die hkl:

$$\begin{pmatrix} h \\ k \\ l \end{pmatrix}_{tetrag.} = \begin{pmatrix} -1 & 0 & 1 \\ 1 & 1 & 1 \\ 0 & 1 & 1 \end{pmatrix} \cdot \begin{pmatrix} h \\ k \\ l \end{pmatrix}_{trikl.}$$

Damit transformieren sich z. B. die Mehrfach-Indizes für die 5. Linie aus Tab. C(3) von (110, 2-10 und 01-2)$_{trikl.}$ zu (-121, -21-1 und -2-1-1)$_{tetrag.}$. Diese gehören aber alle zu derselben tetragonalen Flächenform {211}. Die d-Werte sind also identisch.

Tab. C(4a): Spezielle, primitive, reziproke Zellen. Die Achsen sind so gewählt, dass $m_{11} \leq m_{22} \leq m_{33}$ und alle m_{ik} ($i \neq k$) gleiches Vorzeichen. Für negative m_{ik} testet B ob $|m_{12}+m_{13}+m_{23}| = \frac{1}{2}(m_{11}+m_{22})$. (arb = arbiträr, m_{11} ist immer arbiträr. Nach Handbuch für Philips-Diffraktometer PW 1100)

Nr	m_{12}	m_{13}	m_{23}	m_{22}	m_{33}	B	Bravais-gitter
1	0	0	0	m_{11}	m_{11}	-	kub P
2	0	0	0	m_{11}	arb	-	tetr P
3	0	0	0	arb	arb	-	ortho P
4	$-m_{11}/2$	0	0	m_{11}	arb	-	hex (60°)
5	0	$-m_{11}/2$	0	arb	arb	-	ortho C
6	arb	0	0	m_{11}	arb	-	ortho C
7	0	arb	0	arb	arb	-	mono P
8	0	$-m_{11}/2$	$-m_{11}/2$	m_{11}	m_{11}	+	kub I
9	0	$-m_{11}/2$	$-m_{11}/2$	m_{11}	arb	+	tetr I
10	$-m_{11}/2$	0	$-m_{11}/2$	m_{11}	arb	+	R
11	0	$-m_{11}/2$	$-m_{11}/2$	arb	arb	+	ortho F
12	0	$-m_{11}/2$	<0	arb	arb	-	mono C
13	$m_{11}/2$	$m_{11}/2$	$m_{11}/2$	m_{11}	m_{11}	-	kub I
14	$m_{11}/2$	$m_{11}/2$	$m_{11}/2$	m_{11}	arb	-	R
15	$m_{11}/2$	$m_{11}/2$	$m_{11}/4$	arb	m_{22}	-	tetra I
16	$m_{11}/2$	$m_{11}/2$	$>m_{11}/4$	arb	m_{22}	-	ortho F
17	$m_{11}/2$	$m_{11}/2$	$<m_{11}/4$	arb	m_{22}	-	ortho F
18	$-m_{11}/2$	$-m_{11}/2$	0	arb	m_{22}	-	ortho F
19	$m_{11}/2$	$m_{11}/2$	$m_{11}/4$	arb	arb	-	ortho I
20	$m_{11}/2$	$m_{11}/2$	$>m_{11}/4$	arb	arb	-	mono C
21	$m_{11}/2$	$m_{11}/2$	$<m_{11}/4$	arb	arb	-	mono C
22	$-m_{11}/2$	$-m_{11}/2$	0	arb	arb	-	mono C
23	>0	$m_{11}/2$	$m_{11}/2$	arb	arb	-	mono C
24	$-m_{11}/3$	$-m_{11}/3$	$-m_{11}/3$	m_{11}	m_{11}	+	kub F
25	<0	<0	m_{13}	m_{11}	m_{11}	+	tetra I
26	arb	m_{12}	m_{12}	m_{11}	m_{11}	-	R
27	<0	$<m_{12}$	$<m_{13}$	m_{11}	m_{11}	+	ortho F
28	$-m_{11}/3$	$-m_{11}/3$	$<-m_{11}/3$	arb	m_{22}	+	R
29	<0	<0	m_{13}	m_{11}	arb	+	ortho I
30	>0	m_{12}	>0	arb	m_{22}	-	mono C
31	<0	m_{12}	≤ 0	arb	m_{22}	-	mono C
32	<0	<0	$<m_{13}$	m_{11}	arb	+	mono C
33	<0	$\frac{-m_{11}-m_{12}}{2}$	$\frac{-m_{12}-m_{22}}{2}$	arb	arb	+	mono C
34	arb	arb	arb	arb	arb	-	trikl P
35	$m_{11}/2$	0	0	m_{11}	arb	-	hex P

Beim Ito-Verfahren wird stets eine primitive Zelle ermittelt, und bei den obigen Transformationen bleibt das Zellvolumen erhalten, d.h. die Zelle bleibt primitiv.

Falls die primitive Zelle nicht der Standardaufstellung entspricht, d.h. falls durch eine größere, zentrierte Zelle rechte Winkel erreicht werden können, so muss noch eine weitere Transformation in die zentrierte Aufstellung erfolgen (Tab. C(4a.b)).

Tab. C(4b): Matrizen zur Transformation der speziellen, primitiven, reziproken Zellen aus Tab. C(4a) in die zentrierten reziproken Standardzellen.

Nr	a^*			b^*			c^*		
4	1	0	0	1	1	0	0	0	1
5	.5	0	0	.5	0	1	0	1	0
6	.5	.5	0	.5	-.5	0	0	0	1
8,9	.5	.5	0	-.5	.5	0	.5	.5	1
10	2/3	1/3	0	1/3	2/3	0	1/3	2/3	1
11	.5	0	0	0	.5	0	.5	.5	1
12	.5	0	1	.5	0	0	0	-1	0
13	.5	-.5	.5	.5	.5	-.5	-.5	.5	.5
14	1/3	1/3	0	-1/3	2/3	0	-1/3	-1/3	1
15	-.5	1	0	-.5	0	1	.5	0	0
16	.5	0	0	0	.5	-.5	-.5	.5	.5
17	.5	0	0	-.5	.5	.5	0	.5	-.5
18	.5	0	0	.5	.5	.5	0	.5	-.5
19	.5	0	0	-.5	1	0	-.5	0	1
20	.5	-1	0	.5	0	0	0	-1	1
21	-.5	1	0	.5	0	0	-1	1	1
22	.5	1	0	.5	0	0	1	1	1
23	.5	0	0	-.5	0	1	0	1	0
24	.5	0	.5	0	-.5	-.5	.5	.5	0
25	.5	-.5	0	-.5	-.5	-1	.5	.5	0
26	2/3	-1/3	-1/3	1/3	1/3	-2/3	1/3	1/3	1/3
27	0	.5	.5	.5	0	.5	.5	.5	0
28	2/3	1	1	1/3	0	1	1/3	0	0
29	.5	.5	0	.5	-.5	0	.5	.5	1
30	0	.5	.5	0	.5	-.5	1	0	0
31	0	.5	.5	0	.5	-.5	-1	0	0
32	-.5	.5	0	.5	.5	0	0	1	1
33	-.5	-.5	0	.5	.5	1	-1	0	0

Das gleiche Problem tritt bei der Zellbestimmung von Einkristallen auf einem Vierkreisdiffraktometer auf, und für das Philips-Gerät PW 1100 wurden 35 Fälle zusammengestellt, die für die sechs m_{ik} der reduzierten Zelle angeben, ob eine größere zentrierte Zelle existiert und wie diese gegebenenfalls erreicht werden kann (Tab. C(4a,b)). Dazu werden vorher die m_{ii} geordnet: $m_{11} \leq m_{22} \leq m_{33}$ und die drei Glieder m_{ik} werden alle auf das gleiche Vorzeichen gebracht, in dem eventuell ein a_i* umgedreht wird. Die beiden benachbarten m_{ik} ändern dann gleichzeitig das Vorzeichen (ein Vorzeichen allein lässt sich nicht umdrehen).

Für die speziellen Zellen der Tab. C(4a) ergeben sich die Transformationsmatrizen der Tab. C(4b) für den Übergang von der gefundenen, primitiven, reziproken Zelle zur Standardaufstellung. Identitäten werden nicht aufgeführt, R wird stets in eine zentrierte, hexagonale Zelle überführt. Im Fall 4 ist $\gamma=120°$.

Für den Fall, dass eine gestauchte, reziproke Zelle vorliegt (alle drei $m_{ik} < 0$), muss noch geprüft werden, ob eventuell die Raumdiagonale 111 kürzer ist als 001 = a_3*. Falls ja, muss a_3* durch 111 = $a_1* + a_2* + a_3*$ ersetzt werden. Die Bedingung, die in diesem (seltenen) Fall erfüllt sein muss, lautet:$-(m_{12} + m_{13} + m_{23}) >$ $(m_{11} + m_{22})/2$. Falls $-(m_{12} + m_{13} + m_{23}) = (m_{11} + m_{22})/2$, sind die Raumdiagonale und die längste Seite gleich lang. Diese Gleichheit reduziert die Anzahl der Freiheitsgrade zusätzlich um 1 (+ in Spalte B der Tabelle C(4a)).

Als Beispiel sei die Transformation für eine kubische F-Zelle erläutert, die in der primitiven Aufstellung (mit drei halben Flächendiagonalen der zentrierten Zelle als Basisvektoren) folgende Bedingungen erfüllt: $a_0=b_0=c_0$ und $\alpha=\beta=\gamma=60°$. Für die dazugehörige reziproke Zelle gilt: $a_1*=a_2*=a_3*$ und $\alpha_1*=\alpha_2*=\alpha_3*$ $=109.47°$ (d.h. cos $\alpha_i*= -1/3$). Damit gilt $m_{11}=m_{22}=m_{33}$ und $m_{12}=m_{13}=m_{23}=-m_{11}/3$, ebenso $-(m_{12} + m_{13} + m_{23}) = (m_{11} + m_{22})/2$ (B=+), d.h. die Zahl der Freiheitsgrade ist 2 (je 1 für die m_{ii} und m_{ik}) - 1 = 1 und damit ist die Zelle kubisch, obwohl die m_{ik} nicht gleich 0 sind (Fall 24 der Tabelle C(4a)).

C.7 Verfeinerung von Gitterkonstanten

Da lineare Probleme mathematisch einfacher zu handhaben sind, werden zunächst die Parameter A,B,C,D,E,F für die Q-Werte verfeinert und daraus die reziproken und Zell-Gitterkonstanten berechnet. Mit den Formeln der *Fehlerfortpflanzung* erhält man auch die statistischen Fehler der Gitterkonstanten. Systematische Fehler sind nur zu erfassen, wenn für diese ein mathematisches Modell existiert, dessen Parameter zusammen mit den Größen A,B,C,D,E,F verfeinert werden. Vom Autor wurden die anfallenden Rechnungen im Programm LATCO zusammengefasst. Als systematischer Fehler wird dabei der Präparathöhenfehler mit verfeinert. In günstigen Fällen lässt sich dadurch eine Winkelkorrektur vornehmen, ohne dass der Probe ein Eichstandard zugemischt werden muss. Häufig sind die nicht erfassten systematischen Fehler 2- bis 3-mal größer als der meist nur angegebene statistische Fehler. Dies wurde in mehreren Ringversuchen gezeigt, in denen dieselben Präparate in mehreren Laboratorien gemessen wurden. (Z. B. Parrish, 1960)

C.7.1 Methode der kleinsten Quadrate (least squares)

Kann man einen Satz von N beobachteten Werten F_0 (in unserem Fall die Q- oder $\sin^2\theta$-Werte) durch ein mathematisches Modell $F_c(p_1, p_2,...p_n)$ mit n Parametern p_i beschreiben (hier die A,B,C,D,E,F), so ist nach Gauß die beste Näherung diejenige, für die die Summe der Abweichungsquadrate ein Minimum hat:

$$\Sigma_j(F_{oj}-F_{cj})^2 = \text{Min.} \quad (j = 1,2,....N).$$

Bei der Lösung dieses Problems erhält man ein System von n Gleichungen mit n Unbekannten (die Änderungen Δp_i, die auf die Startparameter p_i anzuwenden sind). Bei der Ableitung dieses Gleichungssystems wird die Taylorreihe für F_c nach den linearen Gliedern abgebrochen. Daher werden nur lineare Systeme exakt gelöst und es kommt dann auf die Startparameter nicht an. Bei allen nichtlinearen Systemen dürfen wegen dieser Vereinfachung die Startparameter nicht zu weit von der tatsächlichen Lösung entfernt sein.

In Matrizenschreibweise lautet dieses Gleichungssystem (die n *Normalgleichungen*):

$$\begin{pmatrix} a_{11} & a_{12} & \cdot & \cdot & a_{1n} \\ a_{12} & a_{22} & \cdot & \cdot & a_{2n} \\ \cdot & & & & \\ \cdot & & & & \\ a_{n1} & a_{n2} & \cdot & \cdot & a_{nn} \end{pmatrix} \cdot \begin{pmatrix} \Delta p_1 \\ \Delta p_2 \\ \cdot \\ \cdot \\ \Delta p_n \end{pmatrix} = \begin{pmatrix} c_1 \\ c_2 \\ \cdot \\ \cdot \\ c_n \end{pmatrix}$$

$$\text{mit } a_{ik} = a_{ki} = \Sigma_j \, (\partial F_{cj}/\partial p_i)\cdot(\partial F_{cj}/\partial p_k) \quad (j = 1,2, ... N)$$

$$\text{und} \quad c_i = \Sigma_j \, (\partial F_{cj}/\partial p_i)\cdot(F_{oj} - F_{cj}) \quad (i,k = 1,2, ... n).$$

Die $(F_0 - F_c)$ sind die Differenzen vor der Verfeinerung. Bezeichnet man die Matrix der Koeffizienten a_{ik} mit **A**, so lautet die formale Lösung des obigen Gleichungssystems:

$$\begin{pmatrix} \Delta p_1 \\ \Delta p_2 \\ \cdot \\ \cdot \\ \Delta p_n \end{pmatrix} = \mathbf{A}^{-1} \cdot \begin{pmatrix} c_1 \\ c_2 \\ \cdot \\ \cdot \\ c_n \end{pmatrix}$$

Die Glieder der reziproken Matrix $\mathbf{A}^{-1}$ sollen mit b_{ik} bezeichnet werden. Speziell die Diagonalglieder b_{ii} werden zur Fehler-Abschätzung benötigt (s.u.). $\mathbf{A}^{-1}$ lässt sich nur berechnen, wenn die Parameter p_i voneinander unabhängig sind und N>n ist. Praktisch sollte die Zahl N der Messwerte wesentlich (3 - 10 mal) größer sein als die Anzahl n der zu bestimmenden Parameter. Anderenfalls entartet die Matrix **A**, d.h. ihre Determinante |A| wird 0. Bei Computern kann durch Rundungsfehler statt |A| = 0 ein sehr kleiner Wert berechnet werden, ohne dass bei der nachfolgenden Division durch |A| die Rechnung abbricht. Als Ergebnis erhält man dann unsinnig große Parameteränderungen, die ohne jede physikalische tung sind. Eine Entartung ergibt sich auch, wenn zwar genügend Messwerte vorliegen, diese aber nicht von allen Parametern abhängig sind. So kann man nur aus den 00l-Reflexen nicht alle Gitterkonstanten berechnen, sondern nur c^*. Der Rechenaufwand ist proportional zu N und zu N^3.

C.7.1.1 Beispiel für die Methode der kleinsten Quadrate

Für die tetragonale, metallische Verbindung $CuAl_2$ wurden neun Reflexe mit $CoK\alpha$-Strahlung gemessen (Tab. C(5)). Die Werte für $Q_0 = \sin^2\theta$ wurden mit 10^4 multipliziert. Für dieses Kristallsystem gilt $Q_c = (h^2+k^2)A + l^2C$. Als Startwerte sollen A = 220 und C = 336 genommen werden (Tab. C(5)). Mit diesen Startwerten beträgt die Summe der Abweichungsquadrate $\Sigma(Q_0-Q_c)^2 = 337$. Diese Größe soll durch Änderung von A und C minimalisiert werden.

Tab. C(5): Einfaches Beispiel für die Methode der kleinsten Quadrate. Als Messwerte Q_0 dienen 9 $\sin^2\theta \cdot 10^4$-Werte von $CuAl_2$, als Parameter die Größen A und C des quadratischen Ausdrucks $(h^2+k^2)A + l^2C$. Die partiellen Ableitungen betragen $\partial Q/\partial A = (h^2+k^2)$, $\partial Q/\partial C = l^2$ und damit $a_{11} = \Sigma(h^2+k^2)^2$, $a_{22} = \Sigma l^4$, $a_{12} = a_{21} = \Sigma(h^2+k^2)\cdot l^2$, $c_1 = \Sigma(h^2+k^2)\cdot(Q_0-Q_c)$, $c_2 = \Sigma l^2\cdot(Q_0-Q_c)$.

Q_0	h	k	l	Q_c	Q_0-Q_c	h^2+k^2	l^2	a_{11}	a_{22}	a_{12} a_{21}	c_1	c_2	Rest
440	1	1	0	440	0	2	0	4	0	0	0	0	2.0
879	2	0	0	880	-1	4	0	16	0	0	-4	0	3.0
1436	2	1	1	1436	0	5	1	25	1	5	0	0	2.7
1754	2	2	0	1760	-6	8	0	64	0	0	-48	0	2.0
1796	1	1	2	1784	12	2	4	4	16	8	24	48	4.8
2190	3	1	0	2200	-10	10	0	100	0	0	-100	0	0
2230	2	0	2	2224	6	4	4	16	16	16	24	24	0.8
3102	2	2	2	3104	-2	8	4	64	16	32	-16	-8	-3.2
3540	3	1	2	3544	-4	10	4	100	16	40	-40	-16	-3.2
							Σ	393	65	101	-160	48	

Nach den Aufsummierungen über die Ableitungsprodukte in Tab. C(5) lauten die beiden Normalgleichungen zur Berechnung der Änderungen ΔA und ΔC:

$$393 \cdot \Delta A + 101 \cdot \Delta C = -160$$

$$101 \cdot \Delta A + 65 \cdot \Delta C = 48.$$

Für **A** ergibt sich somit: $\begin{pmatrix} 393 & 101 \\ 101 & 65 \end{pmatrix}$ mit $|A| = 393 \cdot 65 - 101 \cdot 101 = 1.5344 \cdot 10^4$.

Daraus folgt $\mathbf{A^{-1}} = \begin{pmatrix} 65 & -101 \\ -101 & 393 \end{pmatrix} / |A| = \begin{pmatrix} 42.4 & -65.8 \\ -65.8 & 256.1 \end{pmatrix} \cdot 10^{-4}$.

Die gesuchten Parameteränderungen betragen damit:

$$\begin{pmatrix} \Delta A \\ \Delta C \end{pmatrix} = \mathbf{A^{-1}} \cdot \begin{pmatrix} -160 \\ 48 \end{pmatrix} = \begin{pmatrix} -1.0 \\ 2.3 \end{pmatrix}.$$

Demnach ergeben sich die verfeinerten Parameter:

$A = 220 - 1.0 = 219.0 = 10^4 \cdot (\lambda/2a)^2$ und $C = 336 + 2.3 = 338.3 = 10^4 \cdot (\lambda/2c)^2$.

Mit $\lambda = 1.7903$ Å (CoKα) folgen daraus die Gitterkonstanten:

$a = 6.049$ Å   und $c = 4.867$ Å   (s. PDF 25-12).

Mit den endgültigen Werten verringert sich der Wert für die Fehlerquadratsumme von 337 auf $\Sigma_j \Delta_j^2 = 68.45$ (Quadratsumme der letzten Spalte von Tab. C(5)), das ist die zu minimalisierende Größe, die für die Abschätzung der Standardabweichungen gebraucht wird (s.u.). Eine weitere Verfeinerung würde bei dem vorliegenden, linearen Problem nichts mehr ändern, wohl aber bei nichtlinearen Problemen. Bei diesen benutzt man die verfeinerten Parameter als Startwerte für eine weitere Verfeinerung und so fort, bis sich die Parameter nicht mehr als eine vorgegebene kleine Größe ändern. Die Häufung der Minuszeichen am Ende der letzten Spalte spricht für einen kleinen, systematischen Fehler.

Für die *Standardabweichungen* $\sigma(p_i)$ der Parameter gilt allgemein:

$$\sigma^2(p_i) = (\Sigma_j \Delta_j^2) \cdot b_{ii}/(N-n).$$

Im vorliegenden Fall ergibt das $\sigma^2(A) = (68.45 \cdot 42.4 \cdot 10^{-4})/(9-2) = 0.04$ und damit $\sigma(A) = 0.20 \approx 0.2$ und entsprechend $\sigma(C) = 0.50 \approx 0.5$. Es wäre also unsinnig, im vorliegenden Fall mehr als eine Stelle nach dem Komma anzugeben, da diese statistisch schon unsicher ist. Mittels Fehlerfortpflanzung lassen sich daraus auch die Standardabweichungen der Gitterkonstanten selbst berechnen. Da bei der Umrechnung die Wurzel gezogen wird, halbiert sich der relative Fehler und es gilt $\sigma(a_0)/a_0 = 1/2 \cdot \sigma(A)/A$ (entsprechend für c_0). Damit lautet das Endergebnis dieser Verfeinerung: (σ in Klammern bezieht sich auf die letzte angegebene Stelle)

$$a_0 = 6.049(3) \text{ Å}, \quad c_0 = 4.867(4) \text{ Å}.$$

Obige Formeln gelten, wenn alle Messwerte ungefähr gleich genau sind. Liegen Messwerte mit stark unterschiedlicher Genauigkeit vor, so müssen Gewichte w_j eingeführt werden und der Ausdruck $\Sigma_j (F_{oj} - F_{cj})^2 \cdot w_j$ ist zu minimalisieren. Sinnvolle Gewichte sind $w_j = 1/\sigma^2(F_{oj})$. In die Formeln für die Koeffizienten a_{ik} und Absolutglieder c_i sind dann ebenfalls die Gewichte w_j als Faktoren einzufügen. Da der Fehler für $\sin\theta$ mit $\cos\theta$ abnimmt, sind für hohe Genauigkeiten der Gitterkonstanten eindeutig indizierte Reflexe mit möglichst hohem 2θ am wichtigsten.

Von Marquardt (1963) wurde für nicht-lineare Probleme ein neuer Algorithmus in die Methode der kleinsten Quadrate eingeführt, der die Gefahr, in einem lokalen Minimum hängen zu bleiben, verringert und das Verfahren beschleunigt. Dafür wird die Methode des steilsten Abfalls (steepest descent) mit der Methode der kleinsten Quadrate kombiniert. Am Anfang der Verfeinerung liegt das Gewicht mehr auf der robusteren, aber ungenaueren ersteren Methode und mit fortschreitender Näherung erhält die Kleinste-Quadrate-Methode in jedem Verfeinerungszyklus ein stärkeres Gewicht.

C.8 Systematische Fehler in 2θ

Als Reflexlage wird meistens die Lage des Reflexmaximums (= Nullstelle der ersten Ableitung) angegeben. Daneben ist noch der Schwerpunkt der Reflexfläche oder der Mittelpunkt der Halbhöhenbreite üblich, die bei asymmetrischen Reflexen nicht mit der Lage des Maximums zusammenfallen. Bei Pulverdiffraktometern nach der Bragg-Brentano-Methode gibt es mehrere Ursachen für geringe, systematische Verschiebungen der gemessenen 2θ-Werte, die geräte- oder probenbedingt sind. Gerätebedingte Fehlerursachen sind vor allem:

Dejustierung des Diffraktometers
Fehler in der mechanischen 2θ/θ-Kopplung
Fehler im mechanischen Nullpunkt der Winkelskala
Fehler durch die ebene Oberfläche des Präparats
Axiale Divergenz des Röntgenstrahls
Peakverformung durch die Überlagerung von Kα1 und Kα2
Peakverschiebung durch die Zählelektronik (Ratemeter).

Probenbedingt sind besonders wichtig:

Präparathöhenfehler
Transparenz des Präparats.

Die Datenmenge der gemessenen Rohdatei wird für die meisten Anwendungen in einen reduzierten Datensatz aus den d-Werten und Intensitäten der Reflexe überführt. Bei der Umrechnung sind vor allem Fehler in den 2θ-Lagen störend. Einige Fehler ändern sich nur sehr langsam und können durch ein Eichpräparat, das jeden Monat einmal gemessen werden sollte, erfasst werden. Dazu werden die Abweichungen zwischen Soll- und Ist-Werten gegen 2θ aufgetragen und durch eine Kurve (meist 2. Grades) angenähert. Diese experimentell ermittelte Kurve weicht oft erheblich von theoretischen Rechnungen ab (besonders bei kleinen Winkeln) und ist den theoretischen Modellen vorzuziehen (s. Bish & Post, Reviews in Mineralogy, vol. **20**, 1989). Für Routinemessungen genügt es oft schon, nur den "Nullpunktfehler" als additives Korrekturglied anzugeben.

Der weitaus wichtigste und störendste systematische Fehler ist der *Präparathöhenfehler* s, der für jede Probe anders sein und bis zu s = 0.1 mm betragen kann, selbst bei sorgfältiger Probenvorbereitung und -platzierung im Gerät. Der sich daraus ergebende Winkelfehler (in Bogenmaß) beträgt:

$$\Delta 2\theta = -2s(\cos\theta/R),$$

nimmt also mit $\cos\theta$ ab. Da sich bis $2\theta = 90°$ $\cos\theta$ um weniger als 30% ändert, wirkt sich dieser Fehler bei Diagrammen bis 90° fast wie ein Nullpunktfehler aus. Für R = 17 - 20 cm (Abstand Probe-Detektor) ergibt ein Präparathöhenfehler von 15 μm so eine systematische Verschiebung von ca. 1/100°, der bei einer anschließenden Verfeinerung der Gitterkonstanten schon zu signifikanten Änderungen >3 σ führen kann. Da sich dieser Fehler leicht mathematisch beschreiben lässt, kann man die Verschiebung s als zusätzlichen Parameter zusammen mit den Gitterkonstanten verfeinern. Zur experimentellen Erfassung des Präparathöhenfehlers muss ein interner Standard der Probe zugemischt werden.

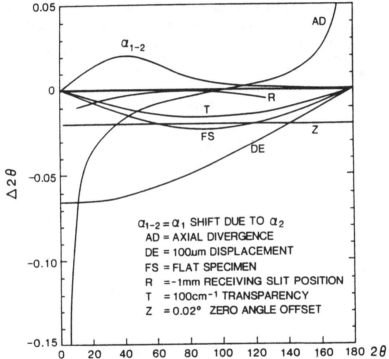

Abb. C(7): Theoretische Reflexverschiebungen, die durch mehrere systematische Fehler verursacht werden. α_{1-2}: Einfluss der Peaküberlappung mit α_2; AD: axiale Divergenz; DE: 100 μm Präparathöhenfehler, FS: flache Probe, R: -1 mm Verschiebung der Detektorblende, T: Transparenzfehler für $\mu = 100$ cm^{-1}, Z: Nullpunktsfehler von 0.02° (Norelco Rep. **30**, 1983, Schreiner, 1986).

Ähnlich, aber nicht ganz so gravierend wirkt sich die *Probentransparenz* aus. Da die Röntgenstrahlen eine gewisse Eindringtiefe in das Präparat haben, liegt der Median des streuenden Volumens etwas tiefer als die Probenoberfläche. Dies gilt besonders für Proben, die nur aus leichten Elementen bestehen (Organika) und die locker gepackt sind. Zwischen der dichten Packung der Präparate durch Pressen etc. und der Forderung nach Texturvermeidung besteht ein gewisser Widerspruch. Hier hilft eventuell die Begrenzung der Probendicke bei Verwendung eines "untergrundfreien" Probenträgers (z.B. aus besonders geschnittenen Einkristallplatten aus Quarz oder Silicium, die z. B. wenige Grad gegen (100) oder (111) geneigt sind).

Für quantitative Phasenanalysen sind neben den genauen Peaklagen auch gute Intensitätswerte notwendig, die aber noch stärker fehleranfällig sind als die Peaklagen. Das fängt bei der Totzeit des Zählers an, da in einem kurzen Intervall (ca. 10 μsec) nach der Registrierung eines Röntgenquants kein weiteres gezählt werden kann. Dies gilt besonders für ortsempfindliche Detektoren, die gleichzeitig die Impulse aus einem großen Winkelbereich empfangen können. Ein einfacher Test, ob die stärksten Reflexe nicht mehr im Linearitätsbereich des Zählers liegen, ist eine Wiederholung der Messung mit halbiertem Röhrenstrom. Nehmen dabei die stärksten Reflexe um weniger als 50% ab, so sind sie von diesem Fehler betroffen. Die Intensität des Primärstrahls kann also für einen vorgegebenen Zähler nicht beliebig gesteigert werden.

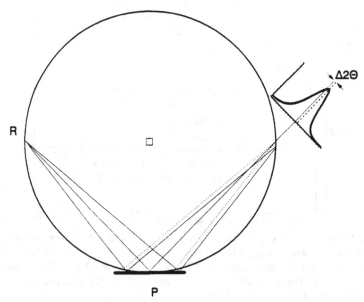

Abb. C(8): Schema der Winkelverschiebung durch eine flache Probe. Bei Beugung auf dem Beugungskreis (gepunktete Linien) werden die gebeugten Strahlen in 2θ fokussiert. Für die tieferliegenden Teile der Probe werden die abgebeugten Strahlen zu niedrigeren Messwinkeln hin verschoben. R: Röhre, P: Präparat (nach Kern, 1992).

Solange die Halbhöhenbreiten der Reflexe ungefähr konstant sind, kann man als Intensität eines Reflexes einfach die Peakhöhe über dem Untergrund nehmen. Häufig haben die verschiedenen Bestandteile eines Gemisches jedoch verschieden breite Reflexe und dann müssen die Integralintensitäten verglichen werden, das sind die Flächen zwischen der Reflex- und der Untergrundskurve. Als Näherung genügt eventuell das Produkt aus Peakhöhe und Halbhöhenbreite.

Ein anderer Fehler folgt aus der Änderung der Probenlage zum Primärstrahl. Die bestrahlte Probenfläche ändert sich (bei fester Divergenzblende) näherungsweise mit $1/\sin\theta$. Die Länge der bestrahlten Probenfläche hängt außerdem von der Größe der Divergenzblende (meist 1 oder 1/2°) und vom Radius des Messkreises (16-20 cm) ab. Die Breite der bestrahlten Fläche entspricht ungefähr der Breite des Brennflecks. Bei abnehmenden θ-Werten wird die bestrahlte Fläche immer länger, bis schließlich der Rand des Probenträgers erfasst wird und damit zumindest der diffuse Untergrund zunimmt und die Reflexintensitäten abnehmen, d.h. die Probenlänge und die Divergenzblende sollten dem kleinsten 2θ-Wert der Messung angepasst sein (*Probenüberstrahlung*, s. Kap. C.8.2).

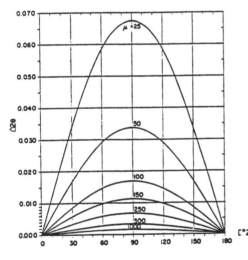

⇐ **Abb. C(9):** Durch die Transparenz der Probe kommt die Streuung auch aus tieferen Bereichen der Probe. Damit verschiebt sich der Reflexschwerpunkt um Δ2θ zu kleineren Werten. Der Fehler hängt von der Massenabsorption μ der Probe und von 2θ ab (am größten bei 2θ=90°, Int Tabl. II, 1967). Für Quarz (μ=91.2 cm^{-1}, für CuKα) beträgt der maximale Fehler etwa 0.02°.

Obige Betrachtung gilt für *feste Divergenzblenden*. In letzter Zeit werden daher immer mehr variable Divergenzblenden verwendet, die die Länge der bestrahlten Probenfläche ungefähr konstant halten. Dies führt zu einer Abnahme des Untergrunds bei kleinen 2θ und zu einer Zunahme der Intensitäten bei großen 2θ bis zu ungefähr einem Faktor von 3 (exakt 1/sin θ) gegenüber dem festen Schlitz.

Die *Körnerstatistik* kann durch Drehen der Probe verbessert werden, besonders wenn die Form der bestrahlten Fläche stark von einem Quadrat abweicht. Da in der Rückstrahltechnik (Bragg-Brentano) um den Beugungsvektor gedreht wird, kommen durch das Drehen aber keine anderen Körner in Reflexionsstellung, ganz im Gegensatz zu Durchstrahltechniken, bei denen die Körnerstatistik durch Drehen beträchtlich verbessert wird (Übergang von einer ein- zu einer zwei-dimensionalen Mannigfaltigkeit).

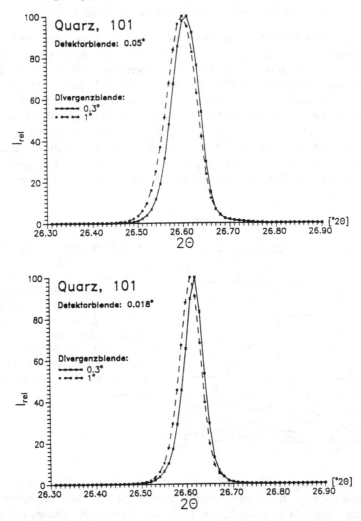

Abb. C(10): Auswirkung der Reflexverschiebung bei ebenen Proben mit verschiedenen Blenden. Wird mit kleinerer Divergenzblende nur der mittlere Probenbereich betrachtet, so ist der Fehler kleiner. Alle Reflexe auf 100 normiert. Quarz mit CuKα-Strahlung (nach Kern, 1992).

Bei quantitativen Phasenanalysen müssen wegen der starken Abhängigkeit der Intensitäten von der Aufnahmetechnik alle Präparate und Standards mit derselben Methode gemessen werden.

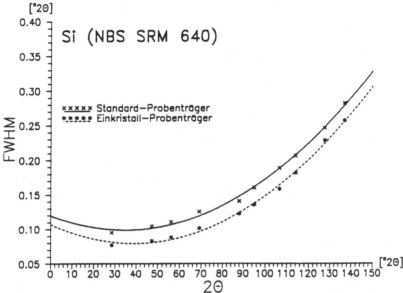

Abb. C(11): Einfluss der Eindringtiefe des Primärstrahls auf die Halbhöhenbreite. Die Standardprobenträger nehmen eine (theoretisch unendlich) dicke Probe auf. Die untergrundlosen Einkristallträger sind nur mit einer dünnen Probenschicht bedeckt (nach Kern, 1992).

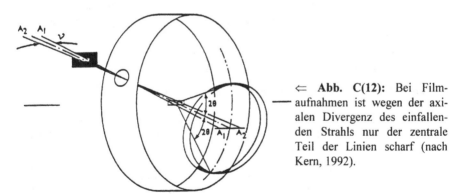

⇐ **Abb. C(12):** Bei Filmaufnahmen ist wegen der axialen Divergenz des einfallenden Strahls nur der zentrale Teil der Linien scharf (nach Kern, 1992).

Systematische Fehler in 2θ lassen sich bei der Verfeinerung der Gitterkonstanten nach der Methode der kleinsten Quadrate miterfassen. Am wichtigsten und von Probe zu Probe wechselnd ist der Präparathöhenfehler s mit $\Delta\theta = s \cdot \cos\theta/R$ (R ist der Goniometerradius). Der Ausdruck der Fehlerfortpflanzung für:

$$\sin^2(\theta + \Delta\theta) = \sin^2\theta + 2\sin\theta \cos\theta \, \Delta\theta \; (+ \text{ höhere Glieder} \approx 0)$$

lautet dann bei einem Präparathöhenfehler s:

$$Q_{cor} = \sin^2\theta = h^2 A + \ldots + klF - 2\sin\theta \cos^2\theta \cdot (s/R),$$

d.h. als zusätzlicher Parameter ist die Größe s oder s/R (als Bogenmaß eines Korrekturwinkels $\Delta\theta$ der mit $\cos\theta$ abnimmt) zu bestimmen. Für einen Nullpunktsfehler $\Delta\theta$ lautet das Korrekturglied direkt wie oben: $2\sin\theta \cos\theta \, \Delta\theta$.

Wegen der starken Korrelation zwischen Nullpunkts- und Präparathöhenfehler lassen sich beide Fehler in der Praxis nicht gleichzeitig verfeinern. Für den sich nur langsam ändernden Nullpunktfehler genügt es, diesen alle ein bis zwei Monate mit einem Eichpräparat (immer demselben) zu bestimmen und dann bei allen Messungen als Konstante zu berücksichtigen (vor Bestimmung des Präparathöhenfehlers).

An einem Beispiel sei dies erläutert: Brucit, $Mg(OH)_2$, kristallisiert in der trigonalen Raumgruppe $P\bar{3}m1$ mit a = 3.145 Å und c = 4.769 Å (PDF 7-239). Mit 8 gemessenen Linien wurden die Gitterkonstanten einmal ohne und einmal mit Einschluss des Präparathöhenfehlers verfeinert (mit dem Programm LATCO des Autors). Während bei der ersten Verfeinerung die Differenzen in 2θ einen Gang in den Vorzeichen zeigen, sind diese in der 2. Verfeinerung statistisch verteilt. Die Fehlerquadratsumme für die Q-Werte geht von 2.91 auf 0.70 zurück. Die Fehler der Gitterkonstanten bleiben ungefähr gleich. Trotz des geringen Höhenfehlers von 29 μm ändern sich die Gitterkonstanten bei Einschluss dieses systematischen Fehlers um 4σ bzw. 3σ, d.h. dieser geringe systematische Fehler bewirkt signifikante Änderungen der Gitterkonstanten (Allmann, 1987).

Tab. C(6a): Verfeinerung von Brucit ohne Einschluss des Höhenfehlers

h	k	l	d(obs)	d(calc)	Δd	2θ(obs)	2θ(calc)	Δ2θ
0	0	1	4.7672	4.7627	0.0045	18.598	18.615	-0.018
1	0	0	2.7306	2.7295	0.0011	32.771	32.785	-0.014
1	0	1	2.3686	2.3681	0.0005	37.957	37.965	-0.008
1	0	2	1.7944	1.7944	-0.0000	50.844	50.844	0.000
1	1	0	1.5758	1.5759	-0.0001	58.527	58.525	0.002
1	1	1	1.4961	1.4961	0.0000	61.978	61.978	-0.001
1	0	3	1.3723	1.3723	-0.0000	68.294	68.293	0.001
2	0	1	1.3119	1.3119	-0.0000	71.912	71.910	0.002

LQ-sum = 2.61 $(\cdot 10^{-8})$ a = 3.15171 ± 0.00013 Å
mean deviation in Q = 0.57 $(\cdot 10^{-4})$ c = 4.76271 ± 0.00038 Å

Beide Tabellen C(6a,b) sind eine nahezu unveränderte Wiedergabe des Ausdrucks des Verfeinerungsprogramms LATCO. Für R wurden 20 cm eingesetzt.

Tab. C(6b): Verfeinerung von Brucit mit Einschluss des Höhenfehlers

h	k	l	d.cor	d(cal)	Δd	2θ(obs)	2θ(cor)	2θ(cal)	Δ2θ
0	0	1	4.7630	4.7617	0.0013	18.598	18.614	18.619	-0.005
1	0	0	2.7293	2.7289	0.0004	32.771	32.787	32.792	-0.005
1	0	1	2.3677	2.3676	0.0000	37.957	37.973	37.973	-0.000
1	0	2	1.7939	1.7940	-0.0001	50.844	50.859	50.855	0.004
1	1	0	1.5754	1.5755	-0.0001	58.527	58.542	58.539	0.003
1	1	1	1.4958	1.4958	0.0000	61.978	61.992	61.993	-0.001
1	0	3	1.3721	1.3720	0.0000	68.294	68.308	68.309	-0.001
2	0	1	1.3117	1.3117	0.0000	71.912	71.925	71.927	-0.002

LQ-sum = 0.70 ($\cdot 10^{-8}$)   a = 3.15105 ± 0.00019 Å
mean deviation in Q = 0.30 ($\cdot 10^{-4}$)   c = 4.76174 ± 0.00034 Å
applied displacement = -0.02909 mm ± 0.00788 mm
correction in 2θ = (0.0167 ± 0.0045)° $\cdot$ cosθ

C.9 Systematische Intensitätsfehler

Noch schwieriger als systematische Fehler in 2θ sind systematische Intensitätsfehler zu erfassen. Verlässliche Intensitäten sind aber die Voraussetzung für gute quantitative Phasenanalysen von Substanzgemischen (s. Kap. F.1.2.2. Hier soll nur der allgegenwärtige Textureffekt und das Problem der zu kleinen Probenoberfläche behandelt werden. Wichtig ist außerdem die Intensitätsänderung bei zu dünner Probe, die mit steigenden 2θ zunimmt. Stärker als bisher beachtet wirkt sich auch die Extinktion aus, die von der Größe der Mosaikblöcke abhängt. Den Effekt der Oberflächenrauhigkeit behandelt u.a. Suortti (1972). Das Problem der Lagestatistik ist S. 82 behandelt (nur 1-2 Körner von 10 000 einer unbewegten Probe tragen tatsächlich zur einem bestimmten Reflex bei).

C.9.1 Der Textureffekt

Am gravierendsten und häufig nur mit großem Aufwand zu mindern sind die durch den Textureffekt bedingten Fehler bei der Intensitätsmessung. Dieser beruht darauf, dass die Lage der einzelnen Körner einer Pulverprobe nicht einer isotropen Statistik entspricht, sondern dass die Körner durch die Kornform und Präparationstechnik bedingt eine Vorzugslage einnehmen. Vor allem plättchenförmige Körner haben die unangenehme Eigenschaft, bei den üblichen Zerkleinerungsmethoden zwar die Plättchendicke zu verringern, aber den Durchmesser beizubehalten, d.h. die Formanisotropie nimmt beim Zerkleinern noch zu. Eventuell hilft dann ein Zerkleinern in einer Schwingmühle, die, um die Sprödigkeit der Körner zu erhöhen, mit flüssigem Stickstoff gekühlt wird. Ohne Kühlung führen Schwingmühlen zu einer störenden Erwärmung des Präparats und damit unter

Umständen sogar zu einer Oxydation desselben. Textureffekte machen sich selbst schon bei kubischen Kristallen bemerkbar. So sind beim NaCl die Spaltebenen {100} bevorzugt und damit wird der Reflex 200 gegenüber dem Reflex 111 zu stark gemessen. Durch die Art der Probenvorbereitung kann der Textureffekt verstärkt oder unterdrückt werden (s. Kap. D.1).

Bei Verdacht auf Intensitätsänderungen durch Textur ist immer ein Vergleich mit einem berechneten Pulverdiagramm, das vom Ansatz her texturfrei ist, angebracht. Kennt man die Formanisotropie der Körnchen, d.h. die (hkl) der Plättchenebene bzw. die [uvw] der Nadelrichtung, so lassen sich auch mathematische Modelle konstruieren, die die gefundene Textur simulieren (s. Kap. G.3).

Nimmt man ganze Debye-Scherrer-Ringe auf (auf Film oder Bildspeicherplatte), so sind Textureffekte an einer ungleichmäßigen Intensitätsverteilung innerhalb der einzelnen Ringe zu erkennen. Durch die Analyse dieser Intensitätsverteilung kann auf die bevorzugte Orientierung der Körner im Probenverband geschlossen werden (Texturanalyse). Durch Integration über die Gesamtintenstität innerhalb eines Ringes kann der Textureffekt (teilweise) eliminiert werden.

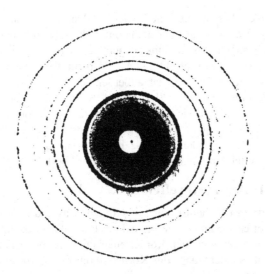

Abb. C(13): Debye-Scherrer-Ringe ohne Textur auf einem ebenen Film senkrecht zum Primärstrahl aufgenommen (entsprechende Bilder liefert auch eine Bildspeicherplatte). Wegen zu grober Körnung der Probe zerfallen die Ringe in einzelne Punkte (nach Jeffery, 1971).

Auch eine unzureichende Statistik durch eine zu kleine Anzahl von Körnern (vor allem bei sehr kleinen Proben), die sich durch einen Zerfall der kontinuierlichen Ringe in einzelne Punkte äußert (s. Abb. C(13)), kann durch die Integration über die gesamte Ringfläche kompensiert werden. Leider wird bei der üblichen Bragg-Brentano-Methode nur ein kleiner Ausschnitt des gesamten Debye-Scherrer-Ringes gemessen, d.h. diese Methode ist besonders texturempfindlich.

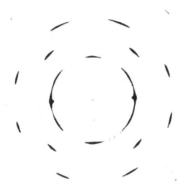

Abb. C(14): Aufnahme eines gewalzten Mo-Blechs mit MoKα-Strahlung senkrecht zum Blech. Walzrichtung horizontal. Sehr starke Textur. (nach Jeffery, 1971)

Die neu auf dem Markt erscheinenden röntgenlichtempfindlichen Bildspeicherplatten (image plates) bieten eine Möglichkeit, in kurzer Zeit (ca. 3 min.) die kompletten Beugungskegel (Ringe auf der Platte) verschiedener Reflexe direkt auszumessen und zu integrieren. Hier ergeben sich auch neue Möglichkeiten für die Texturanalyse, da in den Beugungsringen (Debye-Scherrer-Ringen) die räumliche Verteilung der Körnchenorientierung erfasst werden kann (zunächst nur zweidimensional bei stehendem Präparat, rechnerisch auch dreidimensional bei Berücksichtigung der Probendrehung oder bei drei senkrecht zueinander stehenden Schnitten).

C.9.2 Unzureichende Probengröße (Überstrahlung)

Meistens wird bei der Bragg-Brentano-Methode eine feste Divergenzblende mit 1/2 oder 1° Divergenzwinkel des Primärstrahls verwendet. Die Breite der bestrahlten Fläche entspricht in etwa der Länge des Brennflecks in der Röntgenröhre (ca. 1 cm). Die Länge L jedoch hängt vom Einfallswinkel θ, dem Divergenzwinkel α und dem Abstand R vom Röhrenfokus zur Probe ab. Als Näherungsformel ergibt sich (tanα lässt sich noch durch α in Bogenmaß ersetzen):

$$L = R \cdot \tan\alpha / \sin\theta.$$

Die Probe muss mindestens diese Länge haben, damit keine Intensitätsverluste auftreten. Für $R = 20$cm und $\alpha = 1°$ muss die Probe bei $2\theta_{min} = 5°$ mindestens 8 cm lang sein, bei $2\theta_{min} = 10°$ immerhin noch 4 cm, um Intensitätsverluste zu vermeiden. In Tab. C(7) ist das Ergebnis der obigen Gleichung tabellarisch dargestellt. Durch die Strahldivergenz ist das Überschreiten der Probenfläche (d.h. die Bestrahlung auch des Probenträgers) aber etwas komplizierter als in der angegebenen Formel, da Vorder- und Rückseite der Präparatfläche bei leicht verschiedenen Winkeln 2θ die Grenzen der bestrahlten Fläche unterschreiten (Abb. C(15)). Dazu kommt noch, dass der Mittelpunkt der Präparatfläche sich gegenüber der Lage der Präparatdrehachse verschoben haben kann.

Tab. C(7): Intensitätsverlust durch Überstrahlung der Probe für zwei verschiedene Probenformen in Abhängigkeit von 2θ. Ein Wert von 1.0 bedeutet: keine Überstrahlung (für $R = 20$ cm und $1°$ Divergenzblende, nach Moore & Reynolds, 1997)

°2θ	rechteckige Probe 4 cm lang	kreisförmige Probe 2.5 cm ⌀
2	0.20	0.10
4	0.40	0.20
6	0.60	0.29
8	0.80	0.39
10	1.00	0.49
15	1.00	0.73
20	1.00	0.88
25	1.00	0.95
30	1.00	1.00

Noch komplizierter werden die Verhältnisse bei kreisförmigen Proben, die häufig bei rotierenden Probenträgern benutzt werden. Die Justierung der Geräte ist außerdem selten so gut, dass der Mittelpunkt der Probe mit dem Mittelpunkt der rechteckigen, bestrahlten Fläche exakt zusammen fällt. In Tab. C(7) sind die Intensitätsverluste durch Überschreitung der Probenfläche bei kleinen Winkeln zusammengestellt.

Besser ist eine experimentell ermittelte Intensitätskorrekturkurve, indem ein Standardpräparat mit gleicher Form der Präparatfläche wie für die Probe und messbaren Reflexen bei kleinen Winkeln einmal mit der normalen Divergenzblende (z. B. $1°$) und zum anderen mit einer sehr kleinen Blende (z. B. $0.1°$) gemessen wird. Unter der Annahme, dass die mit der kleinen Blende bestrahlte

Fläche stets innerhalb der Probenfläche liegt, lässt sich aus der Winkelabhängig-keit der Intensitätsverhältnisse aus beiden Messungen eine Korrekturkurve konstruieren, die auch andere systematische Fehler des jeweiligen Gerätes mit erfasst. In Abb. C(16), ist im unteren Teil die obere Messkurve, in der der erste Reflex wegen Überstrahlung deutlich zu schwach gemessen wurde, auf diese Weise korrigiert worden. Besonders gut ist der Korrektureffekt an den beiden Differenzkurven zu sehen.

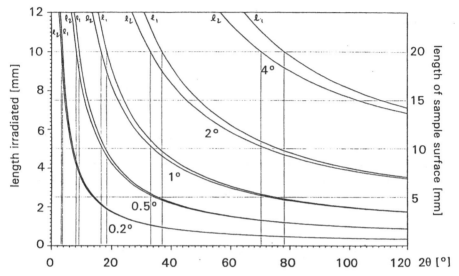

Abb. C(15): Bestrahlte obere und untere Probenlänge L_1 (jeweils obere Kurve) bzw. L_2 in Abhängigkeit von 2θ und dem Divergenzwinkel (0.2 - 4°). Die Grenzwinkel für Überstrahlung sind die Schnittpunkte mit den waagerechten Geraden (für R = 173 mm, nach Fischer, 1996; s.S. 80)

Fischer (1994) hat sich genauer mit dem Problem der Überstrahlung befasst. Bei fester Divergenzblende müssen die Rohdaten unterhalb eines Grenzwinkels angehoben werden. Bei Benutzung eines runden Probenträgers, dessen Durch-messer kleiner als die Breite (axiale Ausdehnung) des Röntgenstrahls ist, müssen sogar alle Zählraten mit einer 2θ-abhängigen Funktion korrigiert werden. Dies gilt insbesondere bei einer fast immer vorhandenen axialen Dezentrierung des Rönt-genstrahls. Bei Annahme einer homogenen Intensitätsverteilung innerhalb des Strahls und bei Vernachlässigung der axialen Divergenz gibt Fischer die folgen-den Formeln für rechteckige Proben an (bei getrennter Berücksichtigung von Ober- und Unterkante der bestrahlten Fläche, L_1 bzw. L_2, L = L_1 +L_2, Probenlänge = L_P):

$$L_1 = R \cdot \sin(\alpha/2)/\sin(\theta - \alpha/2) \quad \text{und} \quad L_2 = R \cdot \sin(\alpha/2)/\sin(\theta + \alpha/2)$$

und damit die Gesamtlänge $L = (2R \cdot \sin\theta \cdot \tan(\alpha/2))/(\sin^2\theta - \cos^2\theta \cdot \tan^2(\alpha/2))$.

Daraus ergeben sich die Grenzwinkel θ_{G1} und θ_{G2} bei einer Probenlänge L_P von:

$$2\theta_{G1} = 2\arcsin\{(2R\cdot\sin(\alpha/2))/L_P\} + \alpha \quad \text{und} \quad 2\theta_{G2} = 2\arcsin\{(2R\cdot\sin(\alpha/2))/L_P\} - \alpha.$$

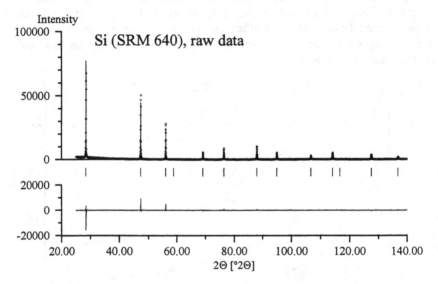

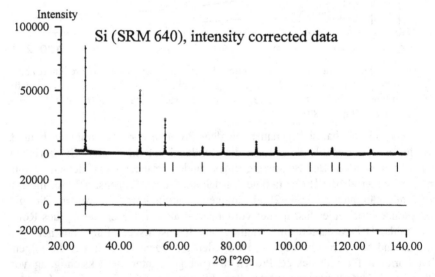

Abb. C(16): Rietveldverfeinerung von Si ohne und mit Intensitätskorrektur für Überstrahlung (der erste Reflex ist wegen Überstrahlung im oberen Diagramm zu schwach gemessen, nach Kern, 1993, pers. Mitt.; Kern, 1998).

Das sind 18.4° bzw. 16.4° bei einem Standard-PHILIPS-Goniometer mit R=173 mm, Divergenzwinkel $\alpha = 1°$ und $L_P = 20$ mm. Bei geringen Probenmengen mit $L_P = 5$ mm liegt der Grenzwinkel $2\theta_{G1}$ schon bei 75.3°. Die etwas vereinfachte Korrekturformel (Fischer, 1994) für die Intensitäten I im Bereich zwischen θ_{G1} und θ_{G2} lautet (mit α in Bogenmaß):

$$I_{cor} \approx I/\{1/2 + (L_P \cdot \sin\theta)/(\alpha \cdot (2R + L_P \cdot \cos\theta))\} \quad \text{und unterhalb } \theta_{G2}:$$

$$I_{cor} \approx I/\{(L_P \cdot \sin\theta)/(R \cdot \alpha)\} \quad \text{(entspricht der Formel am Anfang des Kapitels).}$$

Falls die Probe nicht symmetrisch zur Goniometerachse ist, muss ein Verschiebungsbetrag Δ in den Formeln berücksichtigt werden.

D Messung von Pulverdiagrammen

Nach der Bragg'schen Gleichung muss die Flächennormale d_{hkl} einer Netz-ebene mit der Richtung S_o des einfallenden Strahls gerade den Winkel $90°- \theta_{hkl}$ einschließen, damit die Beugungsbedingung erfüllt ist. Der abgebeugte Strahl S liegt dann in der Ebene, die durch S_o und d_{hkl} aufgespannt wird, und bildet mit d_{hkl} ebenfalls den Winkel $90°- \theta_{hkl}$. Die richtige Lage des Kristallkorns wird bei Pulverpräparaten durch den Zufall der Lageverteilung erreicht. Nimmt man ein bestrahltes Probenvolumen von nur 1 mm^3 an und eine mittlere Korngröße von 10 µm, so enthält dieses Volumen eine Million Körner, wovon nur einige (100-200) im erlaubten engen Fehlerbereich von $\Delta\lambda$ gerade richtig zum einfallenden Strahl liegen.

Nach einer Abschätzung von Elton & Salt, 1996 ist bei einer ruhenden Probe für einen bestimmten Reflex nur ca. 1 von 5000 Körnern in Reflexionsstellung. Ist die betreffende Phase nur zu 10% in der Probe enthalten, so führt das bei 3 µm mittlerer Korngröße zu einer Standardabweichung von 1.2%. Dabei ist nur die *Lagestatistik* berücksichtigt ohne eventuelle Textureffekte. Bei einer Korngröße von 8.25 µm steigt diese Standardabweichung schon auf 5.3% an. Die Lage-statistik wird in Abhängigkeit von der Strahldivergenz durch Rotieren der Probe etwas verbessert, und die statistischen Fehler lassen sich mehr als halbieren.

Nach Smith, 1992 befinden sich in einer normalen Probe einer reinen Phase mit 1 µm mittlerem Korndurchmesser 38 000 Körnchen in Reflexionsstellung, bei 10 µm nur noch 760 und bei 40 µm schließlich noch 12. Das bedeutet, dass schon von der Partikelstatistik her sich Intensitäten - und die daraus abgeleiteten Ge-wichtsprozente in Gemischen - kaum besser als mit 1% Genauigkeit bestimmen lassen. Nimmt man die anderen Messfehler hinzu, so lassen sich in Routine-messungen bestenfalls 2% erreichen.

Richtig heißt nach obiger Darstellung, dass d_{hkl} auf einem Kegelmantel um S_o liegt mit dem halben Öffnungswinkel $90°- \theta_{hkl}$. Die abgebeugten Strahlen S_{hkl} liegen ebenfalls auf einem Kegelmantel um S_o, und zwar mit 2θ als halbem Öff-nungswinkel. Mit der Einheitskugel bilden diese beiden Kegel Schnittkreise. Je größer der Kreis der Normalen ist, d. h. je kleiner θ, desto größer ist die Wahr-scheinlichkeit, dass ein Korn die richtige Lage hat. Diese Wahrscheinlichkeit ist proportional cos θ. Da man die Intensität nur auf einer Stelle des Beugungskegels misst (meist auf dem Äquator der Einheitskugel), ist die dort gemessene Teilinten-sität umgekehrt proportional zur Größe des Beugungskegels, d. h. proportional zu $1/\sin 2\theta$. Diese beiden Proportionalitäten gehen in den *Lorentzfaktor* für Pulver-aufnahmen ein. Außerdem enthält dieser noch die Verweilzeit eines Reflexes in

Reflexionsstellung (d. h. auf der Oberfläche der Ewald-Kugel, s. Kap. B.4.2). Diese ist proportional zu $1/(\sin\theta \cdot \cos\theta)$. Somit lautet der gesamte Lorentzfaktor:

$$L = \cos\theta/(\sin2\theta \cdot \sin\theta \cdot \cos\theta) = (\sin2\theta \cdot \sin\theta)^{-1}.$$

Der Lorentzfaktor bewirkt eine starke Anhebung der Intensitäten von Reflexen mit kleinem 2θ. Das gilt auch für den Untergrund. Bei Einkristallen fällt der $\sin\theta$-Term im Nenner weg. Für gut orientierte Tonpräparate muss ebenfalls der Lorentzfaktor für Einkristalle verwendet werden (oder $(\sin\theta)^{0.8}$).

Ein weiterer Korrekturfaktor der Intensitäten folgt aus der Änderung des Streuverhaltens mit der Polarisationsrichtung des Primärstrahls. Für unpolarisierte Strahlung (d. h. keine Schwingungsrichtung bevorzugt) beträgt der *Polarisationsfaktor:* $\qquad P = (1 + \cos^2 2\theta)/2,$ $\qquad$ d. h. Reflexe in der Nähe von $2\theta = 90°$ werden auf die Hälfte geschwächt.

Weiterhin können Intensitäten durch den Textureffekt erhöht oder erniedrigt werden. Durch eine sorgfältige Probenvorbereitung sollte man eine Vorzugsorientierung der Kristallite in der Probe soweit wie möglich vermeiden. Vor allem bei plättchenförmigen Körnchen ist dies aber nur schwer zu erreichen.

Bei allen Messungen kommt es darauf an, in einem bestimmten 2θ-Bereich die Intensität der abgebeugten Strahlung in Abhängigkeit vom Beugungswinkel zu erfassen. Das Ergebnis dieser Messung ist das *Pulverdiagramm* (powder pattern). Es kann in analoger (als eine Kurve) oder in digitaler Form vorliegen (als eine Reihe von Zählraten für eng beieinander liegende Messpunkte, z. B. mit $0.02°$ Abstand in 2θ zwischen den einzelnen Messschritten). Es besteht aus einer Reihe von Einzelreflexen, die sich über einen nur langsam ändernden Untergrund erheben. Der k.te Reflex wird beschrieben durch seine Lage $2\theta_k$ und seine Höhe I_k über dem Untergrund (I_{max}) bzw. durch die Fläche zwischen Reflex- und Untergrundskurve (Integralintensität I_{int}). Die Integralintensität lässt sich in erster Näherung als Produkt aus Reflexhöhe und Reflexbreite berechnen:

$$I_{int} \approx I_{max} \cdot HB_k.$$

Als Reflexbreite HB_k wird vorwiegend die Breite in halber Reflexhöhe verwendet: die *Halbhöhenbreite* (FWHM= full width at half maximum). Als Extrakt eines Pulverdiagramms wird meist eine Liste der d-Werte (aus den 2θ-Werten berechnet) und der Intensitäten angefertigt.

Für die Fehlerabschätzung addieren sich die Fehler der unkorrigierten Intensitäten I_{abs} und des Untergrunds I_{ug}, d. h.:

$$I_{max} = I_{abs} - I_{ug}, \quad \text{aber}$$
$$\sigma^2(I_{max}) = \sigma^2(I_{abs}) + \sigma^2(I_{ug}).$$

Für die Integralintensitäten sind entsprechend die Summen über die unkorrigierten Zählraten und die Untergrundswerte im Reflexbereich einzusetzen. Die Standardabweichung einer einzelnen Zählrate wird dabei als Wurzel der Zählrate angenommen:

$$\sigma(I) = \sqrt{I}.$$

An einem Beispiel sei dies erläutert: Für eine absolute Zählrate I_{abs} = 100 und einen Untergrundswert I_{ug} = 21 ergibt sich I_{max} = 100-21 = 79 und $\sigma^2(I_{max})$ = 100 + 21, d. h. $\sigma(I_{max})$ = 11. Eine Absenkung des Untergrunds bewirkt also auch eine Verbesserung der Messgenauigkeit, d. h. eine Senkung des statistischen Messfehlers (im vorliegenden Falle von 11 auf $\sqrt{79} \approx 9$).

Zum *Untergrund* tragen die folgenden Effekte bei:

1) Fehlende Spektralreinheit der Röntgenstrahlung, vor allem wenn nur ein Kβ-Filter verwendet wurde, durch das ein Teil der weißen Strahlung hindurchgeht. Auch kann das Anodenmaterial der Röntgenröhre Fremdatome enthalten. So verdampft mit der Zeit das Wolfram der Glühkathode und setzt sich auf den kühleren Stellen der Röhre ab.

2) Streuung an den Gaspartikeln der Luft im gesamten Strahlengang. Durch Füllung des Strahlengangs mit Helium oder durch Evakuieren lässt sich dieser Untergrundsanteil reduzieren (s. Abb. E(2)). Kürzere Strahlengänge vermindern diesen Effekt, aber auch die Auflösung.

3) Streuung am Präparatträger. Durch richtige Wahl der Blenden sollte nur die Probe selbst bestrahlt werden. In bestimmter Richtung geschnittene Einkristallplatten aus Quarz oder Silicium haben einen sehr niedrigen Untergrund und eignen sich besonders gut für minimale Probenmengen.

4) Die unelastische Streuung am Präparat (Compton-Streuung). Einige Röntgenquanten geben einen Teil ihrer Energie ab und verlassen das Präparat mit größerer Wellenlänge. Dies gilt besonders, wenn Atome im Präparat zur Fluoreszenz angeregt werden, wie z. B. Fe-Atome durch CuKα-Strahlung. Hier hilft ein Sekundärmonochromator oder ein Impulshöhenbegrenzer. Sind diese nicht vorhanden, sollte die Wellenlänge gewechselt werden, z. B. FeKα-Strahlung für eisenhaltige Präparate.

D.1 Probenvorbereitung

Die verwendeten Pulver sollten eine optimale Korngröße im Bereich von 1 - 10 µm haben. Sind zwischen den Fingerspitzen einzelne Körnchen spürbar, so ist das Pulver noch zu grob. Bei einer Filmaufnahme erhält man bei zu groben Pulvern statt kontinuierlicher Linien eine mehr oder weniger dichte Schar von Einzelpunkten. Bei zu feinen Pulvern (< 0.2 µm) tritt eine deutliche Linienverbreiterung auf, die direkt zur Abschätzung der mittleren Korngröße benutzt werden kann. Bei Verwendung elektronischer Detektoren kann eine zu grobe Kornverteilung nicht erkannt werden. Aber wegen der schlechteren Wahrscheinlichkeit, dass noch genügend viele Körnchen die für einen Reflex richtige Lage haben, schwanken die gemessenen Intensitäten von Probe zu Probe stark um ihre Sollwerte. In solchen Fällen kann eine intensive Rotation der Probe um mehrere Achsen helfen (Gandolfi-Kamera, s. Kap. D.2.2). Eine andere Möglichkeit zur Verbesserung der Körnerstatistik bei sehr kleinen Proben ist die Integration über komplette Debye-Scherrer-Ringe (s. Abb. D(26), s. auch: Jenkins et al., 1986).

Die Zerkleinerung eines Pulvers durch Mörsern oder Mahlen ist nicht unproblematisch. Vor allem muss eine Erwärmung vermieden werden, um eventuelle Phasenumwandlungen oder chemische Reaktionen (z. B. eine Oxydation durch den Luftsauerstoff) zu vermeiden. Als in vielen Fällen ausreichend hat sich eine Zerkleinerung in einer leicht verdampfenden Flüssigkeit, die nicht mit der Probe selbst reagieren darf (z. B. Aceton), erwiesen. Bei Glimmern, deren Plättchendurchmesser sich nur schwer durch Mahlen verkleinern lässt, kann die Sprödigkeit und damit der Mahlerfolg durch Kühlen mit flüssigem Stickstoff verbessert werden. Durch die Energiezuführung während des Mahlens wird teilweise sogar das Kristallgitter zerstört und die äußeren Bereiche der einzelnen Körnchen werden amorph. Das gilt besonders für eine Zerkleinerung in Schwingmühlen.

Das zweite Problem tritt auf, wenn die Form der Körnchen anisotrop (plättchen- oder nadelförmig) ist. Die Körnchen haben dann die Tendenz, eine Vorzugsrichtung einzunehmen: z. B. richten sich Plättchen gern parallel zur Probenoberfläche aus, vor allem, wenn diese glattgestrichen wird. Im Beugungskegel sind dann die Intensitäten nicht mehr gleichmäßig verteilt (*Textureffekt*), und je nach der Lage der Messstelle im Beugungskegel wird die Intensität zu stark oder zu schwach gemessen. So sind bei Glimmern die 00ℓ-Reflexe oft um den Faktor 5-10 gegenüber den anderen Reflexen verstärkt. Bei der Analyse von Tonmineralen, die sich im wesentlichen auf die Interpretation der 00ℓ-Reflexe beschränkt, ist dagegen der Textureffekt erwünscht und wird durch die Präparation möglichst verstärkt.

Durch die Art der Probenvorbereitung und -einfüllung kann die Textur stark beeinflusst werden. Bei ebenen Präparaten ist am ungünstigsten (d. h. texturfördernd) ein Einfüllen von oben in die Vertiefung des Präparatträgers und ein anschließendes Glattstreichen der Probe, z. B. mit einer Glasplatte. Besser ist ein seitliches Einfüllen in den Probenträger, der während des Füllens mit einer Glasplatte abgedeckt wird. Diese wird nach dem Füllen vorsichtig abgehoben. Auch Streupräparate zeigen oft weniger Textur. Oft genügt es, auf eine glattgestrichene Oberfläche aus den Fingerspitzen eine dünne Schicht (< 10μm) aufzurieseln. Nachteile der Streupräparate sind eine rauere Oberfläche und eine geringere

Packungsdichte (d. h. größere Eindringtiefe der Röntgenstrahlen). Eine Füllung von der Rückseite auf eine mit Sandstrahlung aufgeraute Glasplatte oder sogar feines Sandpapier (Wang et al., 1996, s. Kap. F.4) hat sich ebenfalls bewährt. Für extrem texturfreie Präparate wird auch die Sprühtrocknung eines aufgeschlämmten Pulvers, dem etwas Bindemittel (Dextrin oder Mowiol) zugesetzt wird, empfohlen. Dabei entstehen Hohlkügelchen, die im Präparat nicht zerdrückt werden dürfen.

Eine andere Möglichkeit, die Textur zu erfassen und zu korrigieren, bietet die Kombination von Rückstrahl- und Durchstrahlaufnahmen des gleichen Präparates, das am besten zwischen zwei dünnen Kunststoff-Folien (Mylar etc.) eingebracht wird. Mittelt man nach einer Anskalierung die Intensitäten von Rückstrahl- und Durchstrahlaufnahme im Verhältnis 1:2, so erhält man fast texturfreie Werte (exakt bis zu Gliedern der 2. Ordnung; Ahtee et al., 1989; Järvinen et al., 1992).

D.2 Filmkameras

Die klassische Aufnahmeart von Röntgendiagrammen ist die Filmaufnahme, wobei der Film während der Aufnahme meist zu einem Zylinder im Inneren eines Metallbehälters (= Filmkamera) gebogen ist. Durch diese Krümmung lassen sich die gewünschten Beugungswinkel 2θ leichter ablesen als bei ebenen Filmen. Mit dem Aufkommen der PCs ist das Umrechnen der Linienlagen auf einem Film in 2θ-Werte allerdings kein Problem mehr. Vorteil der Filme ist die simultane Erfassung des gesamten Pulverdiagramms.

Die älteste, einfachste und billigste Aufnahmeart für Pulverdiagramme ist das Debye-Scherrer-Verfahren, bei dem sich das Pulver in einer Glaskapillare auf der Mittelachse des Filmzylinders befindet. Es ist allerdings auch das ungenaueste Verfahren und wird deshalb nur noch wenig angewandt. Die Mindestbreite der (gebogenen) Reflexlinien wird durch die Ausdehnung des Pulverpräparats (0.2 - 1 mm Durchmesser) bestimmt und bedingt nur eine mäßige Auflösung (ca. 0.5 - 1° in 2θ) (Debye, 1916; Scherrer, 1918). Stehen parallele Strahlen zur Verfügung (Synchrotron, Göbel-Spiegel) so werden die Nachteile dieses Verfahrens geringer, vor allem wenn die kompletten Ringe mit einem Flächendetektor gemessen und ausgewertet werden können.

Eine bessere Trennschärfe erreicht man durch fokussierende Methoden, bei denen die von der Präparatfläche ausgehenden, abgebeugten Strahlen desselben Reflexes in einer schmalen Linie gebündelt werden (z. B. Guinier-Kamera). Die Auflösung benachbarter Linien wird dabei um eine Größenordnung gegenüber dem Debye-Scherrer-Verfahren auf 0.03 - 0.1° in 2θ verbessert. Das gilt jedoch nur, wenn die Fokussierungsbedingungen sehr genau eingehalten werden.

D.2.1 Die Debye-Scherrer-Kamera

Um die Winkelablesung auf dem Film zu erleichtern, wählt man als inneren Umfang der zylinderförmigen Debye-Scherrer-Kamera meist 180 mm (manchmal auch 360 mm), d. h. der Kameradurchmesser beträgt $180/\pi = 57.3$ mm. Dieser Wert wird meist um die Filmdicke erhöht, damit auf diesem 1 mm möglichst genau 2° entspricht. Der Kamerazylinder wird mit einem Deckel lichtdicht und strahlungsdicht verschlossen. Sicherheitshalber wird der Film noch mit schwarzem Papier abgedeckt. Da die vom Präparat abgebeugten Strahlen senkrecht auf den Film einfallen, können doppelseitig beschichtete Filme verwendet werden.

Der vom Punktfokus der Röhre kommende, einfallende Strahl wird nach dem Passieren eines Kß-Filters durch einen *Kollimator* (2 Lochblenden mit ≈ 0.5 mm Durchmesser am Anfang und Ende der Kollimatorröhre) fein gebündelt und auf das Präparat auf der Mittelachse der Kamera gerichtet. Der Durchmesser des Strahls sollte ungefähr dem der Probenkapillare entsprechen. Der durch die Probe unverändert hindurchgehende Anteil des Primärstrahls wird von einem *Primärstrahlfänger* (beam stop) auf einen kleinen ZnS-Leuchtschirm geleitet, der nach außen mit Bleiglas abgeschirmt ist. Auf diesem Schirm erscheint die Probe als dunkler Schatten, und die richtige Zentrierung der Probe kann daher auch noch bei geschlossener Kamera überprüft werden.

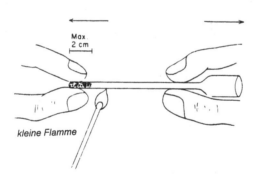

Abb. D(1): Abfüllen einer Probe in eine Glaskapillare (nach Hutchison, 1974).

Die an vielen Kristalliten abgebeugten Strahlen eines Röntgenreflexes hkl bilden um den Primärstrahl einen Beugungskegel mit einem halben Öffnungswinkel von $2\theta_{hkl}$. Dieser Kegel schneidet den Filmzylinder in einer Kurve 4. Ordnung.

Wegen der endlichen Breite des Films ($\approx$ 3 cm) werden nur die Kegel mit sehr kleinem und sehr großem 2θ ganz auf dem Film abgebildet. Die Mittelpunkte dieser annähernden Kreise entsprechen dem Ort des ausfallenden bzw. einfallenden Primärstrahls. Um Platz für Kollimator und Primärstrahlfänger zu schaffen, ist der Film an diesen Stellen gelocht. Anfangs wurden die Filme symmetrisch zum Primärstrahlfänger (d. h. um 2θ = 0°) eingelegt. Jedoch sind damit geringe Längenänderungen nur schlecht zu erfassen, wie sie z. B. während der Entwicklung und anschließenden Trocknung des Films auftreten können (Filmschrumpfung). Deswegen werden die Filme nach einem Vorschlag von Straumanis (1936) fast nur noch asymmetrisch eingelegt (Mitte bei 2θ = 90°), wodurch sich die Mittelpunkte einiger Beugungskegel bei 2θ = 0° bzw. 180° genau festlegen lassen. Der Abstand $d_{0,180}$ dieser beiden Punkte ($\approx$ 90 mm) entspricht genau 180°. Mit dem Korrekturfaktor $180/d_{0,180}$ ($\approx$ 2) lassen sich die auf der Mittellinie des Films in mm gemessenen Abstände der Reflexlinien von 2θ = 0° in 2θ-Werte (in °) umrechnen. Im Allgemeinen werden die Intensitäten von Debye-Scherrer-Aufnahmen nur auf einer groben Skala von 1 bis 10 abgeschätzt (oder als: schwach-mittel-stark).

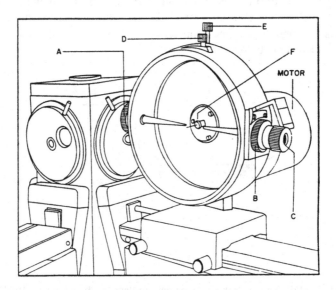

Abb. D(2): Vor eine Röntgenröhre montierte Debye-Scherrer-Kamera mit 114.6 mm Durchmesser. A: Kollimator, B: Primärstrahlfänger mit C: Fluoreszenzschirm und Bleiglas, D: Klemmvorrichtung für den nach Straumanis eingelegten Film, E: Zentrierschraube für die Probe F (nach Hutchison, 1974).

Die Probe selbst wird in eine Kapillare aus sehr dünn ausgezogenem ($\approx$ 0.01 mm Wandstärke) und wenig absorbierendem Glas abgefüllt (0.2 - 0.8 mm Durchmesser). Mit einer Zentriervorrichtung kann diese Kapillare auf die Mittelachse der Kamera ausgerichtet werden. Um die Wahrscheinlichkeit zu erhöhen, dass sich ein Korn des Pulvers in Reflexionsstellung befindet, wird das Präparat während der einige Stunden dauernden Aufnahme um seine Längsachse gedreht. Eine eventuelle Vorzugsrichtung der Körnchen äußert sich in einer ungleichförmigen Intensitätsverteilung auf den Beugungskegeln. Kommt es vor allem auf die Erfassung dieses Textureffekts an, sind größere, ebene Filme besser geeignet (oder eine Bildspeicherplatte).

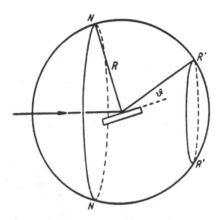

Abb. D(3): Ableitung der geometrischen Faktoren beim Pulververfahren. R': Debye-Scherrer-Kreis, von dem nur ein Ausschnitt gemessen wird. R: Flächennormale einer streuenden Netzebenenschar. N: Geometrischer Ort aller Flächennormalen, deren Flächen sich in Reflexionsstellung befinden (nach Kleber, 1990).

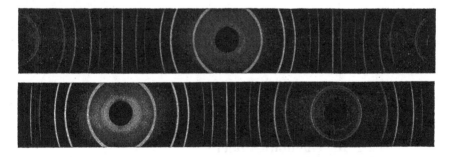

Abb. D(4): Debye-Scherrer-Aufnahme von Si (Negativ). Oben: symmetrische Filmeinlage, unten nach Straumanis (et al., 1936). Linkes Loch: $2\theta = 0°$, rechtes Loch: $2\theta = 180°$. Der letzte Reflex (444) zeigt $\alpha1/\alpha2$ Aufspaltung (nach Kleber, 1990).

Wird ein ebener Film senkrecht zum Primärstrahl platziert, was sowohl im Vorstrahl- als auch im Rückstrahlbereich möglich ist, so werden die

Beugungskegel vollständig als konzentrische Kreise abgebildet (Abb. C(13)). Statt des Films bietet sich für solche Untersuchungen die sehr viel schnellere Bildspeicherplatte an. Hier scheint sich für die Zukunft eine Renaissance des Debye-Scherrer-Verfahrens anzudeuten, da die vollständigen Ringe eventuelle Vorzugslagen der Kristallite wiederspiegeln (Textur, s. Abb. C(14)). Das Auflösungsvermögen des Debye-Scherrer-Verfahrens, das in etwa dem einer primitiven, photographischen Lochkamera entspricht, wird natürlich durch eine Bildspeicherplatte nicht verbessert.

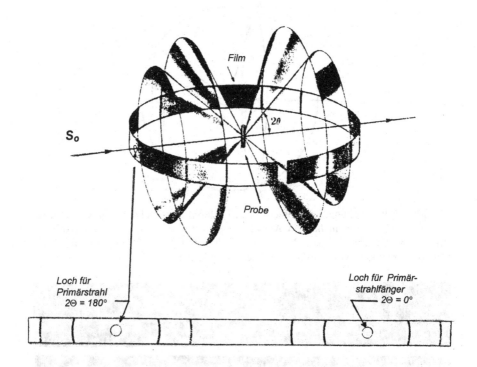

Abb. D(5): Einige Beugungskegel (konzentrisch um den Primärstrahl) und deren Schnittlinien mit dem Filmzylinder (unten ist dieser aufgerollt).

D.2.2 Die Gandolfi-Kamera

Falls zu wenig Körner (eventuell nur ein einziges) von einer Substanz zur Verfügung stehen, reicht die Drehung um die Zylinderachse nicht aus, um alle möglichen Netzebenen hkl in Reflexionsstellung zu bringen. In der Gandolfi-Kamera ist die Drehachse des Präparats um 45° zur Filmachse geneigt. Außerdem rotiert noch die gesamte Drehvorrichtung um die Mittelachse. Durch eine Rutschkupplung zwischen beiden Rotationen wird ein rationales Verhältnis vermieden, das nur zu einer 2-dimensionalen statt der gewünschten 3-dimensionalen Lagemannigfaltigkeit führen würde. Vom anderen Antrieb zur Probenbewegung abgesehen ist die Gandolfi-Kamera wie die Debye-Scherrer-Kamera aufgebaut (Gandolfi,1967).

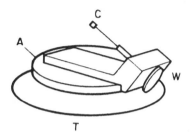

Abb. D(6): Schema des Bewegungsapparates einer Gandolfi-Kamera. Die Probe C (einige Körner oder ein Einkristall) befindet sich auf der senkrechten Drehachse parallel zur Achse des Filmzylinders. Um diese rotiert die gesamte Plattform A. Eine weitere Drehachse C-W ist dazu um 45° geneigt und wird durch das Rad bei W durch Friktion angetrieben (nach Whittaker, 1981).

D.2.3 Das Seemann-Bohlin'sche Fokussierungsprinzip

Es erhebt sich die Frage, ob man die Form einer Probe so gestalten kann, dass sich, eine punktförmige Strahlenquelle vorausgesetzt, die an verschiedenen Körnern gebeugten Strahlen wieder in einem Punkte treffen (Fokussierung). Dazu muss beachtet werden, dass an allen Körnern unabhängig von ihrer Lage im Raum der abgebeugte Strahl um 2θ zum Primärstrahl abgelenkt wird.

Da in einem Kreis eine Sehne von allen Punkten auf dem Kreisumfang unter dem gleichen Winkel gesehen wird (Sehnensatz), erhält man dann eine Fokussierung, wenn sich sowohl die punktförmige Strahlenquelle als auch die Probenkörner auf dem Umfang desselben Kreises befinden. Der gewünschte, gemeinsame Schnittpunkt der abgebeugten Strahlen befindet sich dann auf demselben Kreis. Das ist das Seemann-Bohlin'sche Fokussierungsprinzip und der dabei auftretende Kreis heißt *Fokussierungskreis*. Die Flächennormalen der sich in Beugungsstellung befindlichen Netzebenen zeigen dabei nicht zum Kreismittelpunkt, sondern zum der Probe gegenüberliegenden Schnittpunkt der Mittelsenkrechten auf der Verbindungslinie der beiden Fokusse mit dem Kreis.

Diesen Sachverhalt kann man auch ausnutzen, um eine Einkristallplatte so zu gestalten, dass sich die an ihr unter $2\theta_{hkl}$ gebeugten Strahlen wieder in einem Punkte vereinigen. Dazu muss sich die Kristalloberfläche an den Fokussierungskreis anschmiegen und an allen Punkten muss die Normale auf der beugenden Netzebenenschar den Winkel zwischen einfallendem und ausfallendem Strahl

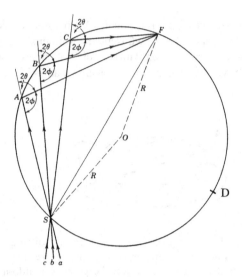

Abb. D(7): Das Seemann-Bohlin'sche Fokussierungsprinzip. Wenn der Fokus des einfallenden Strahls (Fokus der Röhre selbst oder eines primärseitigen, fokussierenden Monochromators) und die Probe bei A,B,C auf einem Kreis liegen, so werden für ein 2θ die abgebeugten Strahlen bei F auf demselben Kreis, dem Fokussierungskreis gebündelt. Die Flächennormalen auf den beugenden Ebenen in A,B,C, d. h. die Winkelhalbierenden von 2ϕ, schneiden sich in D. (Seemann, 1919; Bohlin 1920; nach Klug & Alexander, 1974).

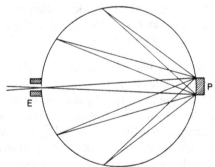

Abb. D(8): Schema einer Seemann-Bohlin-Kamera (E = Fokus des Primärstrahls, P = Probe, nach Krischner, 1990).

halbieren. Dazu muss die Kristalloberfläche auf eine Krümmung von 2R (doppelter Radius des Fokussierungskreises) geschliffen und danach diese gekrümmte Platte (aber noch mit ebenen Netzebenen) auf den Radius R gebogen werden. Die beugenden Netzebenen selbst haben dann eine Krümmung von 2R (gebogener *Kristallmonochromator* nach Johansson, mit einer Blende genau an der Stelle des

Fokus). Da bei diesem Monochromator die von einer Fläche ausgehende, gebeugte Strahlung in einer Linie gesammelt wird, kann man den durch die Beugung auftretenden Intensitätsverlust (gegenüber der Primärstrahlung) durch die Fokussierung teilweise wieder ausgleichen. Etliche Messverfahren, vor allem die Durchstrahlverfahren, nutzen statt der divergenten Röhrenstrahlung die von einem Monochromator ausgehende, konvergente, monochromatische Strahlung. Diese alle nutzen den Strichfokus der Röntgenröhre.

D.2.4 Die Guinier-Kamera

Die Guinier-Kamera ist die gebräuchlichste, fokussierende Film-Kamera (Guinier, 1937). Das Prinzip lässt sich auch auf Goniometer mit elektronischen Punktdetektoren übertragen (z. B. von der Fa. Huber in München gebaut). Im meist verwendeten Vorstrahlbereich muss die Probe durchstrahlt werden. Dazu wird eine dünne Schicht (< 0.1 mm) des zu untersuchenden Pulvers mit etwas Bindemittel in einem etwas 1 mm breitem Streifen auf eine Folie aufgebracht. Meist ist dieses Präparat nicht gekrümmt, sondern eben und liegt tangential an den Fokussierungskreis an. Bei nicht zu großem bestrahlten Bereich (< 10 mm) ist der dadurch entstehende Fehler akzeptabel. Längere Probenstreifen werden zur Erhöhung des Statistik in Längsrichtung hin und her bewegt.

Der Film und ebenfalls der Fokus des gebogenen Johansson-Monochromators befinden sich auf dem Fokussierungskreis, so dass die Filmkameras wieder zylinderförmig sind. Diese haben häufig einen Durchmesser von $360/\pi = 114.6$ mm. Bei geringer Mosaikbreite des Monochromatorkristalls (z. B. bei einem Quarz-Monochromator) gelingt es, $K\alpha_1$- und $K\alpha_2$-Strahlung zu trennen und nur die $K\alpha_1$-Strahlung auf die Probe fallen zu lassen. Allerdings ist diese Einstellung recht justieranfällig. Da die auf den Film fallenden Strahlen vom Kreisumfang und nicht vom Kreismittelpunkt ausgehen, wird der Film im allgemeinen nicht mehr rechtwinklig von den abgebeugten Strahlen getroffen, und es können daher nur noch einseitig beschichtete Filme verwendet werden.

Dies alles führt zu einer sehr guten Auflösung der Guinier-Kamera. Unter günstigen Bedingungen können noch Linien getrennt werden, die nur 0.1 mm Abstand auf dem Film haben. Da im Kreis der Mittelpunktswinkel über einer Sehne doppelt so groß ist wie der Peripheriewinkel, liegen die Linien 4θ vom Fokus des Primärstrahls entfernt (vom Mittelpunkt aus betrachtet). Wegen des doppelten Kameraradius' und dieser Verdopplung des Mittelpunktswinkels sind auf einer Guinier-Aufnahme die Linien viermal soweit voneinander entfernt als auf einem entsprechenden Debye-Scherrer-Film. Der Nachteil der Winkelverdoppelung ist, dass im symmetrischen Vorstrahlfall nur Reflexe mit 2θ<90° erfasst werden können. Meist neigt man den einfallenden Strahl um 45° gegen den Kameradurchmesser (asymmetrischer Vorstrahlfall), wodurch auf der einen Seite

des Films 2θ-Werte bis 135° erfasst werden können, auf der anderen Seite allerdings nur bis 2θ = 45°. Das ergibt aber noch genügend Linienpaare um 2θ=0, um
den auf dem Film nicht erkennbaren Nullpunkt der Winkelskala festzulegen.
Schwieriger ist die Bestimmung der Filmschrumpfung, da kein zweiter Fixpunkt
auf dem Film vorhanden ist.

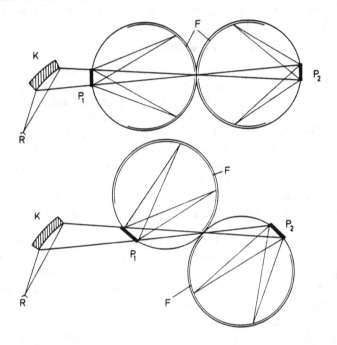

Abb. D(9): Schema einer Guinier-Doppelkamera nach Hofmann & Jagodzinski
(1955). Für den Durchstrahl- und den Rückstrahlfall muss die Probe verschieden platziert
werden (P₁ bzw. P₂). Oben: Symmetrische Anordnung, unten: Asymmetrische
Anordnung (Primärstrahl um 45° gegen die Richtung Probe-Kameramittelpunkt geneigt).
Meist wird die untere Anordnung und nur in Durchstrahltechnik verwendet (d. h.
Transmission mit Probe bei P₁. 2θ bis 130° erfassbar. Nach Krischner, 1990)).

Für sehr genaue Winkelbestimmungen muss deswegen der Probe ein Eichpräparat (innerer Standard) zugemischt werden. Durch Einlagebleche mit ca. 3mm
Abstand kann die Guinier-Kamera leicht in mehrere (2-3) Teilkameras unterteilt
werden, deren Pulverdiagramme alle auf demselben Film erscheinen. Da für alle
Teilbilder die gleiche Filmschrumpfung gilt, genügt es auch, gleichzeitig mit der
unbekannten Probe ein bekanntes Eichpräparat aufzunehmen, ohne beide miteinander mischen zu müssen (äußerer Standard). Da die Guinierlinien sich nach
außen schnell verbreitern, muss die Ausmessung auf der Mittellinie erfolgen.

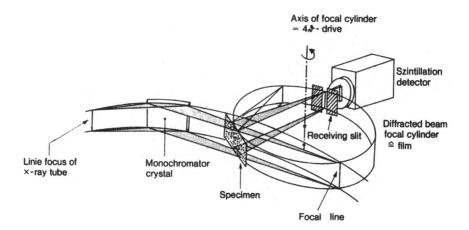

Abb. D(10): Prinzip einer Guinier-Kamera in anderer Darstellung. Beim Guinier-Diffraktometer tastet ein Detektor den Fokussierungskreis ab (nach Göbel, 1982).

Abb. D(11): Bild einer Guinier-de Wolff-Vierfachaufnahme: A: NH_4-Alaun, B; Alaun + Quarz, C und D: Quarz. (Nonius, nach Klug & Alexander, 1974).

Guinierfilme bieten sich zur Auswertung mit einem PC an. Dazu muss der Film entlang der Mittellinie in einem Photometer bewegt werden und dabei die Menge des durchfallenden Lichtes in einem sehr schmalen (0.01 mm und weniger) Bereich des Films erfasst werden. Für genaue Intensitätsbestimmungen muss außerdem ein Graukeil des gleichen Filmmaterials, das den gleichen Entwicklungsbedingungen wie der Guinierfilm unterworfen wurde, vermessen werden. Damit wird eine Eichkurve für die Beziehung zwischen Filmschwärzung und der sie verursachenden Strahlungsenergie aufgestellt und die gemessenen Filmschwärzungen werden damit entsprechend in Intensitäten umgerechnet. Die Linienlagen des Eichpräparats werden für eine Korrektur der Winkelskala benutzt. Ein Programm (GUFI), das alle diese Rechenschritte durchführt bis zur Reflexliste und die Vermessung des Films steuert, wurde von Dr. Robert E. Dinnebier 1989, 1993 in Heidelberg entwickelt.

Sollen auch Winkel über 135° erfasst werden, so muss man die Rückstrahltechnik anwenden. Die Probe liegt dabei an der von der Röhre abgewandten Seite der Kamera. Der Fokus des Monochromators muss röhrenseitig auf dem Fokussierungskreis liegen, d. h. in der Kamera selbst ist der Strahl schon wieder divergent. Die Rückstrahltechnik wird nur wenig verwendet.

D.3 Elektronisch registrierende Diffraktometer

D.3.1 Das parafokussierende Bragg-Brentano-Diffraktometer

Das heute am weitesten verbreitete Pulver-Diffraktometer ist das Bragg-Brentano-Diffraktometer. Darin wird eine ebene Probe mit einem divergierenden Strahlenbündel im Rückstrahlverfahren beleuchtet. Weil sich die Probe nicht der Krümmung des Fokussierungskreises anpasst, sondern tangential an diesen anliegt, wird die Seemann-Bohlin'sche Fokussierungsbedingung leicht verletzt. Daher nennt man das Verfahren parafokussierend. Im Gegensatz zum Guinierverfahren ist der Fokussierungskreis nicht konstant, sondern wird mit zunehmenden 2θ immer kleiner. Es eignet sich daher nicht für Filmverfahren, sondern nur für Punktdetektoren oder ortsempfindliche Detektoren mit kleinem Winkelbereich.

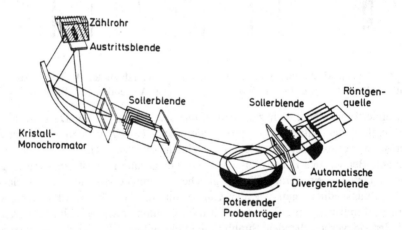

Abb. D(12): Strahlengang eines Pulverdiffraktometers nach Bragg-Brentano mit einem gebogenen Sekundärmonochromator (auch logarithmische Krümmung möglich) und variabler Divergenzblende. Ohne Sekundärmonochromator wird das Zählrohr an der Stelle der zweiten Sollerblende angebracht (nach Krischner, 1990).

Im Schnittpunkt von Fokussierungskreis und Messkreis muss sich die Detektorblende befinden. Daher sind ortsempfindliche Detektoren (OEDs) nur eingeschränkt möglich. Die Firma Bruker AXS bietet einen linearen OED für ca. 10° Winkelbereich in 2θ an. Der OED ist also maximal nur 5° vom Optimum entfernt und die Fokussierungsbedingungen sind nur leicht verletzt. Der Nachteil der dadurch bedingten, leichten Verbreiterung der Reflexe wird durch die ca. 100-fache Messgeschwindigkeit mehr als aufgewogen. Um Messfehler auszugleichen und um den zentralen Draht (metallisierter Quarzfaden) gleichmäßig zu belasten, wird der OED während der Messung bewegt. Die Zählraten in den 1024 Kanälen müssen deshalb laufend anderen 2θ-Werten zugeordnet werden.

Die Firma Philips bietet mit dem X'Celerator einen schnellen Multistreifendetektor für einen kleinen Winkelbereich (ca. 2.2° mit etwas über 100 Einzeldetektoren) an, der in Reflexion (Bragg-Brentano) arbeitet und praktisch wegen der geringen Ausdehnung keine Linienverbreiterung gegenüber einem Proportionalzähler zeigt (Abb. D(13), D(14)). Außerdem stört das Totzeitproblem bei den über 100 Einzeldetektoren weniger als beim OED mit nur einem Detektor für den ganzen Winkelbereich. OEDs mit einem größeren Winkelbereich sind nur für echt fokussierende Diffraktometer geeignet, die meist in Transmission gefahren werden. Das Totzeitproblem macht sich hier schon ab Zählraten von 20 000 cps bemerkbar. Für Rietveld-Analysen sind solche Diagramme schlecht geeignet.

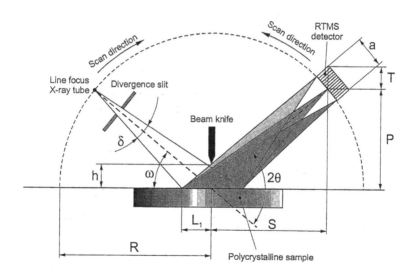

Abb. D(13): Schematischer Strahlengang eines Bragg-Brentano-Diffraktometers mit einem Multidetektor für einen kleinen Winkelbereich (X'Celerator der Firma Philips, RTMS = Real Time Multiple Strip technology, a=2.2°).

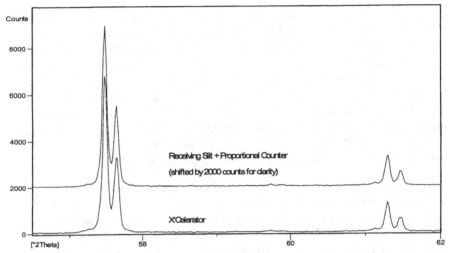

Abb. D(14): Ausschnitt (59-62°) aus der Messung einer Korundplatte mit einen konventionellen Proportionalzähler (Messzeit 2.93h) und mit einem Multidetektor für einen kleinen Winkelbereich (X'Celerator der Firma Philips, Messzeit 1.85 min.).

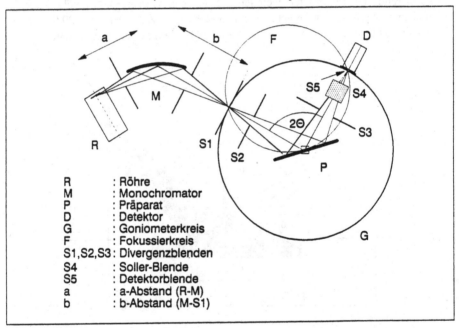

Abb. D(15): Schematischer Strahlengang eines Pulverdiffraktometers mit gebogenem Primär-Monochromator. Der Abstand PS_1 beträgt geräteabhängig 17-20 cm und geht in die Berechnung des Präparathöhenfehlers ein (nach Kern, 1992).

Die Messgenauigkeit entspricht der der Guinierkamera. Die Auflösung ist geringfügig schlechter. Vor allem schwache Linien in direkter Nachbarschaft von starken Linien werden weniger gut erkannt. Durch Verkleinerung der Divergenz des Primärstrahls (Primärstrahlblende) lässt sich die Auflösung verbessern, allerdings auf Kosten der Intensität (bzw. Erhöhung der Messzeit). Als Kompromiss zwischen guter Auflösung und kurzer Messzeit werden Divergenzblenden mit 0.3 - 1° benutzt. Die systematischen Fehler erhöhen sich bei größeren Divergenzblenden, so dass geringfügige Linienverschiebungen auftreten (s. Abb. C(10)). Der Abstand R der Probe von der Röhre und von der Detektoreintrittsblende beträgt bei den meisten Geräten zwischen 17 und 20 cm. Kürzere Abstände ergeben höhere Intensitäten, aber eine schlechtere Auflösung.

Zur Erniedrigung der seitlichen (axialen) Divergenz werden Stapel dünner Bleche, die ungefähr 10 Blechdicken voneinander entfernt sind, in den Strahlengang gebracht (*Soller-Blenden*). Das Verhältnis von Blechlänge zu -abstand schränkt die seitliche Divergenz auf ca. ±2.5° ein. Ein Intensitätsverlust von ca. 20% (bei 2 Soller-Blenden ca. 50%) wird durch einen Gewinn an Linienschärfe kompensiert. Vor allem die breiten Reflexflanken zur niedrigen Winkelseite werden dadurch reduziert. Diese Asymmetrie ergibt sich aus der Überlagerung seitlich verschobener Debye-Scherrer-Kreise.

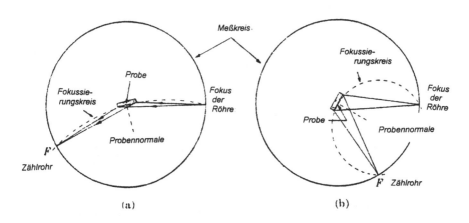

Abb. D(16): Änderung der Größe des Fokussierungskreises mit 2θ. Meist wird die Probe nur tangential an diesen Kreis angelegt, statt idealerweise mit variabler Krümmung.

Eine gewisse Sorgfalt erfordert die anfängliche Justierung des Diffraktometers und deren Überprüfung ein- bis zweimal jährlich. Ein und dasselbe Testpräparat

100

(z. B. ein Platte aus feinkörnigem Quarzit) sollte zur Überprüfung etwa einmal monatlich unter exakt gleichen Bedingungen (Blenden, Spannung, Röhrenstrom etc.) gemessen und die Diagramme aufgehoben werden. Ein Vergleich zeigt eventuelle Änderungen in Peakhöhe, Peaklage und Halbhöhenbreite oder eine Erhöhung des Untergrunds. Eine bloße Änderung der Peakhöhen braucht noch keine Dejustierung zu bedeuten, sondern zeigt nur ein Nachlassen der Röhrenleistung an, weil sich z. B. ein Wolframbelag auf dem Röhrenfenster abgesetzt hat. Bei zu starkem Intensitätsabfall sollte die Röhre gewechselt werden, selbst wenn sie sonst noch voll funktionsfähig ist.

Die verschiedenen Geräte-Parameter wirken sich auf die Qualität der Diffraktogramme unterschiedlich aus. Es sind dies insbesondere:

Größe des Brennflecks der Röntgenröhre. Die maximale Leistung der Röntgenröhre hängt von der Güte der Wärmeableitung in der Anode ab. Typische Wärmebelastbarkeiten liegen bei 350 Watt/mm^2. Daraus folgt, dass Feinfokusröhren nicht so hoch belastet werden können wie Normalfokusröhren. Der Röhrenstrom wird durch die Temperatur der Glühwendel gesteuert. Um deren Lebensdauer zu erhöhen, sollte sie nicht übermäßig heiß werden, auch nicht, um die Abscheidung von Wolframpartikeln niedrig zu halten.

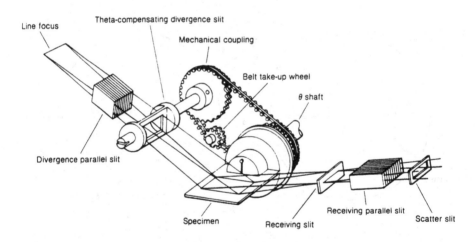

Abb. D(17): Mechanische Kopplung eines variablen Divergenzschlitzes mit der θ-Drehung der Probe (parallel slits = Sollerblenden, Norelco Rep. **30**, 1983).

Die mögliche *Hochspannung* hängt von der Güte der Isolierung und der Leitfähigkeit der Glasoberfläche der Röhre ab. Bei abgeschaltetem Gerät bildet sich durch Absorption auf dem Glas je nach Luftfeuchtigkeit eine dünne Wasserhaut.

Beim Einschalten sollte die Röhre deshalb mit niedriger Leistung ca. 5 Minuten vorgeheizt werden, damit diese Wasserhaut verdampfen kann. Besonders ungünstig wirkt sich zu kaltes Kühlwasser aus, vor allem, wenn der Taupunkt unterschritten wird. Am sichersten ist man vor ungewollten Überschlägen entlang des Glaskörpers der Röhre , wenn die Kühlwassertemperatur etwas (ca. 1°) über der Raumtemperatur liegt.

Einfluss des Abnahmewinkels. Die virtuelle Größe des Brennflecks hängt vom Abnahmewinkel ab, d. h. dem Winkel zwischen Anodenoberfläche und dem durch das Röhrenfenster austretenden Strahl. Meistens liegt dieser bei 6° und die Verkürzung beträgt ~ 1/10. Bei kleineren Winkeln nimmt die Intensität der abgestrahlten Energie stark ab. Bei höheren Spannungen entstehen die Röntgenstrahlen auch in tieferliegenden Atomen und ihr Weg durch das Anodenmaterial wird länger und damit die Absorption größer. Das gilt besonders für kleine Abnahmewinkel. Der Brennfleck wird mit der Zeit leicht erodiert und rau, was sich vor allem bei kleinen Abnahmewinkeln intensitätsmindernd auswirkt.

Einfluss der Detektorblende. Die erreichbare Linienbreite am Ort der Detektorblende liegt bei ungefähr 0.2 - 0.3 mm. Je schmaler die Linienbreite in der Abbildung ist, desto besser ist das Auflösungsvermögen des Diffraktometers. Die Öffnung der Detektorblende sollte die Linienbreite nicht wesentlich überschreiten, weil sonst die Auflösung stark abnimmt, ohne dass die Intensität noch wesentlich gesteigert werden kann. Bei zu engen Detektorblenden nimmt die Intensität ungefähr proportional mit der Schlitzbreite ab, ohne aber die Auflösung merklich zu verbessern. Daher sollte die Detektorblende optimal an die dort abgebildete Linienbreite angepasst sein.

Einfluss der axialen Divergenz. Die Fokussierung nach Seemann-Bohlin ist nur eindimensional (in lateraler Richtung). Parallel zur Goniometerachse wirkt die Divergenz der von dem 10-12 mm langen Strichfokus ausgehenden Strahlung. Zur Einschränkung dieser Divergenz auf ca. 2.5° werden Sollerblenden in den Strahlengang eingebracht (s.o.). Auch ein Sekundärmonochromator (nach der Detektorblende) reduziert die Divergenz. Dann wird auf der Sekundärseite meistens keine Sollerblende verwendet. Die abgebildete Linie kann man sich als das Ergebnis vieler, gegeneinander verschobener Debye-Scherrer-Kreise vorstellen. Deren Einhüllende ergibt zu hohen 2θ-Werten eine scharfe Linienbegrenzung, aber zu niedrigen 2θ nimmt die Intensität nur allmählich ab. Vor allem bei kleinen Beugungswinkeln führt das zu asymmetrischen Reflexen. Ohne Sollerblenden nimmt zwar die Intensität zu, aber die Asymmetrie wird noch stärker. Umgekehrt können sehr lange Sollerblenden mit 1° Begrenzung der axialen Divergenz die Asymmetrie stark reduzieren.

Einfluss der Divergenzblende. Die laterale Divergenz des Primärstrahls wird durch die Divergenzblende(n) begrenzt. Von dieser hängt die Größe der bestrahlten Probenoberfläche ab. Angestrebt wird, soviel Probe wie möglich zu bestrahlen, ohne aber den Probenträger selbst zu erfassen. Beim Bragg-Brentano-Verfahren ist diese Forderung nicht leicht zu erfüllen, da der Probenträger während der Messung ebenfalls gedreht wird. In letzter Zeit werden daher variable Divergenzblenden angeboten, die trotz unterschiedlicher Glanzwinkel θ immer die gleiche Probenfläche bestrahlen ($\sim$ 13 mm lang), dafür ändert sich aber das bestrahlte Volumen, das bei fester Blende und dicken Proben immer gleich ist. Die Eindringtiefe in die Probe hängt ebenfalls von θ ab, so dass bei *variabler Divergenzblende* und dicken Proben (dicker als die effektive Eindringtiefe) mit steigenden 2θ das bestrahlte Volumen und damit die Intensität der abgebeugten Strahlung zunimmt. Das führt zu einer Anhebung der Intensitäten bei höheren 2θ ungefähr proportional zu $\sin\theta$. Andererseits nehmen bei kleinen 2θ nicht nur die Intensitäten, sondern auch der Untergrund ab. Bei *festen Divergenzblenden* sollte ein bestimmter 2θ-Wert nicht unterschritten werden: z. B. bei 2 cm langen Proben wird bei 0.5° Divergenzblende der Probenträger unterhalb 2θ = 10° (bei einem Goniometerradius von ca. 20 cm) getroffen. Bei kleineren Messwinkeln können also Reflexe oder erhöhter Untergrund vom Probenträger beobachtet werden. Eine gewisse Abhilfe, vor allem bei sehr kleinen Probenmengen, schaffen die aus einem Einkristall geschnittenen, "untergrundsfreien" Probenträger (Si oder Quarz).

D.3.1.1 Kontinuierliche Messung

Die älteren Pulverdiffraktometer nach Bragg-Brentano werden mit einem Synchronmotor angetrieben, der eine hochstabilisierte Umdrehungsgeschwindigkeit hat. Durch einen Satz von Zahnrädern können verschiedene, feste Geschwindigkeiten im $\theta/2\theta$-Antrieb eingestellt werden. Ein üblicher Vortrieb in 2θ ist 1°/min. Daneben werden auch 0.5 und 2°/min benutzt.

Die aus dem Detektor (Proportional- oder Szintillationszähler) kommenden Impulse durchlaufen Verstärker und Diskriminator (Impulshöhenbegrenzer). Letzterer gibt genormte Impulse von ca. 1/2 µsec Dauer und 3-10 Volt Stärke ab. Diese Impulse gelangen in ein *Ratemeter* (Kondensator mit Leck über einen einstellbaren Widerstand), und erhöhen dort die Ladung des Kondensators. Ohne die Zufuhr weiterer Impulse nimmt dessen Ladung wegen des eingebauten Widerstands mit der Zeit ab. Die Zeit, in der die Spannung am Kondensator auf die Hälfte absinkt, wird Halbwertszeit genannt und liegt in der Größenordnung von einer Sekunde. Bei einer bestimmten Impulsdichte (Impulse pro Sekunde = counts per second = cps) stellt sich ein Gleichgewicht zwischen Ladungserhöhung und Ladungsabfluss ein. Diese Gleichgewichtsspannung, die ein direktes Maß für die

Impulsdichte ist, wird auf einem Voltmeter angezeigt, das auf cps geeicht ist. Außerdem wird mit dieser Spannung der Ausschlag eines Schreibers gesteuert. Der Papiervorschub des Schreibers beträgt häufig 1 cm/min.

Mit der Größe des Widerstands lässt sich die Halbwertszeit (die "Zeitkonstante") steuern. Wählt man eine zu kleine Halbwertszeit, so erhält man eine stark verrauschte Kurve. Im Extremfall wird jeder Impuls einzeln als Ausschlag angezeigt, weil die Anfangsspannung schnell wieder auf 0 abfällt. Zu große Halbwertszeiten glätten zwar den Untergrund, bewirken aber eine Verbreiterung und Verschiebung der Reflexe im aufgezeichneten Diagramm. Die Verschiebung lässt sich kompensieren, wenn man das Diagramm zweimal misst: einmal mit steigendem und einmal mit fallendem 2θ. Für die Mittelwerte der jeweiligen Peaklagen heben sich dann die von der zu großen Halbwertszeit bedingten Verschiebungen auf. Oder man korrigiert diese Verschiebung mit einem inneren Standard.

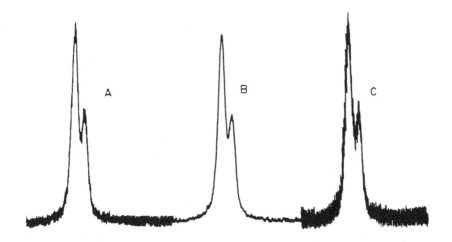

Abb. D(18): Zur Wahl der Zeitkonstanten eines Ratemeters. A: richtig, B: zu stark gedämpft (d. h. Zeitkonstante zu groß), C: etwas zu wenig gedämpft (nach Krischner, 1990).

Bei 1°/min Winkelgeschwindigkeit in 2θ und 1 cm/min Papiervorschub erhält man auf dem aufgezeichneten Diagramm einen Maßstab von 1°/cm. Das ergibt über 1 m lange, unhandliche Diagramme, auf denen die Peaklagen manuell ausgemessen werden müssen. Als Peaklage nimmt man dabei die Abszisse des Maximums. Eine andere Möglichkeit wäre die Mitte der Halbhöhenbreite (Median), die bei unsymmetrischen Peaks nicht genau mit der Lage des Maximums (= Nullstelle der 1. Ableitung) übereinstimmt. Die in der PDF-Datenbank registrierten d-Werte wurden in der Regel aus der Lage der Maxima berechnet und für Vergleiche sollten daher die Lagen der Peakmaxima benutzt werden.

Die Genauigkeit der visuellen Ablesung ist häufig nicht viel besser als 0.5 mm und damit können die Peaklagen nur mit einer Genauigkeit von 0.05° in 2θ bestimmt werden. Zur Fixierung der vollen und halben Grade läuft eine zweite Schreibfeder mit, die alle 0.5° die Lage wechselt. Die cm-Einteilung des Registrierpapiers sollte beim Start des Schreibers möglichst mit dieser Winkelmarkierung zur Deckung gebracht und der Wert des Anfangswinkels vermerkt werden. Trotzdem kommt es bei der manuellen Auswertung immer wieder vor, dass man sich bei der Bestimmung der Peaklagen um ganzzahlige Winkelbeträge verzählt.

Die *Peakhöhe* wird in cm über dem visuell geschätzten Untergrundsverlauf gemessen. Die Halbhöhenbreiten werden im allgemeinen gar nicht erfasst und ausgewertet. Die sorgfältige, manuelle Auswertung eines analog aufgezeichneten Diagramms mit anschließender Umrechnung der 2θ- in d-Werte dauert 1/2 bis 1 Stunde. Für die Umrechnung in d-Werte werden im vorderen Bereich ohne sichtbare $K\alpha_1/K\alpha_2$-Aufspaltung die gemittelten Wellenlängen benutzt, im oberen Bereich mit sichtbaren Aufspaltungen $\lambda(K\alpha_1)$ bzw. $\lambda(K\alpha_2)$. Statt der früher üblichen Umrechnungstabellen eignen sich (programmierbare) Taschenrechner gut für die Berechnung der d-Werte. Das Ergebnis der Auswertung ist eine d-I-Liste (d-Werte und relative Intensitäten, wobei die größte Peakhöhe über dem Untergrund = 100 gesetzt wird).

D.3.1.2 Schrittweise Messung (step scan)

Da Computer digital arbeiten, stellt für eine automatisierte Messung ein Ratemeter (Impulsratenschreiber) einen Umweg dar, bei dem der analoge Ausgang des Ratemeters mit einem AD-Wandler erst wieder digitalisiert werden muss. Dabei liegen am Diskriminatorausgang schon digitale Signale vor, meist schon in Form normierter und daher leicht verarbeitbarer TTL-Signale (= Transistor-Transistor-Logik mit 3-5 Volt starken Impulsen). Das Zählen der Diskriminatorimpulse ist daher direkter und genauer. Die Zählung sollte allerdings bei stehendem Diffraktometer für eine bestimmte Zeit, z. B. 1 Sekunde, erfolgen. Nach der Zählung wird der Zähler ausgelesen und das Diffraktometer um einen kleinen Betrag weiter bewegt. Günstige *Schrittweiten* sind 0.02 oder 0.01° in 2θ.

Für diese Messweise sind Synchronmotoren ungeeignet und müssen durch *Schrittmotoren* ersetzt werden. Schrittmotoren arbeiten sehr zuverlässig und sind einschließlich elektronischer Steuerung z.Z. schon für unter 500 € zu haben. Sie lassen sich auch relativ einfach in ältere Diffraktometer statt des Synchronmotors einbauen (sogar parallel zum Synchronmotor, so dass das Diffraktometer analog oder digital betrieben werden kann). Beim Einbau sollte zwischen Schrittmotor und Diffraktometergetriebe ein Dämpfungsglied (Zahnriemen oder Gummikupplung) vorgesehen werden, um eine zu große Beanspruchung des Getriebes durch den ruckweise laufenden Schrittmotor und die damit verbundene Geräuschentwicklung zu vermeiden. Die verwendeten Motoren haben meist 200 definierte Stellungen (Schritte) pro Umdrehung (bzw. 400 Halbschritte). Bei Untersetzungen von 2:1 oder 4:1 bedeutet das noch 4-8 Schritte pro $1/100°$. Entsprechend fein ist die erreichbare und reproduzierbare Genauigkeit des Einstellwinkels.

Die Ansteuerung des Schrittmotors ist einfach über die serielle Schnittstelle eines PCs zu erreichen. Im allgemeinen genügt es, die Anzahl der gewünschten Schritte und die maximale Geschwindigkeit (= Motorschritte pro Sekunde) an die Steuerelektronik des Schrittmotors zu übergeben. Diese sorgt selbst für ein langsames Anfahren zu Beginn und ein rechtzeitiges Abbremsen am Ende eines Motorlaufs. Während des Motorlaufs sollte keine Impulszählung erfolgen, da bei ungenügender Abschirmung die Motorimpulse vom Zähler registriert werden könnten. Beim schnellen Winkelsuchlauf können ohne weiteres 5°/sec erreicht werden.

Pro Messpunkt (meistens in 0.02 oder 0.01° Abstand in 2θ) wird für eine gewisse Zeit (meistens eine oder wenige Sekunden) die Anzahl der vom Diskriminator erfassten Röntgenquanten gezählt. Dazu eignen sich einfache und preiswerte Zählerplatinen (z. B. mit 74393 TTL-Binärzählern oder dem Timerbaustein 8253/8254), die in den PC-Bus eingesetzt und mit dem Diskriminatorausgang verbunden werden. Das Ergebnis einer Messung ist dann ein Satz von einigen tausend einzelnen Zählraten; z. B. bei einer Messung von 10-90° bei 0.02° Schrittweite sind das 4001 Einzelwerte. Dieser Datensatz ist die Rohdatei (raw data file), in dem am Anfang neben einer Kommentarzeile noch der Messbereich und die Schrittweite festgehalten werden. Auf die Aufzeichnung der einzelnen Einstellwinkel kann verzichtet werden.

Neue Diffraktometer sind heute schon fabrikmäßig für den Digitalbetrieb eingerichtet, der durch mehr oder weniger ausgereifte Programme bedienerfreundlich gestaltet ist. Die Auswertung ist nicht nur schneller (einige Sekunden), sondern vor allem genauer mit einer besseren Reproduzierbarkeit (Peaklagen auf 0.005° genau und besser statt 0.05° und schlechter bei manueller Auswertung der Analogschriebe). Bei Vorhandensein eines Probenwechslers lassen sich sogar über Nacht 10 und mehr Proben völlig automatisch messen und auswerten.

Auch ältere Diffraktometer mit Szintillations- oder Proportionalzähler, deren Mechanik häufig noch sehr gut erhalten ist, können für 2000 - 3000 € von Analog- auf Digitalbetrieb umgerüstet werden. Die Messzeiten bleiben ungefähr gleich, aber die Auswertung wird wie bei den neuen digitalen Geräten verbessert und beschleunigt. Für ortsempfindliche Detektoren ist die Elektronik und der Programmieraufwand bedeutend umfangreicher, und so eignen sich diese weniger gut für den Umbau eines alten Diffraktometers. Die einzelnen Schritte der digitalen Auswertung einer Rohdatei werden ausführlich in Kapitel E besprochen.

D.3.2 Das Guinier-Diffraktometer

Auch das Prinzip der Guinier-Kamera kann mit elektronischen Detektoren verwirklicht werden. So bietet die Fa. Huber, München, ein Guinierdiffraktometer an, bei dem die Mechanik der Detektorführung so gestaltet ist, dass sich die Detektorblende auf dem Fokussierungskreis bewegt; d. h. der Abstand Probe-Detektor ist nicht konstant wie bei der Bragg-Brentano-Methode, sondern ändert sich mit 2θ. Dieses Diffraktometer erfordert natürlich einen fokussierenden, hochauflösenden Monochromator (s. Abb. D(10)). Damit kann auch der $K\alpha_2$-Anteil völlig ausgeschaltet werden. Die Auflösung dieses Diffraktometers ist etwas besser als die eines Gerätes nach Bragg-Brentano. Die Genauigkeit der Peaklagenbestimmung ist bei beiden Gerätetypen in etwa gleich gut. Beim Guinierdiffraktometer wird in Transmission gearbeitet, d. h. der Textureffekt äußert sich anders (Abb. D(19)).

D.3.3 Andere fokussierende Verfahren

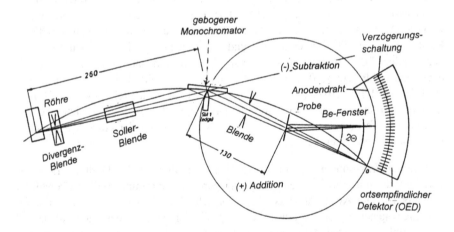

Abb. D(19): Strahlengang des Pulverdiffraktometers STADI P der Firma Stoe, Darmstadt. Ein gebogener Germanium(111)-Monochromator trennt $K\alpha_1$ und $K\alpha_2$. Die ebene, dünne Probe (zwischen zwei Folien) oder eine Kapillare befindet sich in der Mitte des Messkreises in Transmissionsstellung. Der Fokussierungskreis (nicht eingezeichnet) hat nur den halben Radius (≈ 65 mm) des Messkreises. Der Anodendraht des ortsempfindlichen Detektors (OED) ist möglichst gut dem Messkreis angepasst. Von den 60° des OED werden nur die mittleren 40° ausgewertet, um Randfehler zu vermeiden (Foster & Wölfel, 1988).

Messungen im konvergenten Strahl eines fokussierenden Monochromators haben den Vorteil, dass sie auch ohne Detektorblende scharfe Linien ergeben, solange sich der Detektor auf dem Fokussierungskreis oder nicht zu weit davon entfernt befindet. Damit eignen sich solche Geräte für den uneingeschränkten Einsatz ortsempfindlicher Detektoren. Über einen großen Winkelbereich (für 60° bzw. 120° werden OEDs kommerziell angeboten) können dann gleichzeitig Messungen erfolgen, ohne den Detektor bewegen zu müssen. Die nicht zu stark ausgedehnte Probe (z. B. in einer Kapillare wie bei der Debye-Scherrer-Kamera) wird dabei im Zentrum des gebogenen OEDs platziert. Die Fokussierungsbedingung ist nur an 2 Punkten (einer davon bei $2\theta = 0°$) exakt erfüllt, aber die Linienverbreiterung bleibt auch im übrigen Winkelbereich mit ca. 30% erträglich.

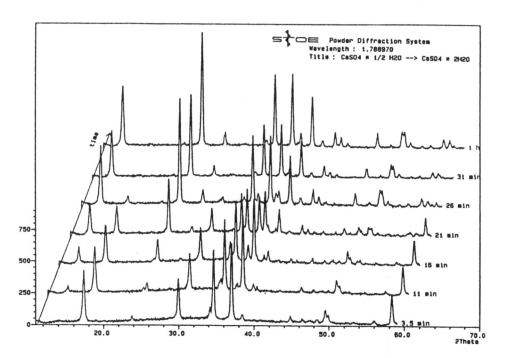

Abb. D(20): Beispiel für die Anwendung eines Diffraktometers mit OED (Dauer einer Einzelaufnahme ca. 2 min). Gezeigt ist die Wasseraufnahme von $CaSO_4 \cdot 0.5H_2O$ und die Umwandlung in Gips. Nach 31 Minuten sind die Reflexe des Halbhydrats verschwunden (Fa. Stoe, Darmstadt).

108

Mit solchen Geräten lassen sich in wenigen Sekunden komplette Diagramme aufnehmen. Daher eignen sich diese Diffraktometer besonders für Untersuchungen von chemischen Reaktionen (z. B. das Abbinden von Calciumsulfat-Halbhydrat zu Gips) und von Phasenumwandlungen. Weiterhin kann ohne große Umrüstung dasselbe Präparat in Transmission und in Reflexion gemessen werden.

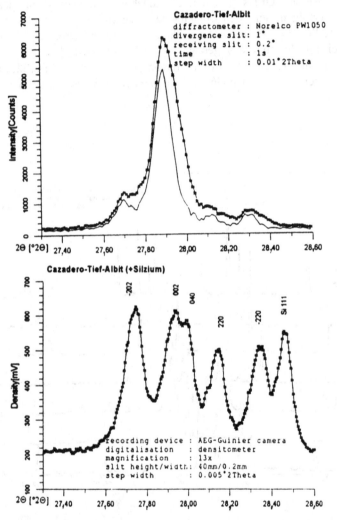

Abb. D(21): Vergleich von Reflexions- und Transmissionsmessung derselben Substanz (Cazadero-Tief-Albit). Oben: Norelco PW1050 mit $K\alpha_1+K\alpha_2$ (innere Kurve nach rechnerischer $K\alpha_2$-Elimination), unten: photometrieter Guinier-Film (Probe mit Si-Standard, nach Dinnebier, 1993).

Bei Texturproblemen lassen sich beide Aufnahmetechniken (Reflexion und Transmission) mit Erfolg nebeneinander einsetzen: Reflexe, die bei der Bragg-Brentano-Methode stark angehoben werden (z. B. die 00ℓ-Reflexe von Glimmern), werden bei der Guinier-Technik geschwächt und umgekehrt.

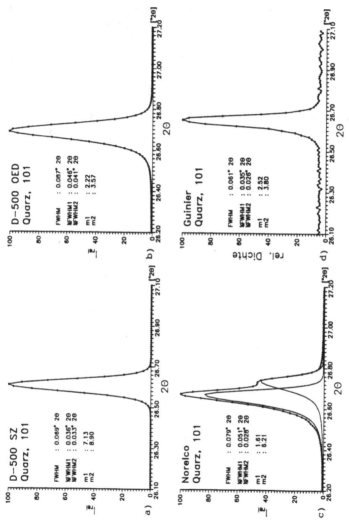

Abb. D(22): Vergleich des Quarz(101)-Reflexes aufgenommen mit 3 verschiedenen Diffraktometern. Oben: Siemens D-500 mit Primärmonochromator (nur $K\alpha_1$) und Szintillationszähler SZ bzw. OED. Unten links: Norelco (Philips)-Gerät mit Kß-Filter. Unten rechts: Guinier-Film (nach Kern, 1992).

D.4 Messungen unter Druck, bei hohen und tiefen Temperaturen

Da Phasenumwandlungen von Festkörpern bei bestimmten Temperaturen und/oder Drücken auftreten, genügt ein OED allein nicht zu deren Registrierung, sondern die Probe muss während der Messung auch erhitzt, abgekühlt oder gedrückt werden können. Um einen zu starken Temperaturgradienten in der Probe zu vermeiden, geschieht die Erhitzung oder Abkühlung in einem abgeschlossenen Raum. Der Durchgang der Röntgenstrahlen wird durch entsprechend durchlässige Fenster gewährleistet (dünne Kunststofffolien oder Berylliumbleche).

Tab. D(1): Einige Umwandlungs- und Schmelzpunkte zur Temperatureichung (nach Klug & Alexander,1974, Eysel & Breuer, 1984, Cammenga et al., 1992. pt = Phasenumwandlung, mp = Schmelzpunkt, trip = Tripelpunkt, incgr = inkongruenter Schmelzpunkt).

Substanz	Temp.(°C)	Substanz	Temp.(°C)
H_2O (trip)	0.01	CuCl (mp)	430
Diphenylmethan (mp)	27	Quarz (pt)	573.0
Ga (mp)	29.76	Li_2SO_4 (pt)	577.85
$Na_2SO_4 \cdot 10H_2O$ (incgr)	32.38	Sb (mp)	630.5
NH_4NO_3 (pt)	85.4	Al (mp)	660.32
Benzoesäure (mp)	122.0±0.5	KCl (mp)	776
NH_4NO_3 (pt)	126.2	NaCl (mp)	804±3.0
KNO_3 (pt)	128.7	Bi_2O_3 (mp)	820
In (mp)	156.60	Ag (mp)	961.78
$RbNO_3$ (pt)	166.0	NaF (mp)	988
Anthrazen (mp)	216.3±0.1	Au (mp)	1064.18
$RbNO_3$ (pt)	222.7	K_2SO_4 (mp)	1069
Sn (mp)	231.93	Cu (mp)	1083.0±0.1
Bi (mp)	271.4	CaF_2 (mp)	1360
$KClO_4$ (pt)	299.4	Fe (mp)	1535
Cd (mp)	321.0	Pt (mp)	1773.5
Pb (mp)	327.46		
KNO_3 (mp)	334.0		
Zn (mp)	419.53		
Ag_2SO_4 (pt)	426.4		

Die geschlossenen Temperaturkammern gestatten es auch, die Atmosphäre im Probenraum zu kontrollieren oder diesen zu evakuieren. Dadurch kann z. B. beim Aufheizen eine mögliche Oxidation der Probe verhindert werden, indem der Probenraum mit reinem Stickstoff oder Helium gefüllt wird. Andererseits kann im

Vakuum bei einigen Verbindungen die Absenkung des Sauerstoffpartialdrucks schon zu einer teilweisen Reduktion führen. So entsteht z. B. aus Wolframaten mit W^{6+} durch bloßes Evakuieren schon teilweise W^{5+}, und eine vorher weiße Probe färbt sich blau.

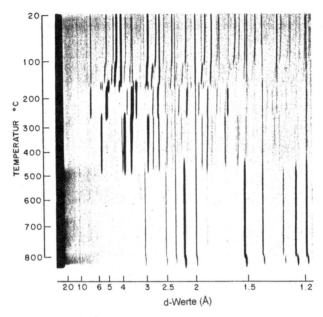

Abb. D(23): Aufnahme von Mg-Perchlorat in einer Hochtemperatur-Guinier-Lenne-Kamera. Sechs verschiedene Phasen sind zu erkennen, wobei die 3. Phase bei 170°C nur in einem engen Temperaturintervall auftritt und ohne eine solche Aufnahme leicht übersehen werden kann (nach Klug & Alexander, 1974).

Zum *Erhitzen* eignen sich z. B. Tantalbänder, in die eventuell eine Vertiefung als Probenhalter eingedrückt wurde. Durch Widerstandsheizung kann das Ta-Band und damit die Probe auf mehrere hundert °C erhitzt werden. Eine Hochtemperaturzelle für eine Kamera oder ein Diffraktometer lässt sich nur für einen bestimmten Temperaturbereich optimal gestalten. Je höher die erreichbare Temperatur, desto umständlicher ist auch die Probenbehandlung (Herstellung und Einbau). Kommerziell werden Kameras angeboten, mit denen Temperaturen bis über 2000°C erreicht werden können. Elegant ist eine berührungslose Erwärmung durch Strahlung. Eine solche Möglichkeit bieten Ellipsoidspiegel, die schon preiswert zusammen mit einer Halogenlampe erhältlich sind. Dazu setzt man in einen Brennpunkt des Spiegels die Probe und in den anderen eine Halogenlampe (Schneider, 1993).

Es genügt nicht, nur die Temperatur des Heizelementes zu messen und zu regulieren, denn die Probe ist meistens etwas kälter als der erhitzte Probenträger. Das Thermoelement muss in der Probe so nah wie möglich an dem bestrahlten Bereich liegen, ohne aber selbst zu Röntgenreflexen Anlass zu geben. Die Temperaturmessung lässt sich durch die Verwendung von Eichsubstanzen verbessern, von denen die genauen Umwandlungs- oder Schmelztemperaturen bekannt sind. Einige solcher Festpunkte sind in Tab. D(1) aufgelistet .

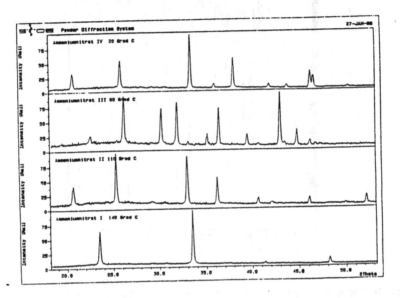

Abb.D(24): Vier verschiedene Phasen von NH_4NO_3 (bei 20, 60, 110, 140°C) (Fa. Stoe, Darmstadt). Die Phasenumwandlung bei 32°C lässt frisch hergestelltes NH_4NO_3 beim Abkühlen zusammenbacken. Beim Sprengen einer solchen Kruste ereignete sich 1921 in Oppau ein verheerende Explosion.

Eine interessante Lösung ist die Guinier-Lenné-Hochtemperaturkamera, in der synchron mit der Erwärmung bis 1200°C (oder mit der Abkühlung) der Film senkrecht an einem schmalen Schlitz, der einen bestimmten 2θ-Bereich freigibt, vorbei bewegt wird (auch andere Firmen bieten solche Heizkameras an, z. B. Huber, München). Die zweite, sonst nicht genutzte Dimension des Films wird also zur Temperaturaufzeichnung benutzt, so dass eine Vielzahl von Pulverdiagrammen kontinuierlich auf dem Film festgehalten werden, und Phasenumwandlungen durch das Verschwinden einiger oder aller Linien und das Auftreten neuer Linien direkt erkennbar sind. Zwischen den Umwandlungspunkten ändert sich nur die Abmessung der Elementarzelle, d. h. die durchgehenden Linien weichen von der Senkrechten ab und verschieben sich mit steigender Temperatur zu kleineren 2θ.

Der Vorteil des Films, einen kompletten 2θ-Bereich gleichzeitig aufzuzeichnen, kann mit OEDs ebenfalls und dazu in kürzerer Zeit erreicht werden. Wenn man die bei verschiedenen Temperaturen erhaltenen Pulverdiagramme hintereinander aufträgt, erhält man eine dreidimensionale Darstellung, die sich ähnlich gut wie die Guinier-Lenné-Filme interpretieren lässt (beim Film ist die 3. Dimension die Filmschwärzung).

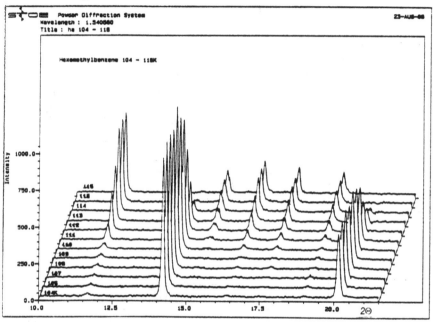

Abb. D(25): Phasenumwandlung von Hexamethylbenzol bei 104-116 K (Fa. Stoe, Darmstadt)

Für *Tieftemperaturmessungen* wird häufig eine Kühlung mit flüssigem oder verdampfendem Stickstoff verwendet. Das Hauptproblem ist, eine mögliche Eisbildung im Strahlengang zu vermeiden. Am einfachsten sind senkrecht stehende Kapillaren zu kühlen, die von oben von einem kalten, laminaren Gasstrom umspült werden. Verdampfender Stickstoff von 77.4 K (-196°C) kann in der Zuführungsleitung durch Heizwendel auch auf jede Zwischentemperatur bis Raumtemperatur gebracht werden. Zur Vermeidung von Vereisung wird der abgekühlte Gasstrom häufig von einem zweiten Gasstrom aus erwärmtem, trockenem Stickstoff konzentrisch umgeben. Das Thermoelement wird im Zentrum des kalten Gasstroms unmittelbar über der Probenkapillare angebracht. Es werden auch Peltierelemente zur Kühlung angeboten, bei denen die Versorgung mit flüssigem Stickstoff wegfällt. Das Problem dabei ist die Kälteübertragung auf die Probe, die meist über Strahlung erfolgt. Dafür kann die Probe von einem Zylinder aus dünnem Berylliumblech umgeben sein, das wärmeleitend mit dem Peltierelement verbunden ist.

Tab. D(2): Einige Eichpunkte für Tieftemperaturmessungen (nach Klug & Alexander, 1974 und Cammenga et al, 1992. Sp = Siedepunkt, Trip = Tripelpunkt, Umw = fest ⇒ fest)

Substanz	Schmelzpunkt(°C)	Substanz	Schmelzpunkt(°C)
Benzol	5.5	Ethylchlorid	-136.4
Wasser	0.1 (Trip)	Cyclopentan	-150.77 (Umw)
Quecksilber	-38.87	Ethylen	-169.15
Chloroform	-63.5	Sauerstoff	-182.96 (Sp)
Ethylacetat	-83.58	Stickstoff	-195.8 (Sp)
Cyclopentan	-93.43 (Sp)	Sauerstoff	-218.79 (Trip)
Methylchlorid	-97.73	Neon	-246.05 (Trip)
Butylchlorid	-123.1	Helium	-268.9 (Sp)
Cyclopentan	-135.09 (Umw)		

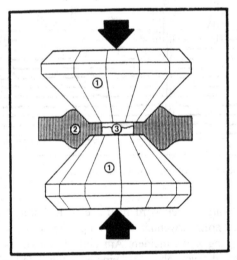

Abb. D(26): Prinzip einer Diamantstempelzelle für Untersuchungen bei hohen Drücken. 1: Diamantstempel, 2: Metalldichtungsring (gasket), 3: Probenraum (∅≤ 1 mm, nachTurk, 1989).

Bedeutend aufwendiger sind Kühlungen mit flüssigem Helium (4.2 K). Solche Kryostaten werden in zwei Stufen gekühlt: außen flüssiger Stickstoff und innen flüssiges Helium. Für nicht ganz so tiefe Temperaturen haben sich auch geschlossene Gaskreisläufe nach dem Joule-Thomson-Effekt bewährt. Dabei wird komprimiertes Gas durch eine Düse in der Nähe der Probe unter Abkühlung entspannt. Außen wird dieses Gas wieder komprimiert und die dabei entstehende Wärme mit

Kühlwasser abgeführt. Abkühlung tritt nur auf, wenn am Ort der Entspannung eine bestimmte Temperatur (der Inversionspunkt) unterschritten ist (z. B. 35 K bei He oder 866 K bei N_2).

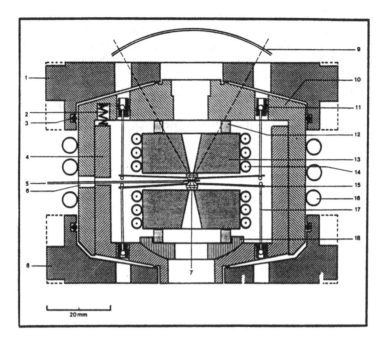

Abb. D(27): Heizbare Hochdruckzelle. Ein Schlitz im oberen Druckstempel erlaubt die Aufnahme des gestrichelt eingezeichneten Winkelbereichs (nach Turk, 1989). 7) Diamantstempel, 9) Film, 11) Spannschraube, 14) Heizwicklung, 16) Kühlschlange

Für *Hochdruckmessungen* haben sich am besten Diamantstempelzellen bewährt, bei denen zwei plangeschliffene Diamanten von < 1 mm² Fläche z. B. durch Tellerfedern gegeneinander gedrückt werden. Diamanten sind erstens sehr druckbeständig und zweitens durchlässig für sichtbares und Röntgen-Licht. Wird das Probenpulver ohne äußere Halterung zwischen die Diamanten eingebracht, so tritt ein großer Druckgradient auf, der am Rand auf nahezu 0 abfällt. Deshalb verwendet man meist einen Metallring oder eine durchlochte Metallscheibe als äußere Begrenzung. Zum besseren Druckausgleich kann man den restlichen Probenraum mit einer Flüssigkeit füllen. Berylliumringe sind zwar spröde, halten aber doch Drücke bis mindestens 20 kbar (2 GPa) aus und können auch in der Probenebene durchstrahlt werden. Für höhere Drücke sind Nickellegierungen, z. B. Inconel, geeignet. Die Strahlenführung kann dann aber nur noch durch die Diamanten senkrecht zur Probenebene erfolgen. Bei Verwendung energiedispersiver Detektoren kann man sich auf einen 2θ-Wert beschränken. Dadurch lässt sich die Konstruktion der Druckzelle massiver gestalten und man erreicht höhere Drücke.

Die genaue *Druckeichung* ist schwierig. Häufig wird das optische Fluoreszenz-Spektrum eines mit in die Probe eingebrachten Rubinsplitters gemessen, dessen R-Linie sich mit dem Druck zu tieferen Energien verschiebt (ca. 1 kbar Genauigkeit bis 100 kbar). Es kann auch NaCl-Pulver als Eichsubstanz zugefügt werden, da man dessen Gitterkonstante über einen weiten Druckbereich kennt. Zur Aufheizung der Probe kann man einen um die Diamanthalterung gewickelten Widerstandsdraht benutzen. Eine andere Heizmöglichkeit bietet die Aufheizung mittels eines durch den Diamanten auf die Probe gerichteten Laserstrahls.

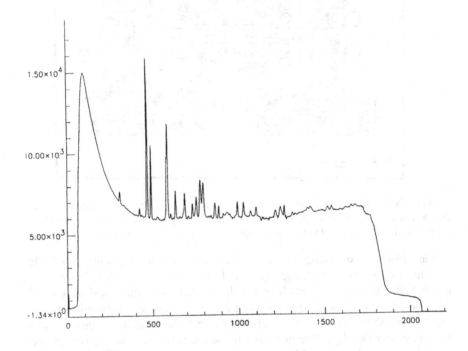

Abb. D(28): Hochaufgelöstes Diagramm einer noch nicht indizierten Hockdruckphase von KH_2PO_4 mit weniger als 10^{-4} mm^3 Probenraum. Die Kurve wurde durch Integration über die kompletten Debye-Scherrer-Ringe auf einer Bildspeicherplatte gewonnen. Die Kanalnummern sind proportional zu tan 2θ (bei 319: d = 5 Å, bei 1706: d = 1.1 Å, λ ca. 0.7 Å, nach D. Häusermann et al., 1993).

Das Pulverdiagramm in Abb. D(28) ist aus einer Kombination von drei modernen Verfahren entstanden: 1) Probenumgebung: Diamantdruckzelle wie in Abb.

D(24); 2) Strahlung: Synchrotron ESRF in Grenoble (Testphase); 3) Detektor: Bildspeicherplatte. Es zeigt eine noch unbekannte Hochdruckphase von KH_2PO_4, KDP. Bemerkenswert sind die hohe Auflösung und das gute Signal/Rausch-Verhältnis trotz des durch die Druckzelle bedingten, geringen aktiven Probenvolumens von $50\times50\times30$ μm^3. Das sind weniger als 10^{-4} mm^3 Volumen oder 1 μg Probe. Das Diagramm gibt die radiale Intensitätsverteilung wieder, d. h. es wurde über die gesamten Debye-Scherrer-Ringe integriert (unter Aussparung geringer Bereiche mit Fremdlinien der Druckzelle). Dadurch wird die geringe Körnerstatistik - die Ringe sind in statistisch verteilte Punkte aufgelöst - ausgemittelt. Diese Kombination erscheint als die Methode der Zukunft zur röntgenografischen Untersuchung niedrigsymmetrischer Phasen bei extrem hohen Drücken. Für hochsymmetrische Phasen ist die weniger aufwendige energiedispersive Beugung meist ausreichend.

D.5 Synchrotronstrahlung

Für Kollisionsexperimente in der Hochenergie-Physik werden Teilchen (Elektronen, Protonen, Positronen) sehr stark beschleunigt und aufeinander geschossen. Um die Beschleunigungsstrecke kurz zu halten, benutzt man dafür ein zu einem großen Kreis (mehrere 100 m) gebogenes, evakuiertes Rohr, in dem die Teilchen durch von außen angelegte elektrische und magnetische Felder in mehreren Umläufen beschleunigt und auf der Kreisbahn gehalten werden (Synchrotron). Die Energie, die für die laufende Ablenkung der Teilchen in die Kreisbahn verbraucht wird, geben die Teilchen wieder in Form von Strahlung ab. Diese Synchrotronstrahlung besteht aus energiereichen Photonen (bis 100 keV und höher) und wurde anfangs nur als lästige Nebenerscheinung registriert, da sie Ionen freisetzt sowie die Rohrwände aufheizt und ausgast und dadurch das notwendige Hochvakuum (10^{-9} Torr) verringert. Die Teilchen werden in nur ca. 10 cm langen Paketen zusammengehalten, die in etwa 0.5 nanosec ein bestimmtes Rohrstück passieren, während ein Umlauf ungefähr 0.5 μsec dauert. Die Strahlung ist also nicht kontinuierlich, sondern stark gepulst (Strahlung nur während ca. 0.1 % der Gesamtzeit).

Um diese Strahlung als Röntgenquelle nutzen zu können, wurde in den Beschleunigern der 2. Generation die Verweilzeit der Teilchen (meist Elektronen) von Bruchteilen einer Sekunde auf Stunden und Tage erhöht (Speicherringe). Die Energie der umlaufenden Teilchen beträgt darin bis zu 2.5 GeV. Durch Öffnungen in der Ringwand kann die Synchrotronstrahlung, die sehr eng auf die Kreisebene beschränkt ist, austreten. Über mehrere ca. 25 m lange Strahlrohre gelangt die Strahlung (immer noch im Hochvakuum) zu den Experimenten und hat dort wegen der engen vertikalen Divergenz von ca. 0.2 millirad nur eine Höhe von ca. 5 mm. Wegen Schwankungen in der Höhenlage der umlaufenden Partikel und damit auch der Strahlungsebene können davon nur ungefähr 2mm in der Höhe genutzt werden.

Ein solcher Synchrotron-Röntgenstrahl ist äußerst intensiv, weitgehend horizontal polarisiert und zeigt die schon erwähnte, geringe Divergenz. Das Wellenlängenspektrum ist über einen weiten Bereich sehr homogen, also ganz im Gegenteil zu der sehr scharfen, charakteristischen Strahlung der üblichen Glühkathodenröhren. Für monochromatische Experimente muss daher aus diesem Spektrum ein sehr enger Wellenlängenbereich herausgeschnitten werden, meist mit Doppeloder sogar mit Vierfachmonochromatoren (je 2 aus einem Einkristall geschnitten). Ein üblicher $\Delta\lambda/\lambda$-Bereich ist $3\cdot10^{-4}$. Ein breiterer Bereich ergibt höhere Intensitäten, die mit Proportional- oder Szintillationszählern wegen deren Totzeiten aber gar nicht genutzt werden können, vor allem, weil die Synchrotronstrahlung gepulst ist. Hier besteht also ein Bedarf für schnellere Zähler mit wesentlich kürzeren Totzeiten (siehe auch: Parrish, 1988; Maichle et al., 1988).

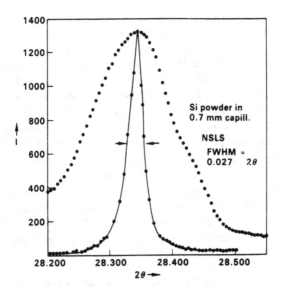

Abb. D(29): Aufnahme des Si(111)-Reflexes mit Synchrotronstrahlung (λ = 1.53519 Å, HB = 0.027°) im Vergleich mit einer konventionellen Aufnahme (HB = 0.16°) (nach Smith et al., 1987). (NLSL = National Synchrotron Light Source, Brookhaven).

Da eine Teilchenfüllung des Synchrotrons im Laufe der Zeit kontinuierlich abnimmt, muss für genaue Intensitätsmessungen die Intensität des Primärstrahls laufend registriert werden. Es ist geplant, statt der Elektronen Positronen zu benutzen, da diese mit den aus den Rohrwänden losgeschlagenen Metallkationen wegen der gleichen Ladung nicht so leicht wechselwirken, d. h. die Lebensdauer einer Füllung kann so erhöht werden. Die schwereren Protonen sind weniger gut geeignet, weil unter gleichen sonstigen Bedingungen die Wellenlängen der Synchrotronstrahlung proportional zur Masse der umlaufenden Teilchen sind.

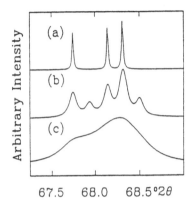

⇐**Abb. D(30):** Schematischer Vergleich der Auflösung des Quarz-Triplets bei $2\theta = 68°$ (für $\lambda = 1.54$ Å). a: Synchrotronstrahlung mit Halbhöhenbreite = 0.02°, b: normale Cu-Röntgenröhre mit $K\alpha_1$ und $K\alpha_2$, Halbhöhenbreite = 0.1°, c: schlechte Auflösung mit Halbhöhenbreite = 0.5° (etwa eine Debye-Scherrer-Kamera mit dicker Kapillare: Nach Finger, 1989).

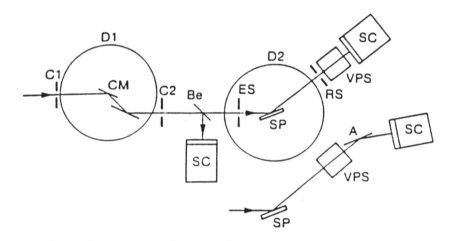

Abb. D(31): Schematischer Strahlengang eines Pulverdiffraktometers mit Synchrotronstrahlung. C_1: Kollimator am Ende des Strahlrohrs, CM: Doppelmonochromator von dem Strahlenschutzschild D_1 umgeben, Be: Berylliumfolie zur Ablenkung eines Teils des jetzt monochromatischen Primärstrahls zur Intensitätsüberwachung (Monitor; SC = Szintillationszähler)), ES: Eintrittsblende, SP: Probe, VPS vertikale Parallelschlitze. Unten Abwandlung durch einen Sekundärmonochromator A (nach Finger, 1989).

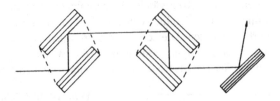

Abb. D(32): Strahlengang mit Vierfachmonochromator. Auch bei Änderung des Monochromatorwinkels behält der Primärstrahl immer die gleiche Höhe. (Rechts: Probe. Nach Tanner, 1990).

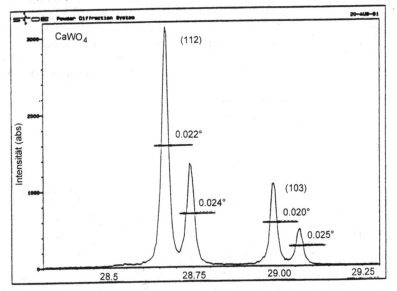

Abb. D(33): Geringe Halbhöhenbreiten sind auch mit konventionellen Röntgenröhren zu erreichen, wenn sehr enge Blenden verwendet werden (ca. 2 mm bestrahlter Bereich). Die gezeigte Aufnahme dauerte über zwei Stunden für 1° in 2θ (Fa. Stoe, Darmstadt).

Ein Vorteil der Synchrotronstrahlung ist die Möglichkeit, die ausgeblendete Wellenlänge durch Änderung des Monochromatorwinkels kontinuierlich zu verschieben. Dies wird vor allem bei der Phasenbestimmung von Einkristallreflexen genutzt, indem die Messung mit Wellenlängen kurz oberhalb und kurz unterhalb der K-Abbruchkante eines Elements in der untersuchten Verbindung wiederholt wird. Für das betreffende Element ändert sich dabei sehr stark die anomale Dispersion und damit der effektive Atomformfaktor.

Für andere Versuche ist die weitgehende Polarisierung der Strahlen von Bedeutung. Um einen möglichst günstigen Polarisationsfaktor bei den Versuchen zu erreichen (konstant = 1), werden bei den meisten Versuchen die Messkreise vertikal angeordnet. Bei Fluoreszenzmessungen, bei denen die anregende Strahlung nur stören würde, misst man die von der Probe ausgehende, langwelligere Fluoreszenzstrahlung ausnahmsweise unter $2\theta = 90°$ in der Horizontalen. Für diese Anordnung ist der Polarisationsfaktor = 0. So lässt sich auch aus normalen Röntgenröhren eine vollständig linear polarisierte Strahlung erhalten, wenn man Monochromatoren mit einem Beugungswinkel von $2\theta = 90°$ benutzt. Die geringe Divergenz (ca. 1 milliradian = 0.06°) ergibt sehr scharfe Reflexe von 0.02° Halbhöhenbreite und besser. Solche Auflösung lässt sich auch mit normalen Röntgenröhren erreichen, wenn die Divergenzblenden sehr weit zugezogen werden (s. Abb. D(31)), die 2 Stunden für 1° in 2θ dauerte). Die hohe Intensität kann vor allem bei kleinen Proben genutzt werden. Falls die Mini-Probe nicht genügend Kristallite für eine gute Statistik der Lageverteilung enthält, muss die Probe ähnlich wie in einer Gandolfi-Kamera bewegt werden oder es muss wie in Abb. D(26) über komplette Debye-Scherrer-Ringe integriert werden. Auch wurden schon an winzigen Einkristallen von 10 μm Größe genügend Reflexe für eine Einkristall-Strukturbestimmung gemessen (übliche Größe 100 -500 μm).

Bei Hochdruck- und Hochtemperaturmessungen lässt sich auch direkt das weiße Spektrum eines Synchrotrons nutzen, indem man einen *energiedispersiven Zähler* bei einem festen Winkel 2θ einsetzt. Der abgeschlossene Probenraum braucht dann nur noch strahlendurchgängige Öffnungen für den einfallenden und die fixe Richtung des ausfallenden Strahl zu haben. Eine bessere Auflösung erhält man bei dieser Versuchsanordnung, wenn der abgebeugte Strahl durch einen Monochromator aufgefächert und dieses Spektrum mit einem ortsempfindlichen Detektor aufgenommen wird.

D.6 Neutronenbeugung

Wegen der Dualität von Korpuskel und Welle können auch Korpuskularstrahlen zu Beugungsexperimenten benutzt werden. Die zugehörige Wellenlänge berechnet sich nach de Broglie aus der Masse und der Geschwindigkeit der Korpuskel:

$$\lambda = h/(m \cdot v).$$

Neben Elektronen werden in der Praxis vor allem ungeladene Neutronen (m = $1.675 \cdot 10^{-24}$ g) verwendet, die bei der Atomspaltung in Kernreaktoren entstehen und eine Halbwertszeit von 11.2 min haben (Zerfall in Proton und Elektron). Thermische Neutronen, d. h. solche, die (meist in Wasser) auf die normale Geschwindigkeit von Gaspartikeln bei Zimmertemperatur abgebremst sind, haben gerade Wellenlängen im gewünschten Bereich, z. B. beträgt die mittlere Geschwindigkeit bei 0°C 2200 m/sec, woraus sich eine Wellenlänge von 1.55 Å ergibt. Aus der Maxwell-Boltzmann'schen Geschwindigkeitsverteilung folgt ein

Mittelwert von $\lambda^2 = h^2/(3m\cdot kT)$. Aus dieser Geschwindigkeitsverteilung wird durch (Doppel)-Kristallmonochromatoren ein schmaler Wellenlängenbereich ausgefiltert.

Wegen des geringen Neutronenflusses (der Gesamtfluss heutiger Reaktorquellen liegt bei 10^{14}-10^{15} Neutronen/cm^{2}sec), der die Probe und den Detektor erreicht , sind im Vergleich zur Röntgenstrahlung lange Messzeiten und große Probenmengen erforderlich. Eine typische Probenform ist ein Zylinder (aus Vanadium wegen des geringen Wirkungsquerschnittes) von 5-10 mm Durchmesser und bis zu 60 mm Höhe, der 5-20 g Probensubstanz enthält. Diese großen Dimensionen sind möglich, da die Neutronen eine 3-4 Größenordnungen geringere Absorption aufweisen als die üblichen Röntgenstrahlen. Zur Zeitersparnis werden häufig auch mehrere Detektoren bei verschiedenen 2θ gleichzeitig eingesetzt.

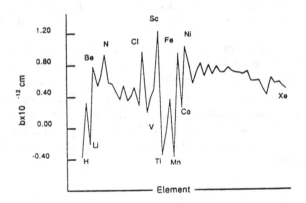

Abb. D(34): Streulängen b für Neutronen für die Elemente H - Xe mit natürlicher Isotopenzusammensetzung (nach Von Dreele, 1989). Die Wirkungsquerschnitte σ ergeben sich daraus zu $4\pi|b|^2$.

An der Beugungsgeometrie, d. h. an der Lage der Reflexe nach der Bragg'schen Gleichung, ändert sich gegenüber der Röntgenstrahlung nichts, wohl aber an den Intensitäten der Reflexe, da die Neutronen in erster Linie mit den Atomkernen in Wechselwirkung treten (daneben auch mit ungepaarten Elektronen). Die Atomformfaktoren bei der Röntgenbeugung, die sich aus der Radialverteilung der Elektronenwolke um einen Atomkern durch Fouriertransformation ergeben, werden bei der Neutronenbeugung durch die Streulängen (b-Werte) der Atomkerne ersetzt. Diese sind wegen der geringen Ausdehnung der Atomkerne nahezu konstant, d. h. nicht von θ abhängig wie die

Atomformfaktoren und steigen auch nicht mit der Ordnungszahl an, sondern zeigen eine fast zufällige Verteilung um einen Mittelwert von $b \approx 0.6 \cdot 10^{-12}$ cm. Dabei haben verschiedene Isotope desselben Elements verschiedene b-Werte; für einige Isotope sind diese sogar negativ (z. B. für ^{1}H ist $b = -0.372 \cdot 10^{-12}$ cm, für ^{2}D aber $0.67 \cdot 10^{-12}$ cm).

Wegen der Radioaktivität der Neutronen (Halbwertszeit freier Neutronen = 11.2 min) sind für diese sehr viel aufwendigere Schutzmaßnahmen notwendig als bei Röntgenstrahlung. Auch die Registrierung der abgebeugten Neutronen (und des schwankenden, primären Neutronenflusses) ist schwieriger und erfolgt über Kernreaktionen mit stark absorbierenden Isotopen, wobei dann die entstehenden, energiereichen Teilchen durch ihre ionisierende Wirkung und die freiwerdenden Gammaquanten registriert werden. Ein häufig verwendeter Neutronen-Detektor ist ein mit ^{3}He und ^{10}BF$_3$-Gas gefüllter Zylinder, an den ähnlich wie bei einem Geiger-Müller-Zählrohr eine Betriebsspannung von 1-3 kV angelegt wird. Darin laufen die folgenden Kernreaktionen ab:

$$^1n + {}^3He \rightarrow {}^1H + {}^3H + 0.77 \text{ MeV},$$

$$^1n + {}^{10}B \rightarrow {}^7Li + {}^4He + 2.3 \text{ MeV}.$$

Die dadurch verursachten Ionisationen der Gasmoleküle ergeben Impulse von ca. 5 V. Mehr als 90% der langsamen Neutronen werden von einem solchen Detektor erfasst. Für schnellere Neutronen sinkt dieser Wert auf unter 30% ab. Eine andere Möglichkeit ist ein Szintillationszähler mit ^{6}Li als Absorber und einem Ag-gedopten ZnS-Phosphor. Darin läuft folgende Kernreaktion ab:

$$^1n + {}^6Li \rightarrow {}^3He + {}^4He + \text{ß-Teilchen} + 4.79 \text{ MeV}.$$

Dieser Zähler spricht auch besser auf die freiwerdende Gammastrahlung an.

Bei Neutronenbeugung ist noch eine gänzlich andere Messweise möglich, die die mit der Wellenlänge gekoppelte, geringe Geschwindigkeit der Neutronen ausnutzt. Bei einer kurzen Öffnung des Fensters zum Reaktor treten die verschieden schnellen Neutronen gleichzeitig aus dem Fenster aus, kommen aber zu verschiedenen Zeiten bei der Probe und dem Detektor an. Werden die Neutronen in der Abhängigkeit von der Flugzeit (= time of flight, TOF) registriert, so erreicht man damit eine Auflösung des Wellenlängenspektrums. Statt mit einer Wellenlänge bei verschiedenen 2θ kann man so mit einem festen 2θ und verschiedenen Wellenlängen messen, was besonders die mechanische Konstruktion von Hochdruck- und Hoch- oder Tieftemperaturexperimenten vereinfacht. Der Verlust durch die gepulste Strahlung wird durch die Ausnutzung eines ganzen Wellenlängenbereichs kompensiert. Als Strahlungsquellen für die gepulste Strahlung eignen sich auch Spallationsquellen mit 10-120 Pulsen/sec von < 1 µsec Dauer.

Die Peakform der Neutronenreflexe ist für die Berechnung günstiger, da sie weitgehend durch eine Gaußkurve mit nur kurzen Flanken beschrieben werden kann. Die ersten Strukturverfeinerungen an Pulverdiagrammen erfolgte deshalb an Neutronenmessungen (Rietveld 1967, 1969). Ein Vorteil der Neutronenbeugung ist weiterhin, dass wegen der nicht so stark variierenden Wirkungsquerschnitte die Lagen leichter Atome genauer bestimmt werden können als mit Röntgenbeugung.

Das gilt besonders für Wasserstoffatome. Wegen der zwei möglichen Kernspinzustände für ^{1}H zeigt normaler Wasserstoff allerdings eine sehr starke inkohärente Streuung (d. h. hohen Untergrund), weshalb meist deuterierte Proben verwendet werden. Bei vielen X-H-Bindungen (X = C,N,O etc.) ist die Elektronenwolke um H in Richtung auf X hin polarisiert. Deshalb werden bei der Röntgenbeugung, die die Schwerpunkte der Elektronenwolken bestimmt, X-H-Bindungen meist um ca. 0.1 Å kürzer bestimmt als bei Neutronenbeugung, die den Ort der Atomkerne wiedergibt. Da die inneren Nichtbindungs-Elektronen kaum polarisiert sind, wirkt sich dieser Effekt bei anderen Atomsorten kaum noch aus.

E Von der Rohdatei zur Reflexdatei

E.1 Manuelle Auswertung

Für die manuelle Auswertung liegt im allgemeinen die Ausgabe eines analog arbeitenden Schreibers vor. Dazu werden die normierten Zählimpulse (gleiche Breite von ca. 1/2 μsec, gleiche Höhe, z. B. 14 V) in ein integrierendes Ratemeter gegeben, das aus einem Kondensator mit einem Widerstand als Leck besteht. Die Empfindlichkeit wird über die Größe des Widerstands geregelt und als *Zeitkonstante* angegeben. Diese gibt an, in welcher Zeit die Ladung des Kondensators auf 63% abfällt (um 1 sec). Die Spannung des Kondensators wird auf die Zählrate geeicht (cps = counts per second) und auf dem Schreiber ausgegeben, dessen Papiervorschub ca. 1 cm/min beträgt. In dieser Zeit läuft das Goniometer kontinuierlich weiter, z. B. pro Minute 1° in 2θ, so dass 1 cm des Papierstreifens 1° entspricht. Ein Winkelsignalgeber läuft synchron in 1/2°-Schritten mit, jedoch ist die Synchronisation mit der Papierskala selten besser als 0.2 mm, so dass die 2θ-Werte der Röntgenmaxima visuell nicht genauer als ca. 0.3 mm = 0.03° abgelesen werden können, bei Routinemessungen meist nicht besser als 0.05°.

Mit Tabellen werden dann die abgelesenen 2θ-Werte in d-Werte umgerechnet, wobei im vorderen Winkelbereich $\lambda\bar{\alpha} = (2\lambda\alpha_1 + \lambda\alpha_2)/3$ genommen wird. Im oberen Bereich spalten dann die Reflexe in α_1 und α_2 auf (je nach der Schärfe der Reflexe ab 40 - 60°, s. Kap. E.2.4) und die Wellenlängen $\lambda\alpha_1$ und $\lambda\alpha_2$ werden für die Umrechnung benutzt.

Als *Reflexintensität* wird im allgemeinen die Peakhöhe über dem Untergrund angegeben. Solange die Halbhöhenbreite der Reflexe ungefähr gleich ist, genügt dies für Routinebestimmungen. Besser ist Peakhöhe×Halbhöhenbreite. Für genauere Intensitätsangaben muss die Integralintensität genommen werden, d. h. die Fläche zwischen Rohreflex und Untergrund. Der Verlauf des Untergrunds lässt sich mit dem Auge recht gut festlegen. Die manuelle Auswertung eines Diagramms dauert je nach Linienzahl 1/2 bis 1 Stunde.

E.2 Digitale Auswertung mit dem PC

Bei der digitalen Auswertung werden die Impulszahlen selbst schrittweise gespeichert und nicht Impulsraten in cps. Für Routinemessungen haben sich Schrittweiten von 0.02° in 2θ als zweckmäßig erwiesen. Das ergibt dann ca. 5 Messpunkte pro Halbhöhenbreite, die bei gut kristallisierten Proben bei 0.1° liegt. 5 Messpunkte pro Halbhöhenbreite (englisch: FWHM = full width at half maximum) sollten wegen der folgenden, numerischen Verfahren nicht unterschritten werden, mehr als 10 Messpunkte bringen keine Verbesserung in der Genauigkeit der Ergebnisse und blähen nur unnötig die Messdatenmenge auf. Bei 50 Schritten pro Grad und Messzeiten von 1 sec pro Schritt ergeben sich ungefähr die gleichen Messzeiten wie bei der traditionellen analogen Messmethode. Die Auswertung des Diagramms geht allerdings bedeutend schneller und ist genauer (ca. 0.01° Genauigkeit für die Reflexlagen). Die Extraktion der Reflexliste aus den Rohdaten erfolgt in mehreren Schritten, die in den folgenden Kapiteln dargestellt werden.

E.2.1 Elimination von Ausreißern (Spannungsspitzen)

Die Zählelektronik für die Röntgenimpulse spricht bei ungenügender Abschirmung auch auf Störquellen an wie z. B. den Starter einer Neonröhre. Auch kann ein Schwingkreis in der Elektronik zu Resonanzschwingungen angeregt werden. Das Ergebnis sind ein oder wenige Sekunden dauernde, überhöhte Zählraten, die einen Reflex vortäuschen können. Allerdings haben solche Ausreißer sehr viel schmalere Halbhöhenbreiten und können daher erkannt und eliminiert werden. Da die Zählimpulse benachbarter Schritte nicht unabhängig voneinander sind - alle Reflexe haben mehr oder weniger die gleiche Form - lässt sich die Impulszahl eines Schrittes aus den Impulszahlen der Nachbarschritte abschätzen, d. h. interpolieren. Weicht dieser Schätzwert $\hat{y}_k$ zu stark (z. B. mehr als 5σ mit $\sigma = \sqrt{}$ Schätzwert) vom Messwert y_k ab, so handelt es sich bei dem Messwert wahrscheinlich um einen Ausreißer, und er sollte durch den Schätzwert (eventuell erhöht um ca. 2σ) ersetzt werden.

Tab. E(1): Koeffizienten zur Ermittlung von Ausreißern, links: für isolierte Ausreißer, rechts: für Gruppen von bis zu 3 Ausreißern

$$\hat{y}_k = (\Sigma_i \, c_i \cdot y_{k+i})/\text{Norm} \quad (\text{für } i = -n \ldots, .n-1, n)$$

Zahl der verwendeten Nachbarn	4	6	8	10	12	4	6	8	10
Norm	6	14	172	340	118	10	436	332	1090
i					c_i				
0	0	0	0	0	0	0	0	0	0
±1	4	6	54	84	24	0	0	0	0
±2	-1	3	39	69	21	9	237	127	319
±3		-2	14	44	16	-4	92	82	244
±4			-21	9	9		-111	19	139
±5				-36	0			-62	4
±6					-11				-161

Der Schätzwert $\hat{y}$ wird am besten durch gleitende Polynome (ähnlich wie bei der Glättung, s.u.) ermittelt, indem die mittleren Gewichte auf 0 gesetzt werden, z.B. $\hat{y}_k = 1/6(-y_{k-2} + 4y_{k-1} + 4y_{k+1} - y_{k+2})$. In der Tabelle E(1) sind die Koeffizienten für Polynome 2. Ordnung (und zugleich auch 3. Ordnung) für bis zu 12 Nachbarpunkte aufgeführt. Einmal wird nur das Gewicht des Zentralwerts gleich 0 gesetzt (für isolierte Ausreißer), im anderen Fall die drei mittleren Gewichte (falls 2 oder 3 Ausreißer benachbart sind). Die Summe der Gewichte ergibt die Norm (im obigen Beispiel 6 = -1 + 4 +4 - 1), durch die die gewichtete Summe geteilt werden muss (i ist die Entfernung vom Zentralpunkt).

Isolierte Ausreißer sollten ab ca. 4σ Abweichung korrigiert werden (d. h. wenn $y_k - \hat{y}_k > 4 \cdot \sqrt{\hat{y}_k}$: $y_{kcor} = \hat{y}_k + 2 \cdot \sqrt{\hat{y}_k}$), gehäufte Ausreißer ab ungefähr 5σ. Für eine bessere Festlegung des Untergrunds ist es auch zweckmäßig, in einem zweiten Durchlauf zu niedrige Werte zu korrigieren, d. h. anzuheben, wenn $\hat{y}_k - y_k >$ $(4\text{-}5)\sigma$. Vor einer endgültigen Annahme solcher Korrekturen sollten die vom PC berechneten Vorschläge auf ihre Zweckmäßigkeit überprüft werden. Eine unveränderte Kopie der Rohdatei muss auf jeden Fall erhalten bleiben. Das gilt auch für die folgenden Schritte.

E.2.2 Festlegung und Abzug des Untergrunds

Pulverdiagramme enthalten immer ein statistisches Rauschen, das mehrere Quellen hat: Elastische Streuung am Präparatträger, am amorphen Anteil des Präparats, an Luft, inelastische Streuung (d. h. unter Änderung der Wellenlänge) und Fluoreszenzstrahlung, Fremdstrahlung (z. B. die unvermeidliche Höhenstrahlung). Je nach Ausbildung des Divergenzspaltes vor der Röhre (fest oder variabel, damit immer die gleiche Probenfläche bestrahlt wird) nimmt der Untergrund mehr oder weniger stark mit steigenden 2θ ab. Bei amorphen Präparatträgern (Glas) sind auch breite "amorphe" Buckel in bestimmten Untergrundsbereichen zu finden, wenn die Probe zu dünn ist oder bei zu kleiner Fläche überstrahlt wird. Im oberen Winkelbereich können sich, vor allem bei niedrig symmetrischen Kristallen, die Einzelreflexe so stark überlappen, dass der eigentliche Untergrund nicht mehr erreicht wird. Der Untergrund wird dann leicht zu hoch angenommen, d. h. die Intensitäten überlappender Reflexe werden zu niedrig bestimmt.

Sonneveld & Visser (1975), geben für digital ausgewertete Röntgenfilme ein Verfahren an, das sich leicht programmieren lässt und Untergrundkurven liefert, die einer visuell bestimmten entsprechen. Ein ähnliches Verfahren findet sich bei Goehner (1978). Dazu genügt es, jeden 10. bis 20. Punkt der Rohdatei als Stützpunkt zu nehmen (eventuell auch das Minimum einiger benachbarter Punkte). Diese Punkte stellen die 0.te Näherung des Untergrunds dar. Da einige dieser Punkte in einem Reflex und damit zu hoch liegen, müssen diese in einem Iterationsverfahren nach unten gezogen werden. Dazu wird für jeden Punkt (außer den Randpunkten) als Schätzwert der Mittelwert der beiden Nachbarpunkte ermittelt. Liegt dieser niedriger als der betreffende Untergrundwert, so wird dieser durch den Schätzwert ersetzt. Dieses Verfahren muss ca. 30 mal wiederholt werden.

128

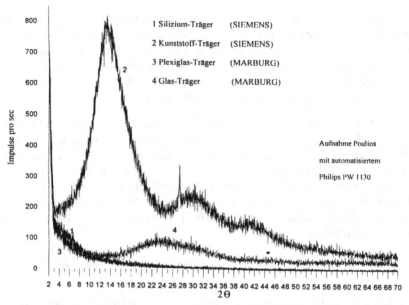

Abb. E(1): Beugungsbild üblicher Probenträger-Materialien (0.5° Div.blende). Bei zu dünner Probe oder zu großer Divergenzblende können sich diese Diagramme dem der Pulverprobe überlagern. Bei dem in Plastik gefassten, "untergrundfreien" Si-Einkristall-träger erscheint im unteren 2θ-Bereich der Plastikberg (bei 1° Div.blende schon ab 18°). Die scharfen Reflexe in 1 stammen vom Füllmaterial (Feldspat ?). Normales Plexiglas ähnelt der Plastikkurve. Fast untergrundfrei ist ein blaues "Plexiglas".

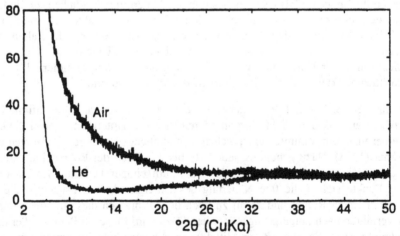

Abb. E(2): Einfluss der Atmosphäre im Strahlengang auf den Untergrund, gemessen an einem Quarzeinkristall-Träger (oben: in Luft, unten: in Helium. Bish & Reynolds, 1989).

Im Bereich von zu erwartenden, amorphen Buckeln (auch bei sehr hohen 2θ > 120° kann der Untergrund wieder zunehmen) kann man auch eine leichte Zunahme des Untergrunds über die beiden Nachbarwerte um ca. 1-2σ zulassen, d. h. einen Ersatz durch den Schätzwert unterlassen (also Ersatz nur, wenn Stützwert > Schätzwert + 1-2σ). Am Ende wird zwischen den so korrigierten Stützwerten linear interpoliert und dieser Untergrund vom Messwert abgezogen. Hat man als ursprünglichen Stützpunkt das Minimum von 3 oder 5 benachbarten Werten genommen, so liegt die so bestimmte Untergrundskurve im unteren Teil des Untergrundrauschens und sollte um 1-2σ erhöht werden. Eventuell ist eine manuelle Korrektur der so gewonnenen Untergrundskurve angebracht. Einige Autoren benutzen auch kubische Ausgleichsplines für die Untergrundskurve. Die Stützpunkte dafür können auch manuell gesetzt werden.

Ein andere Methode der Untergrundsanpassung benutzt das Programm EVA der Fa. Bruker AXS. Hier werden Parabeln mit wählbarer Krümmung von unten an das Diagramm geschoben bis diese den Untergrund berühren. Die Einhüllende dieser angepassten Parabeln wird als Untergrund genommen.

Die Untergrundskurve stellt zugleich eine Abschätzung des weißen Rauschens der Messung dar. Nur Zählraten, die signifikant (d. h. (2-3)σ mit σ =√Untergrund) über dem Untergrund liegen, können einem Reflex zugeordnet werden. Bereiche, die darunter liegen, brauchen bei der folgenden Reflexsuche gar nicht in Betracht gezogen zu werden.

E.2.3 Glättung

Um *das Signal/Rausch-Verhältnis* zu verbessern, werden auf verrauschte Messungen vielfach Glättungsverfahren angewendet, die die gewünschte Information (in unserem Fall die Röntgenreflexe) aus der Messung herausfiltern sollen. Erst durch solche Verfahren lassen sich z. B. in der digitalen Bildverarbeitung aus den stark verrauschten Satellitenaufnahmen klare Bilder von anderen Himmelskörpern gewinnen. In der Praxis gibt es zwei Ansätze: einmal die *gleitende Polynomglättung*, die eine ungefähr bekannte Signalform voraussetzt und die von Savitzky & Golay (1964) erstmals für die Bearbeitung von Infrarotspektren erfolgreich eingesetzt wurde und aus der Nachrichtentechnik die *Tiefpassfilter*, die in der Signalverarbeitung verwendet werden, um niedrigfrequente Signale vom hochfrequenten Anteil des Rauschens zu befreien (z. B. DOLBY zur Rauschunterdrückung von Tonbändern).

E.2.3.1 Gleitende Polynomglättung (Savitzky-Golay-Verfahren)

Dieses Verfahren wurde in der Spektroskopie erfolgreich von Savitzky & Golay (1964) eingeführt und popularisiert. Die beste Quelle für Arbeiten zu diesem Thema sind deswegen nicht mathematische Zeitschriften und Lehrbücher, sondern die chemische Zeitschrift "Analytical Chemistry". Die Methode der gleitenden Polynomglättung selbst ist aber schon länger bekannt, z. B. finden sich die Formeln zur Berechnung der Koeffizienten (s. Tab. E(2)) schon bei Whittaker & Robinson (1924). Nur wegen der fehlenden Rechenmöglichkeiten wurden sie in der Praxis nicht angewandt.

Voraussetzung sind gleichweit entfernte Stützpunkte, wie sie sich bei der schrittweisen Messung mit konstanter Schrittweite ergeben, und eine Signalform, die durch ein Polynom n.ter Ordnung angenähert werden kann. So können Röntgenreflexe im Bereich der Halbhöhenbreite recht gut durch eine Parabel und Schultern (z. B. von einem schwachen Reflex am Rand eines starken Reflexes) durch ein Polynom 3. Ordnung angenähert werden.

In $m = 2n+1$ benachbarten Stützpunkten x_{k-n}, x_{k-n+1},..., x_{k-1}, x_k, x_{k+1},...,x_{k+n} versucht man, die Messwerte $y_{k-n}...y_{k+n}$ durch ein Polynom n.ter Ordnung (z. B. $y = a + bx + cx^2$) mit der Methode der kleinsten Quadrate anzunähern. Da die gesuchten Parameter a, b, c ... als Faktoren auftreten, handelt es sich um ein lineares System, das sofort im ersten Schritt die richtige Lösung liefert, unabhängig von der Schrittweite und von irgendwelchen Startwerten, die als 0 angenommen werden. So lauten die Lösungen für eine Parabel durch $m = 5$ Punkte (n=2):

$$a=1/35(-3y_{k-2} + 12y_{k-1} + 17y_k + 12y_{k+1} - 3y_{k+2}),$$

$$b=1/10(-2y_{k-2} - y_{k-1} + y_{k+1} + 2y_{k+2}) \text{ und}$$

$$c=1/14(y_{k-2} - y_{k-1} -2y_k -y_{k+1} + 2y_{k+2}).$$

Für den mittleren Punkt gilt $y(0) = a$, $y'(0) = b$ und $y''(0) = 2c$, d. h. als Glättungswert des mittleren Wertes nimmt man einfach den Wert a des absoluten Gliedes $\bar{y}_k = 1/35(-3y_{k-2} + 12y_{k-1} + 17y_k + 12y_{k+1} - 3y_{k+2})$. Mit b und 2c hat man außerdem noch Näherungswerte für die 1. und 2. Ableitung an der Stelle k. Für den nächsten Punkt verschiebt man das Polynom einfach um einen Rasterpunkt, d. h. es gelten exakt die gleichen Formeln. Nur die je n Punkte am Beginn und Ende der Messreihe lassen sich so nicht glätten. Am einfachsten lässt man die Randpunkte einfach ungeglättet oder man benutzt im Randbereich ein kleineres Glättungsintervall. Der allgemeine Ausdruck für (explizite) digitale Filter lautet:

$$\bar{y}_k = (\Sigma c_i \cdot y_{k+i})/\text{Norm}, \quad (i = -n,...,-1,0,1,...,n)$$

Da bei der Kleinsten-Quadrate-Verfeinerung jeder zweite Koeffizient in den Normalgleichungen 0 wird, gelten die in folgender Tabelle aufgeführten Werte für die 0.te (= Glättung) und 2. Ableitung sowohl für Polynome 2. und 3. Grades. Die 1. Ableitungen sind verschieden für 2. und 3. Grad (aber gleich für 1. und 2. bzw. 3. und 4. Grad).

Die Koeffizienten für die gleitende Polynomglättung lassen sich direkt in geschlossener Form angeben (Procter & Sherwood, 1980). Für die Glättung

(2.und 3. Ordnung) gilt für m = 2n+1 Punkte:

$$\text{Norm} = (4n^2-1)(2n+3)/3, \qquad c_i = 3n(n+1)-1-5i^2.$$

Tab. E(2): Koeffizienten zur gleitenden Polynomanpassung nach Savitzky & Golay (1964, korrigiert). Die gewichtete Summe muss jeweils durch die Norm dividiert werden.

	Glättung (2. und 3. Ordnung)						2. Ableitung (2. und 3. Ordnung)					
m	5	7	9	11	13	15	5	7	9	11	13	15
n	2	3	4	5	6	7	2	3	4	5	6	7
Norm	35	21	231	429	143	1105	7	42	462	429	1001	6188
i							c_i					
0	17	7	59	89	25	167	-2	-4	-20	-10	-14	-56
±1	12	6	54	84	24	162	-1	-3	-17	-9	-13	-53
±2	-3	3	39	69	21	147	2	0	-8	-6	-10	-44
±3		-2	14	44	16	122		5	7	-1	-5	-29
±4			-21	9	9	87			28	6	2	-8
±5				-36	0	42				15	11	19
±6					-11	-13					22	52
±7						-78						91

	1. Ableitung (1. und 2. Ordnung)						1. Ableitung (3. und 4. Ordnung)					
m	5	7	9	11	13	15	5	7	9	11	13	15
n	2	3	4	5	6	7	2	3	4	5	6	7
Norm	10	28	60	110	182	280	12	252	1188	5148	24024	334152
i							c_i					
-7						-7						12922
-6					-6	-6					1133	-4121
-5				-5	-5	-5				300	-660	-14150
-4			-4	-4	-4	-4			86	-294	-1578	-18334
-3		-3	-3	-3	-3	-3		22	-142	-532	-1796	-17842
-2	-2	-2	-2	-2	-2	-2	1	-67	-193	-503	-1489	-13843
-1	-1	-1	-1	-1	-1	-1	-8	-58	-126	-296	-832	-7506
0	0	0	0	0	0	0	0	0	0	0	0	0
1	1	1	1	1	1	1	8	58	126	296	832	7506
2	2	2	2	2	2	2	-1	67	193	503	1489	13843
3		3	3	3	3	3		-22	142	532	1796	17842
4			4	4	4	4			-86	294	1578	18334
5				5	5	5				-300	660	14150
6					6	6					-1133	4121
7						7						-12922

Da die Röntgenreflexe eines Diagramms sehr gleichförmig sind, lässt sich die Savitzky-Golay-Glättung optimal anpassen und zwar sollte die Zahl m der Stützpunkte gerade so groß sein wie die Zahl der Messwerte in der Halbhöhenbreite der

Reflexe (maximal 20% größer). Benutzt man weniger Punkte zur Glättung, bleibt zuviel Rauschen zurück, benutzt man mehr, so wird die Reflexform verändert: die Reflexhöhe nimmt ab und die Halbhöhenbreite entsprechend zu, d. h. die Auflösung wird verschlechtert. Da die Norm in allen Fällen gleich der Summe der Koeffizienten ist, bleibt dagegen die Integralintensität (= die Fläche unter dem Reflex) bei der Glättung unverändert. (Siehe auch Press & Teukolsky, 1990).

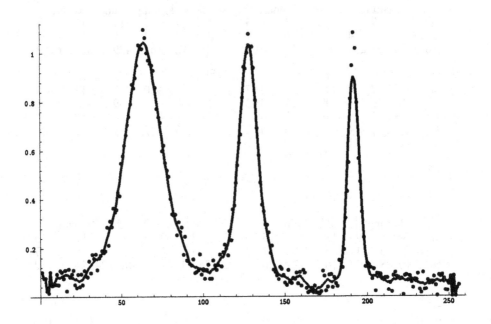

Abb. E(3): Wirkung der gleitenden Polynomglättung. Dargestellt sind drei ver-rauschte modifizierte Lorentzpeaks gleicher Höhe und mit Halbhöhenbreiten von 27, 13, und 7 (Punkte). Für die Glättung (Linie) wurden 13 Punkte benutzt. Der schmale Reflex (rechts) ist etwas überglättet, was zu einer leichten Verbreiterung und Erniedrigung des Peaks führt. Dem mittleren Reflex ist die Glättung gut angepasst und der linke Reflex könnte noch etwas stärker geglättet werden.

Bei der 1. und den höheren Ableitungen geht noch die Schrittweite Δx ein (nicht bei der Glättung): exakt gilt $y' = b/\Delta x$, $y'' = 2c/(\Delta x)^2$. Darauf ist zu achten, wenn man zwei mit verschiedener Schrittweite gemessene Diagramme verglei-chen will. Bei Diagrammen mit ungleichen Halbhöhenbreiten nimmt entsprechend das Minimum der 2. Ableitung mit dem Quadrat der Halbhöhenbreite ab, d. h. breite Reflexe sind mit der Methode der 2. Ableitung schlechter zu erkennen. Auch aus diesem Grund sollte die Zahl der Messpunkte nicht über 10 pro Halb-höhenbreite erhöht werden.

Das Tiefpassverhalten des Savitzky-Golay-Verfahrens ist nicht besonders gut, da im Frequenzraum starke, negative Bereiche auftreten (s. Abb. E(4)). Da bei zweifacher Anwendung eines Filters (auch die Savitzky-Golay-Glättung kann als digitales Filter aufgefasst werden) der Frequenzraum einfach quadriert wird, fallen die negativen Bereiche weg. Das heißt, die Tiefpasseigenschaften lassen sich durch doppelte Anwendung sehr verbessern und daher sollte dieses Verfahren stets zweimal hintereinander mit den gleichen Koeffizienten angewandt werden (Glättung der Glättung). Bei sehr stark verrauschten Signalen kann unter Umständen sogar eine 100-fache Wiederholung der Glättung mit gleitenden Polynomen schwache Signale noch über das Rauschen heben (Beispiel in Proctor & Sherwood, 1980).

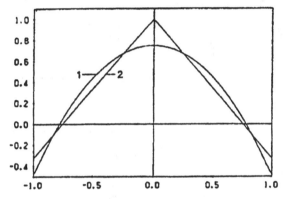

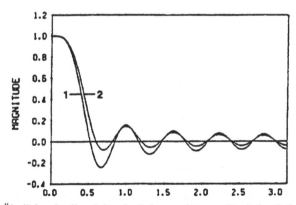

Abb. E(4): Ähnlich wie die gleitende Polynomglättung (Savitzky-Golay-Filter, die Koeffizienten der 2. Ordnung liegen auf einer Parabel) wirken die Bromba-Ziegler-Filter (Bromba & Ziegler, 1981-84, Koeffizienten liegen auf einem Dreieck). Beide haben schlechte Tiefpassfilter-Eigenschaften, wie das untere Bild mit den Fouriertransformierten der Filter durch jeweils 21 Punkte zeigt (siehe auch: Biermann & Ziegler, 1986).

E.2.3.2 Digitale Tiefpassfilter

Eine Messreihe kann als Summe von Signal plus Rauschen aufgefasst werden.

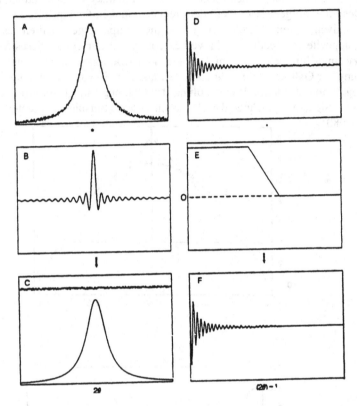

Abb. E(5): Wirkung eines Tiefpassfilters im Amplituden- und im Frequenzraum (links bzw. rechts). A: Verrauschter Lorentzpeak. Sein Frequenzspektrum D wird im vorderen Teil (niedrige Frequenzen) im wesentlichen durch das Frequenzspektrum des unverrauschten Reflexes bestimmt. Im hinteren Teil ist nur noch das Spektrum des (weißen) Rauschens zu sehen. Multipliziert man D punktweise mit dem Tiefpassfilter E (im vorderen Bereich = 1, im hinteren = 0 mit einer Übergangszone), so ergibt sich F, ein Spektrum ohne Rauschanteil im oberen Frequenzbereich. C, die Rücktransformation von F, ist die gewünschte geglättete Kurve. Im oberen Teil von C ist die Differenz zu A angegeben, d. h. der eliminierte, hochfrequente Rauschanteil. Statt des Umweges über den Frequenzraum mit zwei rechenaufwendigen Fouriertransformationen kann man die Ausgangskurve A auch mit der Fouriertransformierten B des Tiefpassfilters E falten. Für diskontinuierliche Messungen (wie beim Step-scan-Verfahren) ist eine Faltung ein gleitendes, gewichtetes Mittel. Die Koeffizienten dieses Filters sind diskrete Punkte auf der Kurve B. Für eine Rechtecksfunktion ohne Übergangsbereich wie in E hat die Fouriertransformierte die Form von (sinx)/x. (Nach Cameron & Armstrong, 1988).

Da die Fouriertransformierte additiv ist, gilt für das Frequenzspektrum der Messung, dass dieses die Summe des Signal-Frequenzspektrums und des Rausch-Frequenzspektrums ist. Kann ein Reflex durch ein Pearson VII-Profil (Kap. E.2.6) beschrieben werden, und legt man das Maximum der geraden Funktion in den Nullpunkt, so ist die Fouriertransformierte eine reelle Funktion, die stetig gegen Null geht. Die exakte Lösung für die Fouriertransformierte von:

$$f(x) = (1 + (x/b)^2)^{-m} \quad \text{lautet:}$$

$$g(w) = ((\sqrt{2\pi} \cdot |b|^{m+1/2})/(2^{m-1} \cdot \Gamma(m))) \cdot |w|^{m-1/2} \cdot \text{BesselK}(m-1/2, \ |b \cdot w|)$$

$$\text{speziell für } m=1: \qquad g(w) = \pi \cdot b/(\exp(b \cdot |w|))$$

$$\text{und für } m=2: \quad g(w) = \pi \cdot b^2 \ (|w|+1/b)/(2 \cdot \exp(b \cdot |w|))$$

D. h. für ein stetiges Signal geht der Anteil an höheren Frequenzen gegen Null während der Frequenzgang des Rauschens mehr oder weniger gleich stark bleibt. Oberhalb einer bestimmten Frequenz wird daher nur noch das Rauschen abgebildet. Unterdrückt man diesen hochfrequenten Teil durch Multiplikation mit 0, so bleibt bei der Rücktransformation in den Amplitudenraum das Signal unverändert erhalten, nur noch leicht gestört durch den niedrigfrequenten Anteil des Rauschens.

Tab. E(3): Koeffizienten für digitale Tiefpassfilter (Allmann, 1993)

	Digitale Tiefpassfilter für Glättungen											Spencer(1904)	
m	5	7	9	11	13	15	17	19	21	23	25	15	21
n	2	3	4	5	6	7	8	9	10	11	12	7	10
Norm	16	32	64	512	512	512	512	512	512	512	1024	320	350
i						c_i							
0	10	16	26	186	154	128	104	96	90	80	152	67	57
±1	4	9	18	139	127	111	96	89	83	75	145	67	57
±2	-1	0	4	46	64	72	73	70	68	65	125	46	47
±3		-1	-2	-8	10	29	42	46	47	49	98	21	33
±4			-1	-11	-11	0	16	22	26	32	66	3	18
±5				-3	-9	-9	-2	4	9	16	36	-5	8
±6					-2	-8	-9	-6	-2	3	12	-6	-2
±7						-3	-8	-8	-6	-4	-4	-3	-5
±8							-4	-6	-7	-8	-11		-5
±9								-5	-5	-7	-13		-3
±10									-2	-4	-10		-1
±11										-1	-6		
±12											-2		

Statt nun ein solches Tiefpassfilter im Frequenzraum selbst anzuwenden (Multiplikation mit 1 im niedrigfrequenten Bereich und darüber mit 0, d. h. Multiplikation des Frequenzganges mit einer Rechtecksfunktion), kann man mathematisch völlig äquivalent im Amplitudenraum (d. h. für die Messung selbst) eine Faltung mit der Fouriertransformation der Rechtecksfunktion durchführen.

136

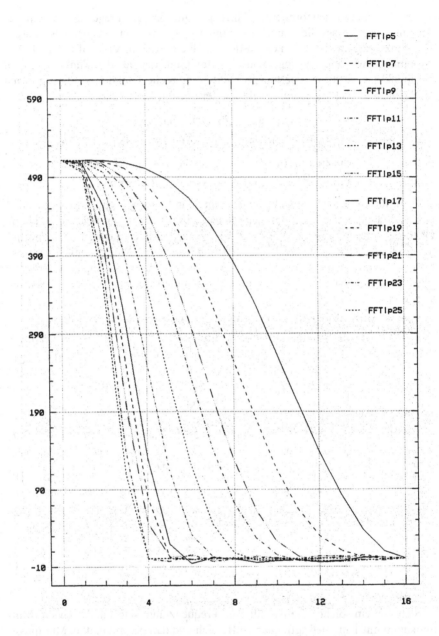

Abb. E(6): Die Fouriertransformierten der angegebenen Tiefpassfilter durch 5-25 Punkte. Für 5 und 7 Punkte sind die Filter monoton (kein Durchschwingen ins Negative). Für solche Filter lässt sich die ursprüngliche Kurve aus der geglätteten rückrechnen.

Tab. E(4): Standardkurven mit gleicher Höhe und Halbhöhenbreite und Ergebnisse verschiedener Glättungen, die auf die modifizierte Lorentzkurve (2. Spalte) angewendet wurden.

k	L	ML	a	b	c_-	c_+	d	e	f	g
0	10000	10000	7285	8094	7907		9631	8149	9731	9095
±1	8000	8212	6820	7280	5814	8060	8198	7517	8201	7981
±2	5000	5000	5461	5355	3416	6530	5184	5800	5134	5444
±3	3076	2679	3617	3318	1831	4605	2731	3564	2717	2996
±4	2000	1417	2064	1845	983	3011	1406	1679	1409	1464
±5	1379	776	1118	1001	550	1893	763	689	767	732
±6	1000	447	617	558	324	1170	440	335	442	409
±7	755	271	356	327	200	720	268	206	269	250
±8	588	172	216	201	129	446	170	140	171	162
±9	471	113	138	129	86	280	113	99	113	109
±10	385	78	91	87	60	179	77	70	77	75
±11	320	55	63	60	43	117	54	51	54	53
±12	270	39	45	43	31	78	39	38	39	39
±13	231	29	32	31	23	54	29	28	29	29
±14	200	22	24	23	18	34	22	21	22	22
±15	175	17	18	18	14	27	17	17	17	17
±16	154	13	14	14	11	20	13	13	13	13
±17	137	10	11	11	9	15	10	10	10	10
±18	122	8	9	9	7	11	8	8	8	8
±19	110	7	7	7	6	9	7	7	7	7
±20	99	6	6	6	5	8	6	6	6	6
HB	4	4	5.9	5.3	5.0		4.3	5.5	4.2	4.7

Die Spalten a-g wurden dabei mit folgenden Koeffizienten aus der modifizierten Lorentzkurve ML berechnet (HB sind die Halbhöhenbreiten der jeweiligen Profile):

a) gleitendes Mittel über 5 Punkte: (1 1 1 1 1)/5
b) Dreiecksmittelung über 5 Punkte (= zweifach gleitendes Mittel über 3 P.): (1 2 3 2 1)/9
c) Ratemeter-Simulation: implizit: $\bar{y}_n = (y_n + \bar{y}_{n-1})/2$
        explizit.: $(..1/2^{n+1}.. \; 1/8 \; 1/4 \; 1/2 \; 0 \; 0 .. 0)$
d) Savitzky-Golay-Filter mit 5 Punkten: (-3 12 17 12 -3)/35
e) Savitzky-Golay-Filter mit 9 Punkten: (-21 14 39 54 59 54 39 14 -21)/231
f) Tiefpass-Filter, 5 Punkte: (-1 4 10 4 -1)/16
g) Tiefpass-Filter, 9 Punkte: (-1 -2 4 18 26 18 4 -2 -1)/64

Numerisch ist für eine schrittweise Messung eine Faltung nichts anderes als die Anwendung eines gleitenden, gewichteten Mittels (wie z. B. die Savitzky-Golay-Glättung). Die Fouriertransformierte der Rechtecksfunktion hat die Form $\sin(nx)/(nx)$ (wobei n umgekehrt proportional zur Breite des Rechtecks ist) und geht leider nur sehr langsam gegen Null. Um bei der Faltung mit einer kleinen

Zahl von Punkten auszukommen, muss man einen Kompromiss schließen und auf die ideale Rechtecksform des Tiefpassfilters im Frequenzraum verzichten.

Nach einer Rechenanleitung von Hamming (1983) für monotone Tiefpassfilter wurde ein Satz von Koeffizienten berechnet, der ebenso wie die Savitzky-Golay-Koeffizienten für die Glättung von Pulverdiffraktogrammen benutzt werden kann. Bei den größeren Punktzahlen wurde auf die Forderung der Monotonie verzichtet, da die Norm sonst sehr schnell mit 4^n ansteigt. Jedoch wurden die folgenden Bedingungen eingehalten: Σc_i = Norm, $\Sigma c_i(-1)^i = 0$, $\Sigma c_i.i^2 = 0$ (d. h. eine Parabel wird exakt reproduziert). Die Anzahl der Punkte sollte etwa 1/4 größer sein als die Zahl der Messpunkte in der Halbhöhenbreite. Dafür genügt aber ein Durchlauf. Die Randpunkte sollten mit 5 Punkten geglättet werden, so dass nur je 2 Punkte am Rand ungeglättet bleiben. In Tab. E(3) sind die neu bestimmten Koeffizienten-sätze aufgeführt im Vergleich mit zwei Tiefpassfiltern von Spencer (1904), die dieser für die Glättung von Lebenserwartungstabellen einsetzte.

In Tab. E(4) werden einige Glättungsfunktionen auf eine modifizierte Lorentz-kurve mit einer Halbhöhenbreite H = 4 angewandt. Die Daten laufen auf jeder Flanke bis 5H (= 20 Schritte). Die Glättungen a, b, c sind ungeeignet, da die Reflexform zu stark deformiert wird (da c auch noch die Reflexlage ändert, sind beide Flanken angegeben). d und e sind Savitzky-Golay-Glättungen, wobei d der Halbhöhenbreite angepasst ist und e zu viele Punkte benutzt (Überglättung). f und g sind die entsprechenden Ergebnisse mit Tiefpassfiltern.

E.2.4 $K\alpha_2$-Elimination ($K\alpha_2$-Stripping)

Da die $K\alpha$-Strahlung aus zwei eng beieinander liegenden Bereichen mit sehr ähnlichen Wellenlängen (für Cu: $\lambda\alpha_2/\lambda\alpha_1$ = 1.00248) besteht, die sich nur schlecht voneinander trennen lassen, besteht jedes $K\alpha$-Spektrum aus der Über-lagerung von zwei leicht gegeneinander verschobenen Spektren. Bei kleineren Winkeln ist diese Aufspaltung noch nicht aufgelöst. Bei größeren Winkeln er-scheint der etwa halb so hohe $K\alpha_2$-Peak bei etwas höheren Winkeln als der $K\alpha_1$-Peak. Der sichtbare Beginn der Aufspaltung hängt von der Halbhöhenbreite HB ab und liegt bei CuKα-Strahlung für HB = 0.1° bei 2θ = 39°, für HB = 0.2° bei 70° und für HB = 0.3° bei 93°. (s. Tab. E(5)). Aus verschiedenen Gründen haben die α_2-Peaks eine etwa 20% größere Halbhöhenbreite als die α_1-Peaks.

Die Aufspaltung $\Delta 2\theta = 2\theta(\alpha_2)-2\theta(\alpha_1)$ nimmt mit steigendem 2θ immer stärker zu, wie Tab. E(5) zeigt (für CuKα mit $\lambda(\alpha_2)/\lambda(\alpha_1)$ = 1.00248). Bis 2θ = 140 -150° lässt sich die Aufspaltung recht gut annähern durch die Formel:

$$\Delta 2\theta \approx (1-\lambda(\alpha_1)/\lambda(\alpha_2)) . \tan\theta(\alpha_2).360°/\pi$$

D. h. bis ca. 2θ = 150° nimmt die Aufspaltung mit $\tan(\theta)$ zu (darüber hinaus weniger bis maximal 8.06° für CuKα). Für größere Winkel, die allerdings nur selten gemessen werden, muss die exakte Formel verwendet werden (exakte und angenäherte Werte in Tab. E(5)):

$$2\theta(K\alpha_1) = 2\arcsin(\sin(\theta(K\alpha_2)).\lambda(K\alpha_1)/\lambda(K\alpha_2)) \text{ verwendet werden.}$$

Tab. E(5): $K\alpha_1/K\alpha_2$-Aufspaltung für CuKα-Strahlung

$2\theta(K\alpha_2)°$	$\Delta2\theta°$	Näherung°	$2\theta(K\alpha_2)°$	$\Delta2\theta°$	Näherung°
20	0.050°	0.050	120	0.489	0.491
40	0.103	0.103	140	0.772	0.779
60	0.164	0.164	160	1.548	1.608
80	0.238	0.238	170	2.839	3.240
100	0.337	0.338	180	8.062	∞

Ladell et al. (1975) haben für den Reflex 234 von Quarz (bei $2\theta = 153°$) die Faltungsfunktion ausgerechnet, die man auf den α_1-Peak anwenden muss, um den α_2-Peak zu erhalten. Wegen der etwas verschiedenen Halbhöhenbreite ist diese Faltung keine einfache δ-Funktion bei $\lambda\alpha_2/\lambda\alpha_1$. Vielmehr sind dem scharfen Faltungspeak bei 1.0024536 (experimenteller Wert geringfügig kleiner als aus dem Wellenlängenverhältnis berechnet, s. Tab. B(1)) rechts und links unschärfere Satelliten zugeordnet, die zusammen etwa die gleiche Fläche haben wie der zentrale Reflex. Im Amplitudenraum muss daher die echte α_2-Wellenlänge ergänzt werden durch zwei Pseudowellenlängen (oder auch mehr). Die Näherung mit 3 Wellenlängen ist in der Praxis aber ausreichend. Die dazugehörigen Wellenlängenverhältnisse und Gewichte sind in folgender Tabelle aufgeführt. Neben den Originaldaten wurde die Summe der Gewichte auch auf 0.5 normiert (andere Autoren benutzten sogar noch kleinere Werte von 0.49 oder 0.48).

Tab. E(6): Wellenlängenverhältnisse und Gewichte aus der Faltungsfunktion $\alpha_1 \rightarrow \alpha_2$ nach Ladell et al. (1975) für CuKα-Strahlung. Neben den Originalgewichten sind auch die auf 0.5 normierten angegeben.

$\lambda\alpha_2/\lambda\alpha_1$	Gewicht (Orig.)	Gewicht (auf 0.5 normiert)
1.00235350	0.15276646	0.1436781
1.00245360	0.2686876	0.2527031
1.00257883	0.1101731	0.1036188
Σ	0.53162716	0.5000000

R. Kužel, Prag, gibt für sein Profilanpassungsprogramm DIFFPATAN entsprechende Werte für Co und Cr an (jeweils $\lambda\alpha_2/\lambda\alpha_1$(Gewicht)):

Co: 1.0020914 (0.18162568), 1.0021705 (0.20707717), 1.0022506 (0.1974514)
Cr: 1.0014772 (0.15847990), 1.0017061(0.23304335), 1.0018215 (0.21635673):
    Als Näherung lassen sich daraus die folgenden Werte für Fe interpolieren:
Fe: 1.0019560 (0.17724375), 1.0020351 (0.21573256), 1.0021152 (0.20061567)

Ausdruck der Rohdaten-Datei quarz2.raw

```
test quint
   100   67.000   69.000      2.00    1
 67.00 16 16 14 18 18 13  6 20 14 15
 67.20 13 19 23 19 24 22 29 20 31 31
 67.40 36 29 34 31 44 48 45 48 70 69
 67.60 114 148 234 283 583 835 930 790 557 348
 67.80 252 194 236 290 383 493 456 387 288 173
 68.00 173 205 262 468 684 987 1169 1043 678 455
 68.20 415 404 514 778 985 1071 976 650 410 250
 68.40 225 250 263 274 345 262 183 140 87 57
 68.60 49 40 30 31 25 29 22 17 28 21 17
 68.80 25 17 19 16 13 21 12 18 17 20
 69.00 19
```

Schirmbild der Rohdaten mit eingezeichnetem Untergrund

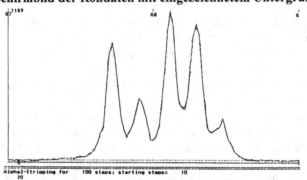

Ausdruck des bearbeiteten Diagramms mit 2. Ableitung und Peaklagen

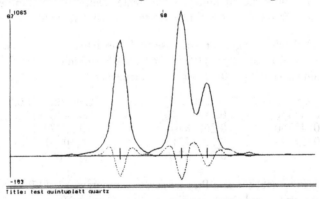

Abb. E(7): Beispiel der $K\alpha_2$-Eliminierung für das Quarzquintuplett (3 α_1/α_2-Du-bletts) bei $2\theta = 68°$. Oben ist die Rohdatei angegeben (Zählraten in $0.02°$ Abstand). In der Mitte die ungeglättete Kurve mit eingezeichnetem Untergrund. Unten ist das Ergeb-nis der $K\alpha_2$-Eliminierung, des Untergrundabzugs und einer Glättung mit 5 Punkten zu sehen. Ebenfalls eingezeichnet ist die 2. Ableitung, die zur Reflexsuche verwendet wurde (Allmann, 1989).

Die praktische α_2-Elimination funktioniert wie das Aufziehen eines Reißverschlusses. Man beginnt bei den niedrigen 2θ-Werten und nimmt für die ersten wenigen Rasterpunkte innerhalb des Aufspaltungsintervalls an, dass 2/3 der jeweiligen Zählraten zu α_1 und 1/3 zu α_2 gehört (eventuell leicht modifiziert, falls $I(\alpha_1)/I(\alpha_2)$ nicht gleich 2.0). Für alle folgenden Punkte lässt sich der α_2-Anteil an der Stelle $2\theta(\alpha_1)$ aus den schon α_2-bereinigten α_1-Werten der davor liegenden Punkte berechnen. Die richtige Winkellage $2\theta(\alpha_1)$ erhält man exakt oder angenähert aus obigen Formeln.

Diese α_1-Stelle liegt in einem schon von α_2 befreiten Bereich, meist zwischen zwei Rasterpunkten, und die entsprechende α_1-Intensität wird einfach aus den beiden Nachbarwerten linear interpoliert und mit dem Gewicht aus obiger Tabelle multipliziert. Für jede der drei Wellenlängen erhält man so den an der Stelle $2\theta(\alpha_2)$ abzuziehenden α_2-Anteil, der von der noch unbereinigten Zählrate abgezogen wird. Dann wendet man den α_2-Abzug auf den folgenden Rasterpunkt an und so fort bis auch der letzte Messpunkt bereinigt ist. Da für jeden Rasterpunkt ein Sinuswert (von $\theta(\alpha_2)$) und drei Arcsinwerte (von $\theta(\alpha_1)$) zu berechnen sind, ist das Verfahren rechenaufwendig. Zur Abkürzung der Rechenzeit wird deshalb ein mathematischer Koprozessor sehr empfohlen. Bei Verwendung der Näherungslösung kommt man mit einer zu berechnenden Winkelfunktion pro Rasterpunkt aus (Fehler bei $2\theta = 150°$ gleich $0.018°$).

Falls die Gewichte etwas zu groß sind, kann es zur Überkompensation kommen. Dann wird zuviel abgezogen und es entstehen kurz oberhalb des verbleibenden α_1-Peaks negative Werte, die physikalisch unsinnig sind. Diese negativen Werte sollten vom Programm auf einen vernünftigen Untergrundswert, aber zumindest auf 0, angehoben werden. Bei isolierten Reflexen gibt es meist keine Probleme. Bei sich überlagernden Reflexgruppen kann sich die Überkompensation aber aufschaukeln. Meist hilft dann eine leichte Änderung der Gewichtssumme (von 0.50 auf 0.48 oder, falls an den α_2-Stellen schwache Reflexe übrigbleiben, auf 0.52). Die Abb. E(7) zeigt das bekannte Quarzquintuplett bei $2\theta = 68°$ vor und nach der α_2-Elimination (die drei α_1/α_2-Dubletts 212, 203 und 301).

E.2.5 Reflexsuchroutinen

Dem Auge fällt es relativ leicht, selbst nur schwach aus dem Untergrundsrauschen herausragende Reflexe zu registrieren, weil im Gehirn ein größerer Bildbereich gleichzeitig verarbeitet wird. Bei der digitalen Speicherung eines Pulverdiagramms liegen zunächst nur einzelne Messwerte vor, die mit den Zählraten benachbarter Messschritte verglichen werden müssen. Als erstes muss entschieden werden, ob ein Messpunkt zum Untergrund oder zu einem Reflexbereich gehört. Liegt ein Messpunkt und seine unmittelbaren Nachbarn signifikant über dem Untergrund, so liegt er in einem Reflexbereich. Als "signifikant" sind Differenzen zum Untergrund anzusehen, die 2-3σ(Untergrund) überschreiten (mit σ(Untergrund)= √(Untergrund)). Erst wenn wenigstens 3 benachbarte Punkte über dieser Schwelle liegen, ist es sinnvoll, für diesen Messbereich mit einer der folgenden Reflexsuchmethoden zu beginnen. Eine andere, mögliche Schwelle ist ein bestimmter Bruchteil (z. B. 0.5 %) des absoluten Maximums der gesamten Messreihe (ohne Ausreißer).

E.2.5.1 Reflexsuche über die Änderung des Anstiegs

Dabei wird die Messreihe (meistens in Richtung steigender 2θ) solange durchsucht, bis drei benachbarte Messpunkte 2-3 σ über dem Untergrund liegen, d. h. bis man die Flanke eines Reflexes erreicht hat (z. B. müssen die Messwerte bei einem mittleren Untergrund von 25 Impulsen 35-40 Impulse übersteigen). Die folgenden 2-3 Punkte sollten noch etwas höher liegen (4-5 σ, Anstieg der Flanke). Wenn dies der Fall ist, geht man in der Messreihe solange weiter, bis ein lokales Maximum erreicht wird, d. h. bis ein Wert größer ist als der Mittelwert der beiden folgenden und auch der beiden vorhergehenden Messpunkte. Dieses lokale Maximum kann dann als erste Näherung für einen Reflex angesehen werden. Außerdem sollte ein Reflex eine bestimmte Mindesthöhe überschreiten (etwa 0.5% der größten jeweils gemessenen Reflexhöhe), um zufällige Rippel im Untergrund als Reflexe auszuschließen.

Die Verfeinerung der vorläufigen Reflexlage erfolgt am einfachsten über eine Parabel $a + bx + cx^2$, die man in die 5 (oder mehr) Punkte um das lokale Maximum nach Savitzky & Golay einpasst. Das Maximum dieser Parabel ist die gesuchte Verfeinerung der Reflexlage und wird aus der Nullstelle der ersten Ableitung berechnet: $y'(x_{max}) = 0 = b + 2c \cdot x_{max}$. Für eine 5-Punkte-Näherung ergibt das:

$$x_{max} = -b/2c = (2y_{-2} + y_{-1} - y_1 - 2y_2)/(2y_{-2} - y_{-1} - 2y_0 - y_1 + 2y_2) \cdot 7/10$$

(bezogen auf das lokale Maximum in x_0, y_0). Auch die Höhe des Maximums (in 1. Näherung y_0) lässt sich mit diesem Ansatz berechnen: $y_{max} = a + b \cdot x_{max} + c \cdot x^2_{max}$. Nimmt man eine Lorentz-Form für den Reflex an, so lassen sich die Formeln aus Kap. E.2.5.3 anwenden.

Als zusätzliches Kriterium für die Annahme als Röntgenreflex kann auch eine gewisse Mindestgröße der 2. Ableitung (Nenner in obiger Gleichung < 0, z. B. 2c < -1 oder -2) herangezogen werden. Dies ist schon nötig, um eine eventuelle Division durch 0 zu vermeiden. Die nach dem Maximum folgenden Punkte kommen solange nicht für einen weiteren Reflex in Frage, wie die 1. Ableitung negativ ist, d. h. man sich in der abfallenden Flanke des Reflexes bewegt.

Auf beiden Flanken wird dann die Halbhöhe gesucht (eventuell durch Interpolation) und die Differenz der x-Werte der beiden Halbhöhenpunkte als Halbhöhenbreite festgelegt. Diese Differenz sollte einen gewissen Mindestwert überschreiten (z. B. 0.06° in 2θ), um die Erhebung über dem Untergrund als echten Reflex zu akzeptieren, d. h. hier hat man eine weitere Möglichkeit, eventuelle Ausreißer zu eliminieren.

Die rechte und die linke Halbbreite sollten sich nicht zu stark unterscheiden. Wenn eine Halbbreite größer ist als das 1.5-2-fache der anderen, liegt wahrscheinlich eine Schulter vor, d. h. eine Überlappung mit einem schwächeren Reflex, und die Halbhöhenbreite wird bei diesem Weg über die halben Flankenhöhen als zu groß bestimmt und muss eventuell auf Grundlage der schmaleren Halbbreite korrigiert werden. Schultern können bei dieser Methode nicht als eigene Reflexe erfasst werden, sondern nur Peaks, die eigene, lokale Maxima im Diagramm besitzen (Nullstellen der 1. Ableitung).

Vor der Ausgabe der Reflexliste muss bei fehlender $K\alpha_2$-Elimination die Möglichkeit einer α_1/α_2-Aufspaltung überprüft werden. Ist ein d-Wert, der zunächst mit $\lambda(K\alpha_1)$ berechnet wurde, ungefähr um $\lambda(K\alpha_2)/\lambda(K\alpha_1)$ (= 1.00248 ± Toleranz ≈ 0.0004 für CuKα) kleiner und beträgt die dazugehörige Intensität ungefähr die Hälfte (z. B. 25-75%) des vorhergehenden Peaks, so handelt es sich wahrscheinlich um einen $K\alpha_2$-Peak und der d-Wert sollte mit $\lambda(K\alpha_2)$ neu berechnet werden. Die beiden d-Werte für $K\alpha_1$ und $K\alpha_2$ eines Reflexes sollten im Rahmen der Fehler übereinstimmen.

E.2.5.2 Reflexsuche über die zweite Ableitung

Die Nullstellen der 2. Ableitung entsprechen den Wendepunkten der Peaks und für den dazwischen liegenden, oberen Teil eines Reflexes ist die 2. Ableitung negativ mit einem scharfen Minimum an der Reflexlage. Sowohl für Gauß- als auch für Lorentz-förmige Peaks (siehe Kapitel E.2.6) als Grenzformen eines Röntgenpeaks ist die Halbhöhenbreite der Minima der 2. Ableitung ungefähr nur halb so groß wie die des Peaks selbst (theoretisch 53 % für Gauß- und 33 % für Lorentz-Kurven), d. h. die Auflösung der 2. Ableitung ist doppelt so gut und besser als die der Originalkurve selbst. Schultern der Originalkurve besitzen in der 2. Ableitung eigene Minima und können so noch einer eindeutigen Reflexlage zugeordnet werden. Die numerische Berechnung der 2. Ableitung erfolgt über gleitende Polynome (s. Kap E.2.3.1).

Der Nachteil der 2. Ableitung ist eine beträchtliche Verstärkung des Rauschens. Numerisch werden Ableitungen über Differenzen berechnet und bei jeder Differenzbildung nimmt der relative Fehler zu, da $\sigma^2(A - B) = \sigma^2(A) + \sigma^2(B)$ ist. Daher müssen für die Anwendbarkeit dieser Methode für die einzelnen Reflexe gewisse Gesamtzählraten erreicht werden. Nach einer Abschätzung von Naidu & Houska (1982) sollen die Gesamtzählraten eines Reflexes 10^4 überschreiten (bei vorhergehender Glättung, sonst noch mehr); in der Praxis genügen aber Gesamtzählraten von 10^3 über dem Untergrund und weniger. Sehr schwache Reflexe

(< 1% vom stärksten) lassen sich mit dieser Methode nur schlecht erfassen und sollten am Ende der Reflexsuche noch einmal visuell überprüft werden.

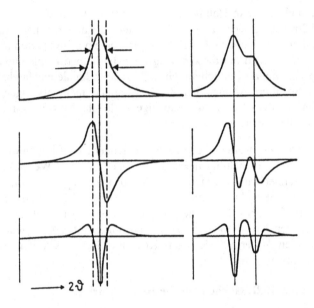

Abb. E(8): Links: ein einfacher Lorentzpeak mit erster (Mitte) und zweiter Ableitung (unten). Die gestrichelten Linien geben die Lagen der Wendepunkte an, die enger zusammen liegen als die Halbhöhenbreite (untere Pfeile). Rechts: ein Doppelpeak, wobei der schwächere Reflex nur als Schulter erkennbar ist. In der 2. Ableitung sind beide Reflexe klar getrennt (nach Schreiner & Jenkins, 1980).

Wegen der Verschlechterung des Signal/Rausch-Verhältnisses ist die Reproduzierbarkeit der Minimumlagen der 2. Ableitung etwas schlechter als die der Nullstellen der 1. Ableitung. Bei asymmetrischen Reflexen ist das Minimum zur schmalen Flanke hin verschoben (Abb. E(17)). Deshalb sollte bei isolierten Reflexen die Reflexlage als Nullstelle der 1. Ableitung angegeben werden, nachdem die vorläufige Lage aus der 2. Ableitung gewonnen wurde. Bei Schultern ohne lokales Maximum (d. h. ohne Nullstelle der 1. Ableitung) bleibt für die Reflexlage nur das Minimum der 2. Ableitung.

Ein Vorteil der Reflexsuche über die 2. Ableitung ist auch, dass ein linear falender oder steigender Untergrund nicht stört und zu keiner Verschiebung der Reflexlage führt. Da man die Flanke des stärkeren Reflexes in erster Näherung als linearen Untergrund unter der Schulter auffassen kann, heißt das, dass auch für Schultern das Minimum der 2. Ableitung recht gut die Reflexlage wiedergibt.

Rein theoretisch weisen die Maxima der 4. Ableitung eine noch bessere Auflösung auf. Praktisch wird aber das Rauschen so stark, dass sie erst bei unmöglich
hohen Zählraten eingesetzt werden könnte.

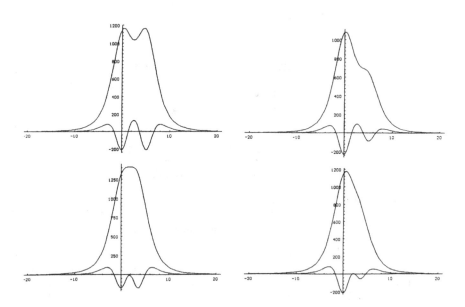

Abb. E(9): Summen von zwei modifizierten Lorentzpeaks (ML) gleicher Halbhöhenbreite (≈ 5). Links: beide Peaks gleich hoch (1000). Rechts: zweiter Peak nur halbe Höhe
des ersten (1000 bzw. 500). Oben: Abstand der beiden Peaklagen = 5 (eine Halbhöhenbreite). Unten: Abstand 3.5 (0.7 Halbhöhenbreiten). In allen Fällen sind die Minima der
2. Ableitung klar getrennt und liegen an den richtigen Stellen.

Bei der Reflexsuche über die 2. Ableitung handelt es sich um eine Art Zuspit-
zung (Dekonvolution), d. h. um eine Division durch die Fouriertransformierte
einer Reflexform im Frequenzraum. (Das geht nur, wenn die Fouriertransformierte
keine Nullstellen hat, d. h. monoton gegen Null geht). Bromba & Ziegler (1984)
geben dafür ein Verfahren an, dessen Eignung für Röntgendiagramme aber noch
nicht überprüft wurde.

Die 2. Ableitung kann auch zur Abschätzung der Halbhöhenbreite benutzt werden, indem man die beiden Nullstellen der 2. Ableitung rechts und links vom
Minimum aufsucht. Diese entsprechen den Wendepunkten des Reflexes. Da diese

etwas höher liegen als die Halbhöhe (in 61% der Reflexhöhe bei Gaußform, und in 75% bei Lorentzform), sind die Abstände der Nullstellen der 2. Ableitung etwas kleiner als die Halbhöhenbreiten (bei Gaußform 85% der HB, bei Lorentzform 58%).

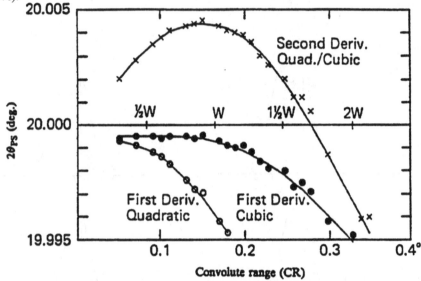

Abb. E(10): Fehler der Reflexlagenbestimmung für einen simulierten, asymmetrischen Reflex (breitere Flanke für $2\theta < 20°$, ohne Rauschen) bei $2\theta = 20°$ und mit 0.17° Halbhöhenbreite (hier: W). Oben: Mit Minimum der 2. Ableitung eines Polynoms 2./3. Ordnung. Mitte: Über die Nullstelle der 1. Ableitung eines Polynoms 3./4. Ordnung (bestes Ergebnis solange die Filterbreite die Halbhöhenbreite nicht wesentlich überschreitet). Unten: Über die Nullstelle der 1. Ableitung eines Polynoms 1./2. Ordnung (nach Huang, 1988, oder Huang & Parrish, 1984).

E.2.5.3 Reflexsuche über die Vorgabe einer Peakform

Der Vorteil eines Röntgenpulverdiagramms gegenüber anderen Spektren ist die ungefähr gleiche Form der einzelnen Reflexe (gleiche Halbhöhenbreite und Flankenform). Deshalb lassen sich auch Verfahren zur Reflexsuche einsetzen, die die Kenntnis der Reflexform zur Voraussetzung haben. So beschreibt Sánchez (1991) eine Reflexsuchroutine für Gauß-förmige Peaks mit einer ungefähren Halbhöhenbreite 2B. Diese Methode lässt sich leicht auf Lorentz-förmige Reflexe ($y = A/[1 + ((x-\mu)/b)^2]$ mit HB = 2b) oder auch Pearson-VII-Peaks übertragen ($y = A/[1 + ((x-\mu)/b)^2]^m$ mit HB $=2b \cdot \sqrt{(\sqrt[m]{2} -1)}$). Röntgenreflexe haben häufig eine Reflexform mit m zwischen 1.5 und 2.

Zur Abtastung des Diagramms benutzt man drei gleichweit entfernte Punkte x_i,y_i (i = 1,2,3) mit Abständen $x_2-x_1 = x_3-x_2 = B$, wobei B ungefähr der halben

Halbhöhenbreite entsprechen sollte. Die Breite B soll mehrere Messpunkte umfassen (mindestens n = 3), so dass eine Schrittweite von 0.02° in 2θ, die bei den anderen Methoden meist ausreicht, eventuell auf 0.01° gesenkt werden muss. Die y_i sind die Höhen über dem Untergrund, d. h. vor Anwendung dieser Methode sollte der Untergrund entfernt und die Kurve geglättet sein.

Diese drei Punkte x_i,y_i werden wie ein Sensor gleitend über das Diagramm geschoben. Liegen alle drei Punkte signifikant über dem Untergrund ($\approx 2\sigma$) und ist der mittlere Wert y_2 größer als die Randwerte y_1 und y_3, so liegt dieser Sensor wahrscheinlich in einer Reflexregion. Diese Bedingung $y_2 > y_1,y_3$ muss für ungefähr n benachbarte Punkte gelten und die Mitte dieses Bereichs entspricht annähernd der gesuchten Reflexlage. Zur genaueren Bestimmung der Reflexlage μ, der Reflexhöhe A und der Halbhöhenbreite 2b werden die folgenden Funktionen benutzt, in die die Hilfsgrößen $\alpha_{ik} = (y_i/y_k)-1$ eingehen (bzw. $\alpha_{ik} = \sqrt[m]{(y_i/y_k)}-1$ für Pearson VII). Im mittleren Bereich eines Reflexes sind die α_{21} und α_{23} positiv. Als erste Näherung der Reflexlage soll x_2,y_2 auf dem lokalen Maximum der geglätteten Messreihe liegen. Für die genaue Reflexbestimmung werden die folgenden Formeln benutzt (Allmann, 1993):

$$\mu = x_2 + B/2 \cdot (\alpha_{21}-\alpha_{23})/(\alpha_{21}+\alpha_{23}), \qquad b^2 = 2B^2/(\alpha_{21} + \alpha_{23}) - (x_2-\mu)^2,$$

$$A = y_2 + y_2 \cdot [(x_2-\mu)/b]^2, \text{ bzw. (für Pearson VII) } A = y_2 \cdot [1+((x_2-\mu)/b)^2]^m.$$

Auch mit dieser Methode können Schultern nicht erkannt werden, sondern nur echte Maxima. Fällt, vor allem bei einer größeren Schrittweite, ein Maximum gerade zwischen zwei Rasterpunkte, so sind die gemessenen Zählraten dieser Punkte schon einige Prozent kleiner als im (nicht gemessenen) Maximum. Mit obiger Formel für A lässt sich die interpolierte Reflexhöhe recht genau aus den Messwerten ermitteln.

Reich (1987) benutzt den KNN (k-nearest-neighbors)-Algorithmus, um beim Durchschieben einer vorgegbenen Peakform durch ein Spektrum möglichst ähnliche Bereiche (das sind die Peaks) zu erkennen. Als Abstandsmaß im k-dimensionalen Raum (entsprechend k zu vergleichenden Werten) eignet sich z. B. der Korrelationskoeffizient zwischen den k Werten des vorgegebenen Normpeaks mit k aufeinander folgenden Zählraten des Spektrums. Die Bereiche mit den maximalen Korrelationskoeffizienten (> 0.95) entsprechen den Peaklagen.

E.2.6 Profilanpassung und Profilfunktionen

Einen ganz anderen Ansatz stellt die Profilanpassung dar, wobei für die einzelnen Reflexe mathematisch einfach zu definierende Funktionen angegeben werden (profile shape functions = PSF, s. Howard & Preston, 1989). Die Reflexe werden dann nicht mehr durch 2 oder 3 Parameter bestimmt (Reflexlage, -höhe und -breite), sondern alle ca. 30-60 Messpunkte innerhalb eines Reflexes werden durch das

Modell mit der Methode der kleinsten Quadrate (oder Variationen davon wie das Marquardt-Verfahren, 1963) angepasst. Deshalb ist eine vorhergehende Glättung auch nicht nötig und zum Teil sogar schädlich. Der vorhergehende Abzug des Untergrunds ist problemlos, solange nicht zu viele Reflexe überlappen und der eigentliche Untergrund über weite Bereiche überhaupt nicht mehr erreicht wird. Ein α_2-Abzug ist nicht nötig, da es kaum mehr Aufwand erfordert, statt einer Funktion für einen $K\alpha_1$-Peak ein Dublett $K\alpha_1 + K\alpha_2$ zu konstruieren, wobei die Parameter für den $K\alpha_2$-Peak aus dem des $K\alpha_1$-Peaks berechnet werden, so dass keine zusätzlich zu bestimmenden Parameter notwendig sind.

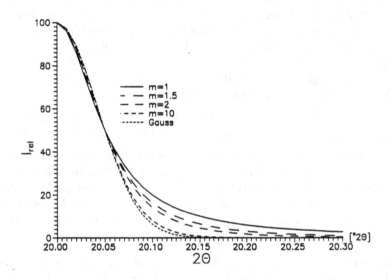

Abb. E(11): Eine Serie von Pearson VII-Profilen mit gleicher Reflexlage, Reflexhöhe und Halbhöhenbreite, aber mit verschiedenen Flankenformen (Exponent m). m=1: Lorentzkurve (L), m=1.5: intermediäre Lorentzkurve (IL), m=2: modifizierte Lorentzkurve (ML). Mit m=10 wird schon recht gut eine Gaußkurve angenähert. Röntgenpeaks haben meist m-Werte zwischen 1.5 und 2 (nach Howard & Preston, 1989).

Auch die PSF werden gewöhnlich durch 3-4 Parameter beschrieben: die Reflexlage $2\theta_k$ oder μ_k, die Reflexhöhe y_{ok} (über dem Untergrund) oder die Integralintensität I_k und die Halbhöhenbreite FWHM = HB_k. Wichtig ist auch die Breite der Flanken, die bei Röntgenpeaks erheblich breiter sind als bei einer Gauß-Kurve (Normalverteilung) und deren Breite noch gering mit 2θ variiert. Außerdem muss bei fehlendem Untergrundabzug noch der Untergrund abgeschätzt werden, der für den kleinen Winkelbereich eines Reflexes meist konstant angenommen wird.

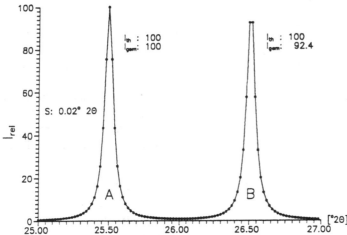

Abb. E(12): Ohne Profilanpassung würden sich für die Reflexe A und B verschiedene Höhen ergeben. Dabei sind beide Reflexe gleich, aber für A fällt das Maximum auf einen Messpunkt, bei B liegt es genau zwischen zwei Messpunkten. Mit den Formeln in E.2.5.3 lässt sich die Reflexhöhe exakt interpolieren (nach Kern, 1992).

Die besondere Stärke der Profilanpassungsverfahren kommt bei überlappenden Reflexgruppen zur Geltung (s. auch: Toraya, 1986, 1989). Unter der Annahme einer bestimmten Flankenform, die von nicht überlappenden Reflexen desselben Diagramms übernommen wird, lässt sich der Untergrund bestimmen, ohne dass der Untergrund selbst an irgendeiner Stelle erreicht wird. Allerdings existiert eine starke Korrelation zwischen Untergrund und Flankenform, so dass nicht beide Größen gleichzeitig verfeinert werden können. Ein zu hoher Untergrund schneidet zwangsläufig breite Flanken ab, so dass diese schmaler erscheinen und die Integralintensitäten zu niedrig bestimmt werden.

Als Funktionen für die Profilform werden vor allem Gauß- und Lorentz-Kurven und die Übergänge zwischen diesen benutzt. Die folgenden Funktionen sind alle auf die gleiche Integralintensität (Fläche) I_k normiert. Bei gleicher Halbhöhenbreite HB_k erreicht wegen der breiteren Flanken die Lorentzkurve nur 68 % der Reflexhöhe der flächengleichen Gaußkurve. Die Reflexlage des k-ten Reflexes ist $2\theta_k$, i ist die Nummer des Messpunktes und $\delta_{ik} = (2\theta_i - 2\theta_k) \cdot 2/HB_k$ soll als Hilfsgröße benutzt werden. Mit 3 Parametern ($2\theta_k$, HB_k und I_k) ergeben sich die folgenden Ausdrücke für y_{ik} (Höhe über dem Untergrund für den Reflex k an der Stelle i, Maximum an der Stelle $2\theta_k = I_{max,k}$):

Gauß (G):
$$y_{ik} = I_k/HB_k \cdot 2 \cdot \sqrt{(\ln 2)}/\sqrt{\pi} \cdot \exp[-\ln 2 . \delta_{ik}^2], \qquad 2 \cdot \sqrt{(\ln 2)}/\sqrt{\pi} = 0.939$$

Lorentz (L):
$$y_{ik} = I_k/HB_k \cdot 2/\pi \cdot [1 + \delta_{ik}^2]^{-1}, \qquad\qquad 2/\pi = 0.637$$

Intermediäre Lorentz (IL):
$$y_{ik} = I_k/HB_k \cdot \sqrt{(2^{2/3} - 1)} \cdot [1 + (2^{2/3} - 1)\delta_{ik}^2]^{-1.5}, \qquad \sqrt{(2^{2/3} - 1)} = 0.766$$

Modifizierte Lorentz (ML):
$$y_{ik} = I_k/HB_k \cdot 4\sqrt{(\sqrt{2} - 1)}/\pi \cdot [1 + (\sqrt{2} - 1)\delta_{ik}^2]^{-2}, \qquad 4\sqrt{(\sqrt{2} - 1)}/\pi = 0.819.$$

Die Fläche I_k eines Reflexes (die Integralintensität) erhält man durch $I_k = I_{max,k} \cdot HB_k$/Normierung (die Normierungswerte sind oben angegeben). Innerhalb eines Diagramms kann man bei ungefähr gleichen Reflexformen für die Berechnung relativer Integralintensitäten auch einfach das Produkt $I_{max,k} \cdot HB_k$ nehmen.

Tab. E(7a): Abfall der Flanken eines Pearson-VII-Peaks in Abhängigkeit vom Flankenparameter m. Reflexhöhe = 1. Definitionsgemäß fällt die Höhe im Abstand von einer halben Halbhöhenbreite HB_k auf 0.5 ab.

| m | 0.5 | Abstand $\|2\theta_i - 2\theta_k\|$ in Vielfachen von HB_k | | | | |
		1	1.5	2	2.5	3
1	0.5	0.2000	0.1000	0.0588	0.0385	0.0270
1.5	0.5	0.1631	0.0634	0.0298	0.0161	0.0096
2	0.5	0.1417	0.0447	0.0172	0.0078	0.0039
3	0.5	0.1178	0.0269	0.0073	0.0024	0.0009
6	0.5	0.0914	0.0116	0.0015	0.0002	0.0000
∞	0.5	0.0625	0.0020	0.0000	--	--

Tab. E(7b): Abfall der Flanken eines Pseudo-Voigt-Peaks in Abhängigkeit vom Mischungsparameter w. (w = 1: reine Lorentzkurve, w = 0: reine Gaußkurve)

| w | 0.5 | Abstand $\|2\theta - 2\theta_k\|$ in Vielfachen von HB_k | | | | |
		1	1.5	2	2.5	3
1.0	0.5	0.2000	0.1000	0.0588	0.0385	0.0270
0.7	0.5	0.1467	0.0620	0.0360	0.0236	0.0165
0.4	0.5	0.1053	0.0325	0.0183	0.0120	0.0084
0.1	0.5	0.0722	0.0088	0.0041	0.0027	0.0019
0.0	0.5	0.0625	0.0027	0.0000	--	--

IL und ML sind schon Mischformen zwischen G und L und stellen recht gut den Verlauf eines symmetrischen Röntgenreflexes dar. Führt man einen 4. Parameter für eine variable Flankenbreite ein (w bzw. m), so ergeben sich die beiden folgenden oft verwendeten Funktionen:

Pseudo-Voigt (PV):
$$y_{ik} = w \cdot L_{ik} + (1-w) \cdot G_{ik}$$

Pearson VII (P7):

$$y_{ik} = I_k/HB_k \cdot 2\sqrt{(2^{1/m} - 1)}/\sqrt{\pi} \cdot \Gamma(m)/\Gamma(m-1/2) \cdot [1 + (2^{1/m} - 1)\delta_{ik}^2]^{-m}.$$

Die Pseudo-Voigt-Funktion ist das gewichtete Mittel zwischen einer Lorentz- und einer Gaußfunktion. Dabei kann der Faktor I_k/HB_k noch vor die Klammer gezogen werden, d. h. weder die Fläche I_k noch die Halbhöhenbreite HB_k ändern sich mit dem Gewichtungsfaktor w_k. L, IL, ML und G sind Sonderfälle der Pearson VII-Funktion mit m = 1, 1.5, 2 und ∞ (mit m = 20 wird aber die Gauß-funktion schon recht gut angenähert). Bei gleicher Fläche und Halbhöhenbreite ist eine Gaußkurve in der Mitte 48% höher als eine Lorentzkurve. Die kompliziertere und rechenaufwendige Voigt-Funktion ist die Faltung einer Gauß- mit einer Lorentz-Funktion.

Von den Funktionen mit 3 Parametern ist am besten IL für Röntgenreflexe geeignet. Bei der Rietveldanalyse wird meist die 4-parametrige Pseudo-Voigt-Funktion benutzt, für reine Profilanpassungen (ohne Strukturverfeinerung) häufig auch die Pearson VII-Funktion.

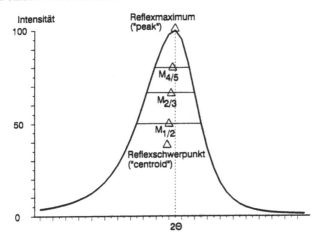

Abb. E(13): Bei asymmetrischen Reflexen hängt die Reflexlage von ihrer Definition ab: Meist wird die Lage des Maximums (= Nullstelle der 1. Ableitung) angegeben. Die Mitten in 4/5, 2/3 und 1/2 Reflexhöhe sind ebenso wie der Reflexschwerpunkt (Zentroid) zur Seite der breiten Flanke hin verschoben. Das Minimum der 2. Ableitung (nicht eingezeichnet, s. Abb. E(17)) ist dagegen zur Seite der schmalen Flanke verschoben (nach Kern, 1992).

Aus den Tabellen folgt, dass für die üblichen Röntgenreflexe mit m $\approx$ 1.5 rechts und links von einer Reflexlage mindestens je drei Halbhöhenbreiten erfasst werden müssen, ehe die Flanken auf unter 1% der Reflexhöhe absinken, d. h. bei Halbhöhenbreiten von 0.1 - 0.2° in 2θ reichen die Flanken mindestens 0.3 - 0.6° nach jeder Seite und bei Abständen unter 0.6 - 1.2° wird zwischen zwei Reflexen der Untergrund überhaupt nicht mehr erreicht. Bei niedrigsymmetrischen Kristallen tritt diese dichte Linienlage schon bei niedrigen 2θ auf und damit wird ein Untergrundsabzug sehr problematisch (s. Abb. G(3)).

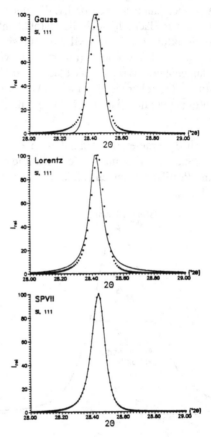

Abb. E(14): Anpassung eines gemessenen, asymmetrischen Si(111)–Reflexes (Punkte) mit einem Gauß–, einem Lorentz– und einem Split–Pearson-VII–Profil (ausgezogene Kurven). Neben der nicht erfaßten Asymmetrie (oben und Mitte) sind oben die Flanken zu schmal und in der Mitte zu breit (siehe auch Abb. E(17), nach Kern, 1992).

Nicht alle Parameter müssen für jeden Reflex verfeinert werden, sondern nur die Reflexlage und -höhe. Die Halbhöhenbreite HB_k kann in nullter Näherung als konstant angesehen werden. Eine geringe Abhängigkeit von $2\theta_k$ wird nach Cagliotti et al. (1958) meist durch den folgenden Ansatz erfaßt:

$$HB_k{}^2 = U \cdot \tan^2\theta_k + V \cdot \tan\theta_k + W.$$

Ähnlich kann man bei der Flankenform vorgehen, z. B.: $m_k = a \cdot \theta_k{}^2 + b \cdot \theta_k + c.$

Statt der k Parameter HB_k (d. h. für jeden Reflex gesondert) brauchen so nur noch drei Parameter bestimmt zu werden. Das gleiche gilt für die m_k. (Siehe Abb. E(16) mit dem Verlauf der Koeffizienten für eine Split-Pearson VII-Kurve).

Die Übereinstimmung zwischen den Beobachtungswerten y_{oi} und den berechneten Werten y_{ci} wird durch das *Residuum* R bzw. R_w angegeben, d. h. durch die mittlere Abweichung, die meist in % angegeben wird:

$$R = \Sigma_i |y_{oi} - y_{ci}| / \Sigma_i y_{oi}$$
$$R_w = [\Sigma_i w_i (y_{oi} - y_{ci})^2 / \Sigma_i w_i (y_{oi})^2]^{1/2}.$$

Die R_w sind die Größen, die bei der Methode der kleinsten Quadrate minimalisiert werden. Als Gewichte werden am besten die reziproken Varianzen $1/\sigma^2$ der Messwerte y_{oi} benutzt. Durch die Statistik des Zählvorganges ist $w_i = 1/\sigma^2(y_{oi}) = 1/y_{oi}$. Durch diese Gewichtung werden die Flankenregionen wichtiger als die Reflexmitte (mit hohen Zählraten). Meist liegen die R-Werte nach der Anpassung bei 10-20%, gute Anpassungen erreichen 2-10%. Als Erwartungswert für R kann man

$$R_{Erw} = [(N-P)/\Sigma_i (y_{oi})]^{1/2}$$

berechnen mit N = Zahl der Messpunkte und P = Zahl der zu variierenden Parameter. R_{Erw} entspricht ungefähr der (mittleren Zählrate pro Schritt)$^{-1/2}$, $\Sigma_i(y_{oi})$ ist die Gesamtzahl aller gemessenen Impulse (andere Darstellung in Kap. G.2). Für gute Verfeinerungen sollte R_w nicht mehr als doppelt so groß wie R_{Erw} werden.

Für die Verfeinerung sind die oben angegebenen, normierten Profilfunktionen weniger gut geeignet, da die Parameter HB_k und m_k (bei P7) mehrfach vorkommen und die partiellen Ableitungen entsprechend kompliziert werden, was die Rechenzeit erhöht und die Konvergenz verschlechtert. Man benutzt dann *unnormierte Profilfunktionen* mit der Peakhöhe I_{max} statt der Fläche I und dem Hilfsparameter k statt der Halbhöhenbreite HB. Erst nach der Verfeinerung werden die k_k in HB_k umgerechnet. Zu verfeinernde Parameter sind: die Peakhöhen $I_{max,k}$, die Peaklagen x_k, die Hilfsparameter k_k und die m_k bzw. w_k. Die einzelnen Gleichungen lauten dann:

G: $y_{ik} = I_{max,k} \cdot \exp(-k_k(x_i-x_k)^2)$
mit $HB_k = 2(0.6931/k_k)^{0.5}$ und der Fläche $I_k = I_{max,k} \cdot HB_k \cdot 1.065$

L: $y_{ik} = I_{max,k}/(1 + k_k(x_i-x_k)^2)$
mit $HB_k = 2(1/k_k)^{0.5}$ und der Fläche $I_k = I_{max,k} \cdot HB_k \cdot 1.560$

IL: $y_{ik} = I_{max,k}/(1 + k_k(x_i-x_k)^2)^{1.5}$
mit $HB_k = 2(0.5874/k_k)^{0.5}$ und der Fläche $I_k = I_{max,k} \cdot HB_k \cdot 1.305$

ML: $y_{ik} = I_{max,k}/(1 + k_k(x_i-x_k)^2)^2$
mit $HB_k = 2(0.412/k_k)^{0.5}$ und der Fläche $I_k = I_{max,k} \cdot HB_k \cdot 1.221$

P7: $y_{ik} = I_{max,k}/(1 + k_k(x_i-x_k)^2)^m$
    mit $HB_k = 2((2^{1/m} - 1)/k_k)^{0.5}$ und der Fläche
    $I_k = I_{max,k} \cdot HB_k \cdot (\sqrt{\pi} \cdot \Gamma(m - 1/2))/(2 \cdot (2^{1/m} - 1) \cdot \Gamma(m))$
    (für m = 1 ergibt sich L, für m = 1.5 IL, für m = 2 ML und für m>20 ≈ G)

Bei der Pseudo-Voigt-Funktion muss für L und G die gleiche Halbhöhenbreite eingehalten werden:

PV: $y_{ik} = I_{max,k} \cdot (w/(1 + k_k(x_i-x_k)^2) + (1 - w) \cdot \exp(-0.6931 \cdot k_k(x_i-x_k)^2))$
    mit $HB_k = 2(1/k_k)^{0.5}$ und der Fläche $I_k = I_{max,k} \cdot HB_k \cdot (1.065 + w \cdot 0.495)$

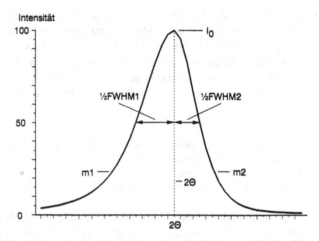

Abb. E(15): Schematische Darstellung des Split-Pearson-VII-Profils (SP7) mit 6 Parametern: gemeinsame Reflexlage 2θ und -höhe I_0, aber getrennte Halbhöhenbreiten FWHM und Flankenparameter m für die linke und rechte Reflexhälfte (nach Kern, 1992).

Eine weitverbreitete Methode ist die getrennte Behandlung der linken und rechten Reflexhälfte (Split-Pearson VII oder SP7). Reflexhöhe und -lage werden für beide Hälften gleich angesetzt, aber für die Halbhöhenbreite und Flankenparameter werden getrennte Parametersätze aufgestellt (d. h. zwei zusätzliche Parameter, bzw. je ein Satz der U,V,W und a,b,c für die rechten und linken Hälften).

Eine Erschwernis stellt die *Asymmetrie* der Röntgenreflexe dar, die vor allem durch die axiale Divergenz des Röntgenstrahls bedingt wird. Durch den Einbau von parallelen Mo-Blechen in den Strahlengang (Soller-Blenden) versucht man, diese Divergenz in Grenzen zu halten. Vor allem bei niedrigen 2θ ist die Flanke zu den niedrigen 2θ deutlich breiter als die zu den höheren 2θ. Bis 2θ ≈ 90° verschwindet diese Asymmetrie und bei noch größeren Winkeln kehrt sie sich um. In diesem mittleren 2θ-Bereich ist auch die Halbhöhenbreite am geringsten und nimmt zu höheren und niederen Winkeln zu (s. Abb.E(16)).

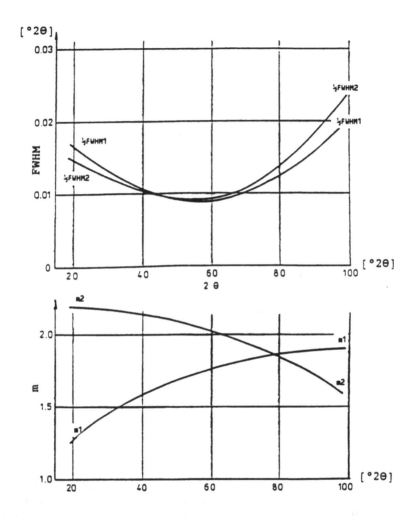

Abb. E(16): Verlauf der Halbhöhenbreiten (oben) und der Flankenparameter m (unten) für Split-Pearson-VII-Profile (SP7), die an eine Guinier-Aufnahme von $PbNO_3$ angepasst wurden. Durch solche Kurven lässt sich die Zahl der zu bestimmenden Profil-Parameter stark reduzieren. (nach Brown & Edmonds, 1980).

Es existieren auch Versuche, Asymmetrieparameter in geschlossenen, mathematischen Ausdrücken zu benutzen. Z. B. für eine asymmetrische Pseudo-Voigt-Funktion mit $\qquad y_{ik} = w \cdot L_{ik}(x-\delta) + (1-w) \cdot G_{ik}(x+\delta)$

d. h. die beiden Kurven L und G werden leicht gegeneinander verschoben.

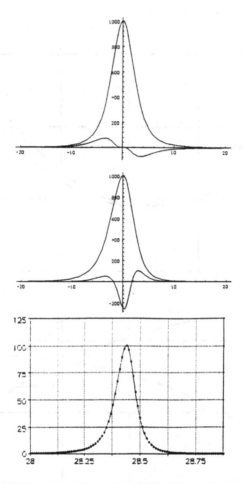

Abb. E(17): Darstellung einer einparametrigen Asymmetriekorrektur. Oben: eine symmetrische ML-Kurve mit eingezeichneter Korrekturfunktion (k = -0.8). Diese ist eine ungerade Funktion; dadurch ergibt sich keine Änderung der Integralintensität und der Reflexhöhe. Außerdem ist in der Mitte die 1. Ableitung = 0. Dadurch bleibt auch die Lage des Maximums erhalten. Mitte: Die Summe der beiden Kurven von oben ergibt einen asymmetrischen Reflex. Das Minimum der 2. Ableitung ist leicht zur schmalen Flanke hin verschoben. Unten: Anwendung des asymmetrischen Profils (insgesamt 5 Parameter) auf den Si(111)-Reflex aus Abb. E(14).

Rietveld (1969) gibt als Asymmetriekorrektur für Neutronenspektren (mit Gaußkurven) an: $y_{ik,corr} = y_{ik} \cdot [1 - P \cdot (2\theta_i - 2\theta_k)^2 \cdot sign/tan\theta_k]$

mit sign = 1,0,-1 je nachdem, ob $(2\theta_i\text{-}2\theta_k)$ positiv, 0 oder negativ ist. Dabei ist P der anzupassende Asymmetrieparameter. Der Ausdruck $P\cdot(2\theta_i\text{-}2\theta_k)^2$ wird mit der Entfernung von $2\theta_k$ immer größer. Da aber die Gaußkurve schneller als jede Potenz gegen Null geht, konvergiert die so korrigierte Kurve. Allerdings erfolgt auf der schmalen Seite die Annäherung (physikalisch unsinnig) von der negativen Seite.

Mit einer ungeraden Potenz von $(2\theta_i\text{-}2\theta_k)$ kann man auf den unstetigen Ausdruck $\text{sign}(2\theta_i\text{-}2\theta_k)$ verzichten. Wenn durch die Asymmetriekorrektur keine Verschiebung des Maximums (d. h. der Reflexlage) stattfinden soll, muss außerdem die 1. Ableitung der addierten Korrekturkurve an der Stelle des Maximums gleich Null sein. Die folgende Korrektur erfüllt diese Forderungen (s. Abb. E(17)):

$$y_{ik,corr} = y_{ik}\cdot[1 - P_k\cdot(2\theta_i\text{-}2\theta_k)^3/((HB_k/2)^2 + (2\theta_i\text{-}2\theta_k)^2)^{1.5}].$$
$$\text{für } y_{ik} = I_{max,k}/(1 + ((2\theta_i\text{-}2\theta_k)/(HW_k/2))^2)^m$$

Für nicht zu unsymmetrische Reflexe genügt diese einparametrige Korrektur gegenüber der 2-parametrigen von SP7. Was auf der einen Flanke zugefügt wird, wird auf der anderen abgezogen, d. h. die Integralintensität selbst bleibt unverändert. Die korrigierte Kurve bleibt positiv, solange $|P_k|\leq 1$, jedoch ist bis $|P_k| = 2$ ein leichtes Durchhängen der schmalen Flanke ins Negative noch akzeptierbar.

Bei der Anpassung geht man am besten in zwei Schritten vor: zuerst werden symmetrische Kurven angepasst und erst danach wird versucht, die Asymmetrieparameter P_k zu bestimmen, am besten in einer von $2\theta_k$ abhängigen Form (ebenso wie die HB_k und m_k bzw. w_k).

Lauterjung et al. (1985) beschreiben ein Reflexsuchprogramm auf der Basis der Profilanpassung von Reflexgruppen (zunächst nur für Gauß-Peaks), das in abgeänderter Form im Kontinentalen Tiefbohrprogramm (KTB) mit Erfolg zur Interpretation der zahlreich anfallenden Pulverdiagramme verwendet wird (Kap. F.1.2.3).

E.2.7 Bestimmung systematischer Messfehler

Da es relativ schwierig ist, den Einfluss aller Messfehler, die zu einer Reflexverschiebung führen können, rechnerisch zu beschreiben, versucht man, den Gesamtfehler empirisch zu erfassen, indem man Substanzen mit sehr genau bekannten Gitterkonstanten misst (Eichsubstanzen oder Standards) und die gemessenen 2θ-Werte $2\theta_{obs}$ mit den bekannten oder aus den Gitterkonstanten berechneten $2\theta_{calc}$ vergleicht. Dazu werden die Differenzen $\Delta 2\theta = 2\theta_{obs} - 2\theta_{calc}$ gegen $2\theta_{obs}$ aufgetragen und diese Punkte werden durch eine glatte Kurve, die Eichkurve, angenähert. Als Näherungsfunktionen werden meist Polynome 0. - 4. Ordnung verwandt; ebenso eignen sich kubische Ausgleichsplines. Mathematisch lassen sich die Polynome zwar extrapolieren, in der Praxis sind die Extrapolationen aber häufig unsinnig, besonders bei den höheren Ordnungen (s. Abb. E.2.g.2(1)), und deshalb sollte der ganze Messbereich durch Reflexe des Standards abgedeckt sein. Vor allem bei kleinen $2\theta < 10°$ häufen sich zum einen die Messfehler und zum anderen sind die mathematischen Modelle in diesem Bereich unzureichend. Für die Berechnung von Gitterkonstanten sollten deshalb Reflexe $<10°$ gar nicht erst verwendet werden (wohl aber für die Indizierung). Den Einfluss verschiedener geometrischer Faktoren auf das Beugungsdiagramm untersuchen Wilson & Parrish (1954):

Tab. E(8): 2θ-Werte der Si-Standards bei 25°C gemessen mit CuKα_1-Strahlung ($\lambda = 1.5405981$ Å). $I_{rel,a}$: Probe seitlich gestopft, $I_{rel,b}$: Probe von vorn fest in den Träger eingedrückt. Die 2θ-Werte für SRM 640 wurden aus den d-Werten von PDF 27-1402 berechnet (diese sowie der letzte Wert aus der Gitterkonstante). $2\theta_{obs}$ nach Hubbard (1983) für eine der 12 gemittelten Proben.

hkl	SRM640a $2\theta_{obs}$	SRM640b $2\theta_{calc}$	$I_{rel,a}$	$I_{rel,b}$	SRM 640 $2\theta_{calc}$
111	28.425	28.442	100	100	28.443
220	47.299	47.303	55	64	47.303
311	56.124	56.122	30	34	56.123
400	69.128	69.130	6	8	69.131
331	76.382	76.376	11	12	76.377
422	88.030	88.030	12	16	88.032
511	94.951	94.953	6	8	94.954
440	106.710	106.709	3	5	106.710
531	114.098	114.092	7	9	114.094
620	127.551	127.545	8	7	127.547
533	136.904	136.893	3	3	136.897
444		158.632	*	3	156.638

Die *Eichkurve* wird benutzt, um die 2θ-Werte einer Substanz, die unter den gleichen Bedingungen wie der Standard (äußerer Standard) gemessen wurde, zu korrigieren. Einige Fehler, vor allem der Präparathöhenfehler und der Transparenzfehler, sind von Probe zu Probe verschieden. Um diese Fehler zu erfassen, muss der Standard der Probe beigemischt werden (innerer Standard). Manchmal sind sogar zwei verschiedene Standards gleichzeitig angebracht, da die Standards mit einfachen Strukturen (Elemente und einfache Oxyde) zwar starke Reflexe im oberen 2θ-Bereich haben, die vordersten Reflexe aber erst oberhalb 20° liegen. Umgekehrt haben kompliziertere Substanzen mit großen Gitterkonstanten brauchbare Reflexe im unteren Bereich, aber deren Reflexe verlieren im oberen Bereich schnell an Intensität.

Periodische Fehler, die sich aus dem Getriebe der Winkeleinstellung ergeben, können mit Standards nicht erfasst werden. Oft enthält das Getriebe ein Zahnrad, das sich genau einmal pro Grad in 2θ umdreht und das mit der Ablesung für die Winkelbruchteile über eine Achse verbunden ist. Jede Umdrehung ändert das Zählwerk für die vollen Winkel um ±1. Für den Antrieb des Zählers bzw. der Probe muss diese Umdrehung mit 1:360 bzw. 1:180 untersetzt werden. Diese mechanischen Getriebefehler können durchaus 20-30 Bogensekunden (0.005-0.008°) erreichen und lassen sich nur schwer messen und korrigieren. Die mechanische Güte des Getriebes hat damit einen wesentlichen Einfluss auf die erreichbare Messgenauigkeit und sollte nicht mit der Reproduzierbarkeit verwechselt werden. Die Reproduzierbarkeit der Messung (d. h. auch des Getriebefehlers) beträgt dagegen ca. 0.0005° (bei horizontalen Messkreisen etwas besser als bei vertikalen), solange immer in derselben Richtung gemessen wird (Jenkins & Schreiner, 1986). Das Spiel zwischen auf- und absteigender Messung liegt bei einigen 1/1000° und kann leicht ermittelt werden, indem man eine Testsubstanz in beiden Richtungen misst. Bei einem definierten hohen Beugungwinkel kann der Detektorarm wegen des Getriebespiels beim Überschreiten des Zeniths des Messkreises einen kleinen Sprung machen. Bei älteren Geräten mit einem Ratemeter wird dieses mechanische Spiel von der systematischen Reflexverschiebung durch die analoge Impulsratenmittelung überlagert. Diese Verschiebung hängt stark von der gewählten Halbwertszeit des Ratemeters ab.

Vom NIST (National Institute for Standards and Technology in Gaithersburg bei Washington, früher NBS) werden seit längerer Zeit sehr genau vermessene Substanzen als Standards in Portionen zu 10 g angeboten (Dragoo, 1986). Für die 2θ-Eichung am bekanntesten ist unter der Bezeichnung NIST SRM 640 ein Si-Pulver (99.9999 % rein) mit einer mittleren Korngröße von 10 μm und einer Gitterkonstante von 5.43088(4) Å bei 25°C (PDF 27-1402). Nach Ausverkauf dieses Standards wurde 1983 die nächst kleinere Kornfraktion desselben Si-Mahlgutes mit einer mittleren Korngröße von 5 μm als SRM 640a angeboten mit einer neu vermessenen Gitterkonstante von 5.430825(11) Å bei 25°C. Die Eichung der Si-Standards erfolgte gegen ein Gemisch von Ag- (a_0 = 4.08651(2) Å) und W-Pulver (a_0 = 3.16524(4) Å). Dabei lag der Si-Reflex 111 ca. 10° unterhalb des ersten Ag-Reflexes und konnte deshalb nur ungenügend korrigiert werden und wurde nicht zur Berechnung der Gitterkonstanten benutzt. Seit 1987 wird der Standard SRM 640b ausgeliefert, mit a_0 = 5.43094(4) Å (Mittelung von 25 Messungen).

Bei so genauen Angaben wirken sich viele Einflüsse störend aus, die bei Routinemessungen unbeachtet bleiben können. Vor allem muss die Messtemperatur genau registriert werden, und die d-Werte müssen mit dem Wert für die Wärmeausdehnung α von der Messtemperatur auf die Normtemperatur umgerechnet werden (meist 25°C = 293 K). Für reines Si (99.9999 %) beträgt α = $2.56 \cdot 10^{-6}$, das sind 0.000014 Å Änderung in a_0 pro °C. Bei stärkerer Verunreinigung ist dieser Wert etwas größer. Obige Tabelle zeigt, dass Reflexe mit großem 2θ besonders empfindlich auf geringe Änderungen der Gitterkonstanten reagieren. Bei Silizium wirkt sich darüber hinaus ein Effekt störend aus, der bei anderen Pulvern meist nicht so stark ist: die Oberflächenspannung der Oxydhaut.

Deslattes und Henins (1974) bestimmten an einem großen Einkristall, bei dem der Einfluss der Oxydhaut zu vernachlässigen ist, a_0 zu 5.4310628(9) Å bei 25°C. Dieselbe Messreihe diente auch zur Neubestimmung von $\lambda(CuK\alpha_1)$ = 1.5405981 Å, der Wert, der auch für alle Messungen an SRM 640 benutzt wurde. Damit ist a_0 des Einkristalls um 0.000183 Å größer als der des Si-Pulvers. Rechnerisch entspricht das einem Temperaturunterschied von 13°. Der wahre Grund ist ein von der Oberflächenspannung der Oxydhaut bedingter Druckunterschied, der bei gleicher Oberflächenspannung umgekehrt zum Teilchendurchmesser zunimmt. Bei einem Kompressibilitätsmodul von $1.023.10^{-6}$/bar bedeutet das eine relative Längenänderung von $0.341.10^{-6}$/bar oder absolut $1.852.10^{-6}$Å/bar für a_0, d. h. der Innendruck der Si-Körnchen in den Standardproben beträgt ca. 100 bar. Eine eigene sorgfältige Messung mit kleinen Blenden an einem älteren Si-Pulver (>5 Jahre nach der Mahlung) mit einer mittleren Korngröße von 2 µm ergab im vorderen Teil des 111-Reflexes bei 28.47° (Integralintensität 520 930 Impulse) einen sehr schwachen Reflex bei 26.64° (5072 Impulse, nur 15% über dem Untergrund), der dem stärksten Quarzreflex entspricht, d. h. die Oxydhaut ist zumindest nach einiger Zeit nicht mehr amorph, sondern kristallin in der Form von Quarz .

Tab. E(9): 00ℓ-Linien des Standards SRM 675, Fluorphlogopit. d_{001} = 9.98104(7) Å bei 25°C. (*: Der Reflex 009 ist zu schwach, **: $2\theta_{006}$ ungenau, da von $\bar{1}35$ überlagert).

$2\theta[°]$	ℓ	I_{rel}	$2\theta[°]$	ℓ	I_{rel}
8.853	1	81	65.399	7	2
17.759	2	4.8	76.255	8	2
26.774	3	100	*		
35.962	4	6.8	101.025	10	0.5
45.397	5	28	116.193	11	0.5
55.169	6	1.6**	135.674	12	0.1

Für kleinere Winkel wird ein synthetischer Fluorphlogopit, $KMg_3(Si_3Al-O_{10})F_2$, als SRM 675 angeboten mit d_{001} = 9.98104(7) Å bei 25°C. Dieses Glimmermaterial sollte möglichst parallel zur Probenoberfläche ausgerichtet sein (starke Textur). Man kann diese Ausrichtung durch Sedimentation einer Aufschlämmung einer geringen Menge des Standards in Aceton auf einen Einkristallträger erreichen. Für eine gute Eichung sollten nur die vorderen Reflexe von SRM 675 benutzt werden. Bei Verwendung von $K\alpha_1+K\alpha_2$-Strahlung sind bei den vorderen Reflexen die beiden Wellenlängen noch nicht aufgelöst und die angegebenen 2θ-Werte müssen mit der gemittelten Wellenlänge umgerechnet werden (bei $CuK\alpha$ angenähert eine Multiplikation mit 1.00083). Bei älteren PDF-Karten muss bei der Rückrechnung der 2θ-Werte aus den aufgelisteten d-Werten die angegebene (damals gültige) Wellenlänge verwendet werden.

Tab. E(10): Quarzreflexe nach PDF 46-1045 ($2\theta_{obs}$). $2\theta_{calc}$ wurde aus den unten angegebenen Gitterkonstanten und λ = 1.5405981 Å berechnet (beide Werte bei 23°C). Es sind nur die stärkeren Reflexe mit I_{rel} > 1 angegeben.

hkl	$2\theta_{obs}$	$2\theta_{calc}$	I_{rel}	hkl	$2\theta_{obs}$	$2\theta_{calc}$	I_{rel}
100	20.860	20.859	16	113	64.036	64.036	2
101	26.640	26.640	100	212	67.744	67.744	6
110	36.544	36.546	9	203	68.144	68.144	7
102	39.465	39.467	8	301	68.318	68.315	5
111	40.300	40.292	4	104	73.468	73.467	2
200	42.450	42.453	6	302	75.660	75.661	3
201	45.793	45.796	4	220	77.675	77.672	1
112	50.139	50.141	13	213	79.884	79.884	2
202	54.875	54.875	4	114	81.173	81.171	2
103	55.325	55.327	2	310	81.491	81.491	2
211	59.960	59.961	9	312	90.831	90.831	2

Bei Gesteinspulvern bietet sich Quarz als natürlicher Standard an, besonders, weil Quarz nur wenig chemische Verunreinigungen enthält. Natürlicher Calcit ist wegen des häufigen Mg-Gehaltes und der dadurch verringerten Gitterkonstanten weniger gut geeignet. Dazu kommt der negative Temperaturkoeffizient in der a-Richtung.

Als sekundäre Standards zur Eichung der d-Werte dienen:

W (kub. I, a = 3.16524(4) Å, $\Delta a/°C$ =0.000015 Å, PDF 4-806)
Ag (kub. F, a = 4.08651(2) Å, $\Delta a/°C$ =0.000078 Å, PDF 4-783)
α-Al$_2$O$_3$ (rhomboedr., a = 4.75893(10), c = 12.9917(7) Å, SRM 674)
Quarz (trig., a = 4.91344(4), c= 5.40524(8) Å bei 23°C)
  ($\Delta a/°C$ = 0.000070, $\Delta c/°C$ = 0.000047 Å, PDF 46-1045)
MgAl$_2$O$_4$ (kub. F, a = 8.0831 Å, PDF 21-1152)
Al (kub. F, a = 4.04934 Å bei 21°C, $\Delta a/°C$ =0.000093 Å, PDF 4-787)
Calcit (rhomboedr.; a = 4.990 , c: 17.002 Å, PDF 24-27).
  ($\Delta a/°C$ = -0.000030 !, $\Delta c/°C$ = 0.00044 Å)
Diamant (kub. F, a= 3.5667 Å (26°C), $\Delta a/°C$ = 0.00000424 Å, PDF 6-675)

Für sehr kleine Winkel wurde das Salz einer sehr langkettigen Fettsäure, Bleimyristat = Pb($C_{14}H_{27}O_2$)$_2$, mit einem Schichtabstand von d = 40.20 Å (verfeinert 40.26 Å) vorgeschlagen. Mit CuK$\bar{\alpha}$-Strahlung (λ = 1.5419 Å) konnten die Reflexe bis zur 13. Ordnung gemessen werden. Die gemessenen θ-Werte betragen: 2.28, 4.47, 6.66, 8.86, 11.06, 13.27, 15.48, 17.69, 19.93, 22.15, 24.40, 26.65 und 28.91° (Schreiner, 1986, s. Abb. E(19)). Kürzlich wurde auch Silberbehenat, $AgC_{22}H_{43}O_2$ mit d = 53.37 Å vorgeschlagen (Blanton et al., 1995).

Auch für die *Intensitätseichung* wurden Standards entwickelt. Das NIST hat unter SRM 674 einen Set von 5 Substanzen mit einer mittleren Korngröße von 2 µm zusammengestellt: α-Al_2O_3 (rhomboedr., a=4.75893(10), c= 12.9917(7) Å), ZnO (hexag., a=3.24981(12), c= 5.20653(13) Å), TiO_2 (Rutil, tetrag., a = 4.59365(10), c= 2.95874(8) Å), Cr_2O_3 (rhomboedr., a=4.95916(12), c= 13.5972(6) Å) und CeO_2 (kub., a= 5.41129(8) Å). Für Mengenbestimmungen in Phasengemischen reichen die relativen Intensitäten des PDF nicht aus, und deshalb wird in letzter Zeit auch ein Umrechnungsfaktor auf absolute Intensitäten angegeben (RIR = relative intensity reference).

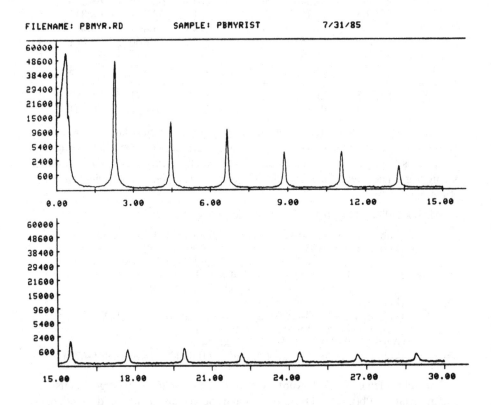

Abb. E(18): Pulverdiagramm von Pb-Myristat, $Pb(C_{14}H_{27}O_2)_2$, mit Cu$K\alpha$-Strahlung und variabler Divergenzblende aufgenommen. Das Schließen der Divergenzblende täuscht einen Reflex bei $2\theta = 0.5°$ vor (Schreiner, 1986).

Der auf neueren PDF-Karten vermerkte Wert I/Ic gibt das Intensitätsverhältnis des stärksten Reflexes der Substanz zum stärksten Korundreflex (113 bei 43.35°) an, wenn man eine 1:1 Gewichtsmischung dieser beiden Substanzen misst. Die I/Ic-Werte der anderen 4 Eichsubstanzen in SRM 674 sind: für ZnO 5.17(13) (101 bei 36.25°), für TiO_2 3.39(12) (110 bei 27.42°), für Cr_2O_3 2.10(5) (104 bei 33.59°) und für CeO_2 7.5(2) (111 bei 28.55°). Zur Vollständigkeit sei auch noch der I/Ic-Wert für Quarz genannt: 3.41 (PDF 49-1045). Sollte sich die stärkste Korundlinie mit einer Linie der zu eichenden Substanz überlappen, so kann man auch eine andere Linie des Korunds benutzen. Deshalb wurden die Intensitäten der Korundlinien sehr genau gemessen und mit einem Zertifikat abgesichert.

Bei der eigenen Bestimmung von I/Ic-Werten sollten die Integralintensitäten benutzt werden, vor allem wenn Proben- und Korundreflexe sich stark in der Halbhöhenbreite unterscheiden. Bei Gesteinspulvern bietet sich Quarz als Intensitätsreferenz an.

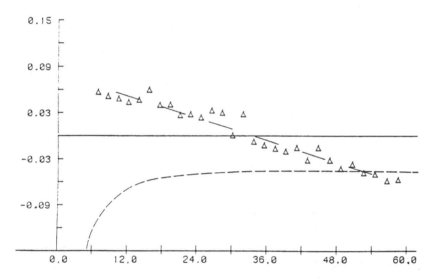

Abb. E(19): Die mathematischen Modelle für systematische Fehler (gestrichelte Kurve) versagen häufig bei kleinen Winkeln. Die Messwerte für Bleistearat (Dreiecke = Differenzen zu berechneten 2θ-Werte) zeigen einen ganz anderen Verlauf (Schreiner & Surdowsky, 1983).

Seit 1991 wird eine geschliffene Sinterplatte aus Korund als SRM 1976 angeboten, die vor allem zur Überprüfung des gesamten 2θ-Bereichs eines Gerätes dienen soll. Die einzelnen Körnchen sind Plättchen nach (001) und haben einen Durchmesser von 5-7 μm und eine Dicke von 1-2 μm. Die Plättchen sind mehr oder weniger parallel zur Oberfläche orientiert. Dadurch sind die Intensitäten (gemessen mit fester Divergenzblende) mit großen ℓ gegenüber der vorigen

Tabelle angehoben. Die Messung erfolgte bei 25°C. Für λ wurde ein etwas höherer Wert als üblich verwandt (1.540629 Å). Beide Korund-Eichsubstanzen unterscheiden sich in der Textur bedingt durch unterschiedliche Kornformen.

Tab. E(11): 2θ-Werte (CuKα$_1$) und Intensitäten für Korund (SRM 674) bei 25°C.

hkl	2θ(°)	I_{rel}(674)	hkl	2θ(°)	I_{rel}(674)
012	25.576	55.4(24)	024	52.552	45.5(13)
104	35.151	87.4(19)	116	57.501	92.5(26)
110	37.777	36.5(14)	214	66.519	34.7(10)
113	43.354	100.0	300	68.210	55.5(22)

Tab. E(12): 2θ-Werte (CuKα$_1$) und Intensitäten einer Korund-Sinterplatte (SRM 1976, bei 25°C, mit Textur). Die $2\theta_{calc}$ wurden aus den Gitterkonstanten a = 4.74885(11) und c = 12.9931(24) Å berechnet (Gesamtfehler für I_{int} = 6.12 %, für die Reflexhöhe I_{max}= 7.85 %).

hkl	$2\theta_{calc}$	I_{int}	I_{max}	hkl	$2\theta_{calc}$	I_{int}	I_{max}
012	25.577	32.34	33.31	02.10	88.995	11.76	8.99
104	35.150	100.00	100.00	226	95.252	10.14	7.25
113	43.355	51.06	49.87	21.10	101.074	16.13	10.94
024	52.552	26.69	25.17	324	116.107⎤	20.86	10.09
116	57.499	92.13	83.6	01.14	116.597⎦		
300	68.213	19.13	16.89	13.10	127.684	15.58	7.56
10.10	76.871⎤	55.57	34.61	146	136.085	15.47	6.55
119	77.234⎦			40.10	145.177	11.29	4.06

Für die Eichung der Halbhöhenbreiten wurde ein LaB$_6$-Standard beschrieben (SRM 660). Auch Si-Pulver eignet sich hierfür (van Berkum et al., 1955)

E.2.7.1 Äußere Standards

Sich zeitlich nur langsam ändernde Fehler der Gerätejustierung können mit einem äußeren Standard überwacht werden. Das Eichpräparat sollte dabei mechanisch so widerstandsfähig sein, dass es über die Lebenszeit des Gerätes seine Oberfläche nicht verändert. Man verwendet mit wenig Bindemittel hergestellte Presslinge oder geschliffene Sinterpräparate z. B. aus Si, Korund oder Quarz. So liefert die Firma Siemens mit ihren Geräten (z. B. D5000) eine Scheibe aus einem feinkörnigen, natürlichen Quarzit. Dieses Testpräparat sollte alle 2-3 Monate unter gleichen Bedingungen (Hochspannung, Röhrenstrom, Blenden, Zählrohrelektronik etc.) gemessen und die Messprotokolle sollten aufgehoben werden. Ein allmählicher Abfall der Intensitäten muss dabei nicht unbedingt eine Dejustierung anzeigen, sondern kann auch durch die abfallende Röhrenleistung bedingt sein, die auf einer W-Abscheidung auf den Fenstern und einem Einbrennen = Rauerwerden des Brennflecks beruht.

Eine wichtige Rolle spielt dieses Eichpräparat auch für die Festlegung des Geräte-Nullpunkts, der meistens nicht genau mit dem Nullpunkt der mechanischen Winkelanzeige übereinstimmt. Selbst, wenn dieser Fehler nur $0.1°$ beträgt, ändern sich die aus den 2θ-Werten berechneten Gitterkonstanten signifikant (d. h. um mehr als 3σ). Vorausgesetzt, die Indizierung der Reflexe ist richtig, so erkennt man einen Nullpunktfehler daran, dass alle 2θ einer bekannten Substanz um ungefähr den gleichen Betrag größer oder kleiner als die Erwartungswerte sind und dass die Restdifferenzen nach der Verfeinerung der Gitterkonstanten einen systematischen Gang zeigen (von $-$ nach $+$ oder umgekehrt). Nichtperiodische Getriebefehler, die sich nur langsam mit 2θ ändern, können mit einem äußeren Standard erfasst und korrigiert werden.

Nicht erfasst mit einem äußeren Standard werden substanz- und präparationsbedingte Fehlerquellen, die sich von Probe zu Probe ändern können, wie z. B. eine unterschiedliche Packungsdichte der Probe, die zu einem unterschiedlichen Transparenzfehler führt, oder - am häufigsten und gravierendsten - der Präparathöhenfehler. Selbst beim wiederholten Einsetzen derselben, unveränderten Probe treten unterschiedliche Präparathöhenfehler auf. Trotz sorgfältiger Probeneinpassung in das Diffraktometer wurde an einem Siemens D500 festgestellt, dass ungefähr jede dritte Probe um ca. 30 µm zu tief saß, d. h. von der Tangentiallage an den Fokussierungskreis abwich. Von anderen Geräten werden Fehler bis zu 100 µm berichtet. Vor allem wenn der Probenträger Fläche gegen Fläche an die Goniometerachse angedrückt wird, genügt ein zwischen die Flächen geratenes Körnchen für ein Abweichen der Probenoberfläche aus der Solllage. Visuell ist ein so kleiner Fehler im Diagramm nicht festzustellen, aber bei der Verfeinerung der Gitterkonstanten verschieben sich diese schon um 4-5 σ.

E.2.7.2 Innere Standards

Deshalb sollten für genaue Winkelmessungen innere Standards verwendet werden, die der zu untersuchenden Substanz beigemischt werden. Leider ist die Substanz dann durch den Standard verunreinigt und weitere Untersuchungen der an sich nach der Messung noch unveränderten Substanz sind erschwert oder unmöglich. Versuche, Magnetit als inneren Standard zu nehmen, sind in dieser Hinsicht erfolgversprechend, da sich das Magnetit-Pulver relativ einfach mit einem Magneten fast vollständig wieder aus der Probe entfernen lässt. Auch bei Rietveldverfeinerungen stört ein innerer Standard, da auch die Parameter des Standards verfeinert werden müssen. Ein großer Vorteil des inneren Standards ist, dass für Probe und Standard die gleiche gemittelte Massenschwächung $(\mu/\rho)_m$ gilt und damit die gleiche Eindringtiefe.

Die 2θ-Eichung erfolgt in vier Schritten:

    1) Auswahl eines oder mehrerer geeigneter Standards,
    2) Präparation und Messung des Gemisches,

3) Ausschluss ungeeigneter Standardreflexe,
4) Berechnung der Eichkurve und Korrektur der 2θ-Werte.

Bei der Auswahl des Standards ist darauf zu achten, dass die vorderste Standardlinie vor der ersten Linie des Präparats liegt oder dass zumindest die erste Präparatlinie nur einige Grad vor der ersten Standardlinie liegt, da eine Extrapolation der Eichkurve stark fehlerträchtig ist. Auch sollten sich die Linien von Standard und Probe nicht überlappen. Falls von den vorderen, nicht von der Eichkurve erfassten Reflexen auch höhere Ordnungen gemessen werden können, ist es auf jeden Fall besser, aus den korrigierten höheren Ordnungen die Lagen der ersten Ordnung über die Bragg'sche Gleichung zu berechnen, als sich auf eine extrapolierte Eichkurve zu verlassen. Diese berechneten Lagen können sogar als Stützpunkte dienen, um den Bereich der Eichkurve zu erweitern (siehe auch: Dragoo, 1986).

Die Zumischung des Standards sollte so bemessen werden, dass die stärksten Linien von Probe und Standard ungefähr gleich stark sind. Das richtige Mischungsverhältnis kann berechnet werden, wenn die I/I_c-Werte von Probe (I_p/I_c) und Standard (I_s/I_c) bekannt sind (siehe oben bei Intensitätseichung). Das Gewichtsverhältnis X_p (Probe) : X_s (Standard) ergibt sich angenähert zu:

$$X_p : X_s = I_s/I_c : I_p/I_c.$$

Sind die I/I_c-Werte nicht bekannt, kann man den Standard in kleinen Portionen zumischen, bis die gewünschte Gleichheit der stärksten Reflexe ungefähr erreicht ist. Bei bekannter Struktur lassen sich Pulverdiagramme auch berechnen. Die normierte, absolute, stärkste Intensität $I_{abs}/(V^2 \cdot \rho)$ lässt sich dann wie die I/I_c-Werte benutzen (z. B. werden diese Werte vom Programm POWDER CELL berechnet).

Wird Fluorphlogopit als innerer Standard verwendet, so ist eine Ausrichtung der Glimmerblättchen zur Probenoberfläche erwünscht. Das gelingt leicht, wenn man eine geringe Menge Probe/Standard auf einen Einkristallträger aus einer Aufschlämmung in Aceton oder Isopropanol sedimentieren lässt.

Bei der Guinier-Kamera ist ein Kompromiss aus äußerem und innerem Standard möglich, da sich in der Kamera durch eingesetzte Zwischenbleche mehrere Proben auf einmal getrennt auf demselben Film untersuchen lassen. Meist nimmt man drei verschiedene Diagramme auf einmal auf: reine Probe, Gemisch Probe/-Standard und reiner Standard. Will man auf das Gemisch verzichten, so genügt auch in der Filmmitte das Diagramm der reinen Probe und auf einer oder beiden Seiten das des reinen Standards.

Als Standardreflexe sind bei der Auswertung nur diejenigen geeignet, die nicht mit Reflexen der Probe überlappen. Zur Not kann man versuchen, Standard- und Probenreflexe über eine Profilanpassung zu trennen. Im Diagramm für die Eichkurve sollten aber die Δ2θ-Werte der so ermittelten Standardreflexe dem Trend der nicht überlappenden Standardreflexe entsprechen, sonst sind sie zu verwerfen.

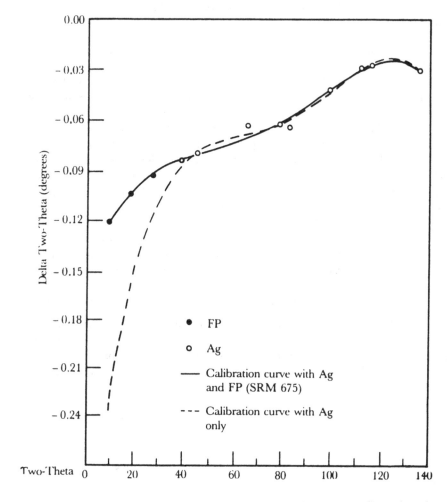

Abb. E(20): Eichkurve 4. Ordnung. Gestrichelt: nur mit den Ag-Reflexen berechnet ergibt sich eine fehlerhafte Extrapolation zu kleineren Winkeln. Durchgezogen: unter Einschluss der Fluor-Phlogopitreflexe berechnet (ICDD, Methods & Practices).

Zur Bestimmung der *Eichkurve* werden wie beim äußeren Standard die Δ2θ-Werte gegen $2\theta_{obs}$ aufgetragen und diese durch eine glatte Kurve angenähert. Bei Polynomen $a + bx + cx^2 + \dots$ kann man zunächst alle Näherungen von der 0.ten Ordnung (nur der Nullpunktsfehler) bis zur 4. Ordnung (wenn mindestens 6 Mess-

punkte zur Verfügung stehen) berechnen und die verbleibenden Fehlerquadrat-
summen der Anpassungen vergleichen, um die optimale Ordnung auszuwählen.
Häufig ist dies ein Polynom 2.ter Ordnung. Je höher die gewählte Ordnung, desto
riskanter ist eine Extrapolation der Eichkurve zu größeren oder kleineren Winkeln.

Für Rietveld-Strukturverfeinerungen lässt sich auch für alle Messdaten der
Rohdatei eine *Winkelentzerrung* vornehmen. Da nach einer Winkelkorrektur die
Schrittweite zwischen den einzelnen Punkten der Rohdatei nicht mehr konstant
ist, muss die gesamte Rohdatei auf ein neues Raster mit konstanter Schrittweite
umgerechnet werden. Die neuen Rasterpunkte fallen nicht mehr mit den korrigierten, ursprünglichen Rasterpunkten zusammen, und deshalb müssen die Zählraten
an diesen neuen Punkten durch Interpolation aus den alten Zählraten abgeschätzt
werden. Da die maximale Verschiebung nur eine halbe Schrittweite der ursprünglichen Messung beträgt, genügt meistens eine lineare Interpolation aus den beiden
benachbarten, 2θ-korrigierten, ursprünglichen Zählraten. Besser ist eine Interpolation über ein Polynom, vor allem, um zwischen das Messraster gefallene Reflexmaxima besser zu reproduzieren. Im Programm GUFI ist z. B. eine solche Umrechnung vorgesehen (Dinnebier, 1993). Andere Korrekturen, wie Glättung oder
$K\alpha_2$-Abzug, sollten für eine Rietveldanalyse aber unterbleiben, da sie werden in
der Verfeinerung selbst durch entsprechende Parameter erfasst werden können.

E.2.7.3 Korrektur zusammen mit der Verfeinerung der Gitterkonstanten.

Bei sehr geringen Substanzmengen, die nach der Aufnahme des Pulverdiagramms noch für andere Untersuchungen verwendet werden sollen, scheidet die
Zumischung eines inneren Standards aus und die Fehler müssen ohne diesen korrigiert werden. Wenn es für einen systematischen Fehler ein mathematisches
Modell gibt, so kann man dessen Parameter zusammen mit den Gitterkonstanten
verfeinern. In der Praxis sollte man sich dabei auf nur einen Fehler beschränken,
da zwischen diesen z.T. sehr starke Korrelationen existieren. So unterscheiden
sich der Nullpunktfehler, $\Delta 2\theta$, und der Präparathöhenfehler, $\Delta 2\theta \cdot \cos\theta$, nur um
den sich sehr langsam ändernden Faktor $\cos\theta$. Bei einer Messung bis $2\theta = 90°$
ändert sich dieser Faktor nur um 29 % und eine gleichzeitige Korrektur beider
Fehler führt zu völlig unsinnigen Werten.

In Kapitel C.8 wird an einem Beispiel gezeigt, wie sich der Präparathöhenfehler ohne Standard bestimmen lässt. Andere Fehler sollten natürlich vorher möglichst ausgeschlossen werden. So lässt sich der Nullpunktfehler mit einem äußeren
Standard korrigieren. Bei einer Verfeinerung mit und ohne Präparathöhenkorrektur man muss selbst entscheiden, welche der beiden Verfeinerungen vorzuziehen
ist. Die berechnete Präparathöhenkorrektur kann angenommen werden, wenn sie
mindestens doppelt so groß ist wie ihre Standardabweichung.

F Einsatz der Reflexliste (DIF-Datei)

Für die meisten Anwendungsfälle genügt als Ergebnis einer Messung die Liste der gefundenen Röntgenreflexe, die die Reflexlagen und -höhen (bzw. Integralintensitäten) des Pulverdiagramms enthält. Diese DIF-Datei (d und I File) enthält bei modernen Geräten mit Computerauswertung der gemessenen RAW-Datei (Liste aller Zählraten) häufig auch noch die Halbhöhenbreiten und die 2θ-Werte. Die DIF-Datei als Extrakt der RAW-Datei ist sehr viel kürzer und lässt sich daher auch leichter auf einer Festplatte oder auf Disketten speichern.

Unter der Reflexlage versteht man bei isolierten Reflexen meist die Lage des Maximums, manchmal wird auch die Mitte der Halbhöhenbreite, der Schwerpunkt des Reflexes (Zentroid) oder das Minimum der 2. Ableitung angegeben. Die unten besprochene Pulverdatei PDF (*Powder Diffraction File*) des *International Centre for Diffraction Data* (ICDD in 12 Campus Boulevard, Newton Square, PA, 19073-3273, USA) gibt die mit $CuK\alpha_1$-Strahlung gemessenen Lagen der Maxima an, und für Vergleichszwecke sollten deshalb in veröffentlichten Reflexlisten ebenfalls die Lagen der Maxima für die Berechnung der d-Werte benutzt werden.

F.1 Phasenidentifizierung unter Verwendung der PDF-Datei

Die Hauptanwendung der gemessenen Reflexliste ist ihr Vergleich mit den über 136 000 Reflexlisten der PDF-Datei (mit Lieferung 51 z. Z. 87 500 Substanzen einschließlich der 12 600 ausgemusterten. Dazu kommen 49 000 aus den Strukturdaten der anorganischen Strukturdatenbank ICSD berechnete Diagramme ab Serie 70). Stimmt die Liste der untersuchten Probe im Rahmen einer vorgegebenen Toleranz mit einer PDF-Liste sowohl in den d-Werten als auch in den Intensitäten überein, so stimmen auch mit sehr großer Wahrscheinlichkeit die beiden Substanzen selbst überein, d. h. die Probe wurde identifiziert. Eventuelle Doppeldeutigkeiten bei isostrukturellen Substanzen (z. B. von Magnetit und Chromit, PDF 19-629 und 3-873, beide mit Spinellstruktur) können über die Messung anderer Eigenschaften (z. B. die Dichte mit 5.20 für Magnetit und 5.09 g/cm^3 für Chromit) oder über Kenntnisse des Chemismus der Probe entschieden werden.

Die Anwendbarkeit dieser Phasenbestimmung beruht darauf, dass 1.) das Pulverdiagramm charakteristisch für jede Substanz ist, 2.) jede Substanz auch in einem Gemisch ihr eigenes Diagramm beibehält, wobei natürlich Linien verschiedener Substanzen zusammenfallen und sich aufaddieren können, 3.) indirekt damit auch die chemische Zusammensetzung der einzelnen Komponenten ermittelt wird (aber Vorsicht vor Fehlschlüssen), 4.) eine kleine Probenmenge (mg bis g) ausreicht, die während der Messung nicht verändert wird und für weitere Analysen zur Verfügung steht und 5.) unter bestimmten Voraussetzungen sogar eine quantitative Analyse möglich ist. Bei Mischkristallen kann eine Pulveraufnahme aufgrund der Linienverschiebungen sogar eine chemische Analyse ersetzen.

1   **8**

							d Å	Int	hkl	d Å	Int	hkl

2   **3**

Rad.   λ   Filter   d-sp
Cut off   Int.   I/I_cor.
Ref.   **4**

Sys.   S.G.
a   b   c   A   C
α   β   γ   Z   mp
Ref.

D_x   D_m   SS/FOM **5**

εα   nωβ   εγ   Sign 2V **6**
Ref.

7

9

33-1161   ★

SiO$_2$

Silicon Oxide   Quartz, syn

Rad. CuKα$_1$ λ 1.540598   **Filter** Mono.   **d-sp** Diff.
Cut off   **Int.** Diffractometer   I/I$_{cor.}$ 3.6
Ref. *Nat. Bur. Stand. (U.S.) Monogr. 25, 18* 61 (1981)

Sys. Hexagonal   **S.G.** P3$_2$21 (154)
a 4.9133(2)   b   c 5.4053(4)   **A**   **C** 1.1001
α   β   γ   **Z** 3   mp
Ref. Ibid.

D$_x$ 2.65   **D$_m$** 2.66   **SS/FOM** F$_{30}$ = 77(.0126,31)

εα   nωβ 1.544   εγ 1.553   **Sign** + **2V**
Ref. Swanson, Fuyat, *Natl. Bur. Stand. (U.S.), Circ. 539,* **3** 24 (1954)

Color Colorless
Pattern at 25 C. Sample from the Glass Section at the National Bureau of Standards; ground single-crystals of optical quality. O$_2$Si type. Quartz group. Silicon used as internal standard. PSC: hP9. To replace 5-490. Plus 6 reflections to 0.9089.

d Å	Int	hkl	d Å	Int	hkl
4.257	22	100	1.1532	1	311
3.342	100	101	1.1405	<1	204
2.457	8	110	1.1143	<1	303
2.282	8	102	1.0813	2	312
2.237	4	111	1.0635	<1	400
2.127	6	200	1.0476	1	105
1.9792	4	201	1.0438	<1	401
1.8179	14	112	1.0347	<1	214
1.8021	<1	003	1.0150	1	223
1.6719	4	202	0.9898	1	402
1.6591	2	103	0.9873	1	313
1.6082	<1	210	0.9783	<1	304
1.5418	9	211	0.9762	1	320
1.4536	1	113	0.9636	<1	205
1.4189	<1	300			
1.3820	6	212			
1.3752	7	203			
1.3718	8	301			
1.2880	2	104			
1.2558	2	302			
1.2285	1	220			
1.1999	2	213			
1.1978	1	221			
1.1843	3	114			
1.1804	3	310			

Abb. F(1): Oben: Schema der PDF-Karteikarten (ab Satz 34, 1984), Erklärung der Feldnummern im Text. Unten: Beispiel der PDF-Karte 33-1161 für Quarz. In der Buchausgabe ist bereits das neue Format gewählt (starke Linien noch nicht fett gedruckt, aber I/I$_c$ und F$_{30}$ angegeben).

| 46-1045 | | | | | | Wavelength= 1.5405981 | | | |

SiO2				d(A)	Int	h k l	d(A)	Int	h k l
Silicon Oxide				4.2549	16	1 0 0	1.0477	1	1 0 5
				3.3434	100	1 0 1	1.0438	<1	4 0 1
				2.4568	9	1 1 0	1.0346	1	2 1 4
Quartz, syn				2.2814	8	1 0 2	1.0149	1	2 2 3
				2.2361	4	1 1 1	.9896	<1	1 1 5
Rad.: CuKa1 λ: 1.540598 Filter: Ge Mono d-sp: Diff.				2.1277	6	2 0 0	.9872	<1	3 1 3
Cut off: Int.: Diffract. I/Icor.: 3.41				1.9798	4	2 0 1	.9783	<1	3 0 4
				1.8179	13	1 1 2	.9762	<1	3 2 0
Ref: Kern, A., Eysel, W., Mineralogisch-Petrograph. Inst.,				1.8017	<1	0 0 3	.9608	<1	3 2 1
Univ. Heidelberg, Germany, ICDD Grant-in-Aid, (1993)				1.6717	4	2 0 2	.9285	<1	4 1 0
				1.6591	2	1 0 3	.9181	<1	3 2 2
Sys.: Hexagonal S.G.: P3₂21 (154)				1.6082	<1	2 1 0	.9161	2	4 0 3
				1.5415	9	2 1 1	.9152	2	4 1 1
a: 4.91344(4) b: c: 5.40524(8) A: C: 1.1001				1.4528	2	1 1 3	.9089	<1	2 2 4
α: β: γ: Z: 3 mp:				1.4184	<1	3 0 0	.9008	<1	0 0 6
Ref: Ibid.				1.3821	6	2 1 2	.8972	<1	2 1 5
				1.3749	7	2 0 3	.8889	1	3 1 4
				1.3718	5	3 0 1	.8813	<1	1 0 6
Dx: 2.649 Dm: 2.660 SS/FOM: F₃₀ = 539 (.0018 , 31)				1.2879	2	1 0 4	.8782	<1	4 1 2
				1.2559	3	3 0 2	.8598	<1	3 0 5
εα: ηωβ: 1.544 εγ: 1.553 Sign:+ 2V:				1.2283	1	2 2 0	.8458	<1	1 1 6
				1.1998	2	2 1 3	.8407	<1	5 0 1
Ref: Swanson, Fuyat, Natl. Bur. Stand. (U.S.), Circ. 539, 3, 24				1.1977	<1	2 2 1	.8359	<1	4 0 4
(1954)				1.1839	2	1 1 4	.8296	1	2 0 6
				1.1801	2	3 1 0	.8254	2	4 1 3
Color: White				1.1529	1	3 1 1	.8189	<1	3 3 0
Integrated intensities. Pattern taken at 23(1) C. Low				1.1406	<1	2 0 4	.8117	3	5 0 2
temperature quartz. 2θ determination based on profile fit				1.1145	<1	3 0 3	.8097	<1	3 3 1
method. O2 Si type. Quartz group. Silicon used as an internal				1.0815	2	3 1 2			
stand. PSC: hP9. To replace 33-1161. Mwt: 60.08.				1.0638	<1	4 0 0			
Volume[CD]: 113.01.									

Abb. F(2): Ausdruck der Karte 46-1045 (Quarz) der PDF2-Datei auf CD-ROM. Die 2θ-Werte für CuKα₁ sind in Tab. E(10) angegeben.

Die Routineanwendung von Pulverdiagrammen für die Identifikation polykristalliner Materialien wurde von Hanawalt, Rinn und Frevel (1938) eingeführt zusammen mit einer Suchdatei von 1000 Diffraktogrammen anorganischer Substanzen. Die Phasenidentifikation beruht auf einem Vergleich des Pulverdiagramms der Probe mit bereits gemessenen Diagrammen. Der Erfolg, das passende Diagramm in der Suchdatei zu finden, hängt zum einen von der Vollständigkeit der Suchdatei ab und zum anderen von einer geeigneten Suchroutine (wie das für jede Datenbank gilt). Die Suchroutine von Hanawalt et al. stützt sich auf die drei stärksten Linien jedes Diagramms in der Suchdatei, wobei die stärkste Linie gleich 100 gesetzt wird (relative Intensitäten). Nach dem d-Wert der stärksten Linie werden die Substanzen der Suchdatei in einem Suchindex in sogenannte Hanawaltgruppen zusammengefasst: in letzter Zeit umfasst die erste Gruppe d-Werte > 10 Å, dann folgen 9.99-8.00. 7.99-6.00, 5.99-5.00 und danach immer engere Intervalle. Im Bereich 3.24-1.80 ist ein Intervall nur noch 0.05 Å breit. Da die Intensitäten der einzelnen Linien von der Aufnahmeart und der Textur der Probe abhängen, erscheint jede Substanz in der Suchdatei dreimal mit:

$$d(A), d(B), d(C)$$
$$d(B), d(C), d(A)$$
$$d(C), d(A), d(B)$$

Innerhalb einer Hanawaltgruppe sind die d-Werte der zweitstärksten Linien in fallender Reihenfolge geordnet.

Da die Vervollständigung der Datenbank eine Person überfordert, wurde diese Aufgabe 1940 in einer gemeinschaftlichen Initiative (Joint Committee) von der American Society for Testing and Materials (ASTM) und dem Vorläufer der American Crystallographic Association (ACA) übernommen und Richtlinien für eine standardisierte Veröffentlichung von Pulverdiagrammen in Kartenform (5x3 Zoll) aufgestellt. Der erste Kartensatz der ASTM enthielt 1942 die Pulverdiagramme von ca. 1300 Substanzen. Weitere Ergänzungen 1945 und 1950 erweiterten die Datei auf ca. 4000 Substanzen. Bald wurde die Datei jährlich erweitert und 1971 waren mit Satz 21 bereits 21 500 Substanzen erfasst, wobei ältere Messungen systematisch durch genauere Daten ersetzt wurden.

Da die Bezeichnung der herausgebenden "non profit"-Organisation mehrmals den Namen wechselte (JCPDS = Joint Committee on Powder Diffraction Standards und nun ICDD = International Centre for Diffraction Data), hat sich für die Pulverdatei der Name PDF (Powder Diffraction File) eingebürgert. Die PDF-Datei hat einen Geburtsfehler, der kaum noch zu beheben ist, nämlich die Verwendung von d-Werten statt der einer Beugung angemessenen d*-Werte des reziproken Gitters. Dadurch müssen bei einem vorgegebenen Messfehler $\Delta 2\theta$ mit fallendem d immer mehr Dezimalen angegeben werden. Seit Satz 37 (1987 = 1950 + 37) erscheinen die Karten nur noch in Buchform und zusätzlich auf elektronischen Datenträgern (Magnetbändern und CD-ROM).

Die PDF-Karten (siehe Abb. F(1)) sind in mehrere Felder aufgeteilt. Seit Satz 34 gilt die folgende Einteilung:

Feld 1: PDF-Nummer (zweiteilig: Satznummer - Nummer im Satz)
Feld 2: Chemische Summenformel und chemischer Name (siehe F.1.a.3)
Feld 3: Oxidformel, bei Organika: Strukturformel, bei Mineralen: Name
Feld 4: Angaben über die Messmethode (λ usw.) und die Autoren
Feld 5: Physikalische Daten (Gitterkonstanten falls bekannt etc.)
Feld 6: Optische Daten (Brechzahlen, nur falls bekannt)
Feld 7: Allgemeines: Chemische Analyse, Fundort usw.
Feld 8: Qualitätsmerkmal (*, i, o, c oder leer, s.u.)
Feld 9 (Hauptfeld): d-Werte, Intensitäten, hkl (falls bekannt),
        stärkste Linien fett
weggefallen sind die Felder für die drei stärksten und für die vorderste Linie (bis Satz 33 an Stelle des Feldes 2).

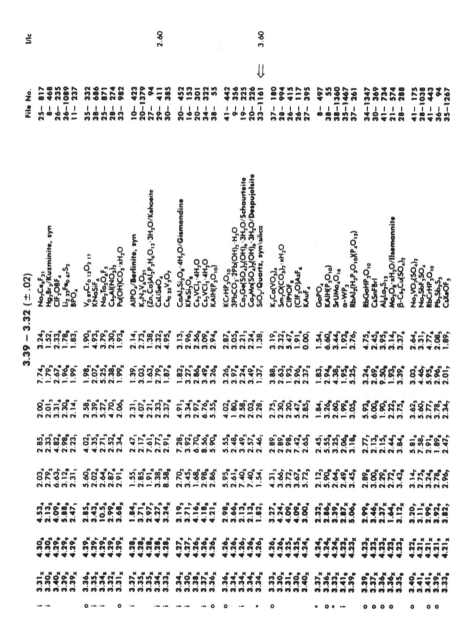

Abb. F(3): Auszug aus dem Hanawalt-Suchindex mit dem Eintrag der Karte 33-1161 für Quarz in der Gruppe 3.39 - 3.32 (d-Wert der stärksten Linie).

Die angegebenen Intensitäten wurden, wenn nicht anders vermerkt, mit CuKα-Strahlung gemessen. Als Beispiel ist die PDF-Karte 33-1161 (bzw. 46-1045) von Quarz angegeben. Das zur PDF-Datei auf CD-ROM gehörige Programm gestattet es, statt der d-Werte auch die 2θ- oder Q-Werte für eine gegebene Wellenlänge auszudrucken (siehe Abb. F(2); auch Q- oder sinθ-Werte sind möglich). Da im Laufe der Zeit die Wellenlängen immer genauer bestimmt wurden mit einer Tendenz zu leicht größeren Werten, sollte bei dieser Umrechnung genau die auf der Karte angegebene Wellenlänge verwendet werden (bzw. die zu dieser Zeit übliche). Der Stern (*) auf den Karten ist ein Qualitätshinweis und steht für eine besonders sorgfältig vermessene Substanz (oft gemessen im National Bureau of Standards, NBS, jetzt NIST = National Institute for Standards and Technology der USA).

Insgesamt werden die folgenden *Qualitätsmerkmale* verwendet:
*: $|\Delta 2\theta| < 0.03°$, alle Reflexe indiziert (etwa 10 % aller Karten ohne ICSD)
i: $|\Delta 2\theta| < 0.06°$, Zelle bekannt, die meisten Reflexe indiziert (≈ 23 %)
c: d und I berechnet. Dazu muss Zelle und Struktur (R<10%) bekannt sein (≈ 5%)
ohne: meist nicht indiziert oder $|\Delta 2\theta| > 0.06°$ (≈ 37 %)
O: geringe Genauigkeit, keine Zelle, eventuell ein Phasengemisch (≈ 10 %).
Deleted: (aber noch abrufbar, ≈ 15%)

Bei den indizierten Diagrammen lässt sich die Qualität der Messung auch durch einen Vergleich gemessener und berechneter d-Werte feststellen. Dazu wurden *Zuverlässigkeitswerte* (englisch: figure of merit, FOM) definiert, die sich leicht berechnen lassen und die auf den neueren Karten zusätzlich angegeben sind. De Wolff (1968, 1972) führte den Wert M_{20} ein, in den einmal die mittlere Abweichung der ersten 20 Q-Werte ($Q = 1/d^2$) eingeht und zum anderen die Vollständigkeit der Messung ausgedrückt durch N_{20}, das ist die Anzahl der möglichen Linien bis zur gemessenen 20. Linie. Bei der Berechnung von N_{20} aus den Gitterkonstanten dürfen natürlich die systematisch ausgelöschten Reflexe nicht mitgezählt werden. Die Definition für M_{20} lautet (mit Q_{20} = Q-Wert der 20. gemessenen Linie):

$$M_{20} = Q_{20}/(2 \cdot <|\Delta Q|> \cdot N_{20}).$$

Für $M_{20} > 10$ kann man davon ausgehen, dass die Zelle richtig bestimmt wurde und die Indizierung stimmt. Da M_{20} etwas vom Kristallsystem und dem Zellvolumen abhängt, haben Smith und Snyder (1979) den etwas einfacheren F_N-Wert eingeführt, der meist für N = 30 berechnet wird (F_{30}), falls so viele Linien vorhanden sind. In F_N geht die mittlere Abweichung zwischen den N_{obs} gemessenen und berechneten 2θ-Werten ein, sowie das Verhältnis zwischen der Anzahl N = N_{obs} beobachteter und N_{poss} möglicher Linien:

$$F_N = 1/(<|\Delta 2\theta|>) \cdot N_{obs}/N_{poss}.$$

So beträgt der F_{30}-Wert für Quarz (PDF 33-1161): $F_{30} = 76.6$ (0.0126, 31) (bei 46-1045: 539. (.0018, 31)). Wie in diesem Beispiel werden in Klammern oft die beiden Teilwerte $<|\Delta 2\theta|>$ und N_{poss} ergänzend angegeben.

Um auch die quantitative Phasenbestimmung zu erleichtern, werden auf neueren Karten häufig I/I_c-Werte angegeben. Mit diesen wird etwas der Nachteil der relativen Intensitätsangaben kompensiert. I/I_c gibt das Verhältnis der stärksten Linie der Substanz zur stärksten Linie des Korunds (α-Al_2O_3) wieder. Dazu werden gleiche Gewichtsanteile der Substanz und von Korundpulver miteinander vermischt und gemeinsam gemessen. Für beide Anteile gilt die gleiche Eindringtiefe und damit die gleiche Massenabsorption (des Gemisches), so dass unterschiedliche Massenabsorptionen bei der Berechnung von Gewichtsanteilen über die I/I_c-Werte nicht stören. Bei bekannter Struktur lässt sich I/I_c auch berechnen (s. Kap G.2).

D-und-I-Listen neuer Substanzen können von jedem Autor beim ICDD zur Aufnahme in die PDF-Datei eingereicht werden. Dazu wird ein besonderes Format verlangt, das in der AIDS83-Konvention festgeschrieben ist (Hubbard et al., 1983). Beim Kauf einer PDF-Datei auf CD-ROM wird diese Anweisung mit ausgeliefert.

F.1.1 Manuelle Phasenbestimmung.

Die Phasenbestimmung eines unbekannten Pulvers (eine reine Substanz oder ein Phasengemisch) setzt voraus, dass die Diagramme der beteiligten Phasen in der PDF-Datei vorliegen oder, dass sie anderweitig bekannt sind (aus der Literatur oder aus eigenen Messungen). Die 2θ- und d-Werte, sowie die Intensitäten werden in ein vorbereitetes Datenblatt eingetragen (siehe Beispiel Abb. F(5)), das noch weitere freie Spalten für die zu findenden Vergleichsspektren enthält.

Die 2θ-Werte sollten so genau wie möglich gemessen werden und auf systematische Fehler korrigiert sein. Je kleiner der Fehler (mit den heutigen Geräten sollte $\Delta 2\theta < 0.03°$ sein), desto enger kann das Fenster der noch möglichen d-Werte für die Vergleichssubstanzen zugezogen werden und um so kleiner wird die Liste zu berücksichtigender Karteikarten. Ein Problem stellen Mischkristalle dar, für die sich die Linienlagen kontinuierlich mit der chemischen Zusammensetzung verschieben. In diesem Fall dürfen die Fenster nicht zu eng gewählt werden. Um die Zahl der Antworten zu reduzieren, sollte in diesem Fall mit einer Untermenge der PDF-Datei gearbeitet werden, z. B. mit der Mineraldatei (z. Z. 4800 Minerale).

Bei den Intensitäten ist häufig nur eine geringere Genauigkeit und Übereinstimmung mit den Werten der PDF-Datei möglich, z. B. bedingt durch eine andere Aufnahmeart oder durch Textureffekte. Bei der Messung mit fester Divergenzblende ist darauf zu achten, dass diese so klein ist, dass auch beim vordersten Reflex nur die Probe bestrahlt wird und nicht der Probenträger. Bei variabler Divergenzblende sollten die Intensitäten mit sinθ multipliziert und reskaliert werden, um sie den Werten mit einer festen Blende anzugleichen, denn die Intensitäten der PDF-Datei gelten für eine feste Divergenzblende und CuKα-Strahlung. Sind die Intensitäten einigermaßen verlässlich, so bietet sich die Suche über den Hanawalt-Index an, der, wie oben schon ausgeführt, auf die drei stärksten Linien aufbaut. Im anderen Fall ist eine Suche mit dem Fink-Index günstiger, der zwar die 8 stärksten Linien benutzt, diese aber nach fallendem d anordnet.

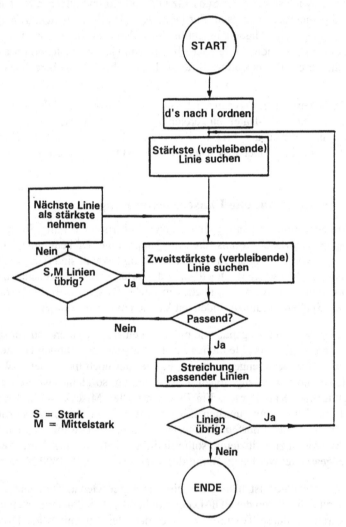

Abb. F(4): Fließschema der Suchroutine nach der Hanawalt-Methode.

F.1.1.1 Der Hanawalt-Index

Um eine zu bestimmende Substanz nicht durch das Suchraster fallen zu lassen, werden die drei stärksten Linien im Hanawalt-Index nicht nur zyklisch vertauscht, sondern die Hanawaltgruppen der stärksten Linie überlappen sich auch etwas. So enthält die Hanawaltgruppe 3.19-3.15 auch d-Werte mit 3.21 oder 3.13 Å für die stärkste Linie. Mit steigender Anzahl der PDF-Dateien ist der Hanawalt-Index so umfangreich geworden, dass er kaum noch in ein Buch auf Dünndruckpapier gezwängt werden kann. Es ist daher fraglich, ob dieser Index auch in Zukunft in Buchform weitergeführt werden wird.

Innerhalb der Hanawaltgruppen ist das Ordnungsprinzip der d-Wert der zweitstärksten Linie in abnehmender Reihenfolge. Der Bereich einer passenden zweiten Linie (mit einer aus $\Delta 2\theta$ abgeleiteten Toleranzgrenze) umfasst häufig mehr als 50 Substanzen. Diese Menge wird reduziert durch Prüfung der 3. Linie und durch einen Vergleich der Intensitätsverhältnisse. Im Index sind die Intensitäten auf 10 für die stärkste Linie bezogen und als tiefgestellter Index an die d-Werte angehängt (für 10 steht die römische X). Für die verbleibenden, möglichen Substanzen wird dann das Vorhandensein der übrigen 5 im Index angegebenen Linien überprüft. Eine weitere Reduzierung der dann noch verbleibenden Substanzen ist bei Kenntnis der chemischen Zusammensetzung möglich.

Für die dann noch verbleibenden Kandidaten (im besten Fall nur einer) werden die PDF-Nummern notiert und die entsprechenden Karten herausgesucht. Falls auch die übrigen Linien auf der Karte im Diagramm vorhanden sind (eventuell mit Ausnahme einiger schwacher Linien mit I < 2) und die Intensitätsabfolge ungefähr übereinstimmt, kann die Phase als richtig bestimmt angesehen werden, und die Werte der Karte werden in die erste freie Spalte des Datenblattes eingetragen. Stimmen alle Linien der Probe mit Linien der PDF-Karte überein, lag eine einphasige Substanz vor.

Oft bleiben aber noch ungedeutete Linien übrig oder einige Linien der Probe sind bedeutend stärker als die der Vergleichssubstanz. Der Überschuss muss dann ebenfalls als ungedeutet angesehen werden und für die unerklärten Linien beginnt die Suche aufs Neue. Das ganze Verfahren ist in dem Fließschema der Abb. F(4) zusammengestellt. Im Beispiel ist das Diagramm eines Gemisches aus drei einfachen Oxiden zusammen mit dem Datenblatt abgebildet. Die Lösung für die beiden ersten Substanzen ist handschriftlich eingetragen. Unten ist angegeben, mit wieviel Prozent die Intensitäten der PDF-Karten im gemessenen Diagramm im Mittel auftreten. Falls außerdem die I/I_C-Werte der Substanzen bekannt sind, können die relativen Intensitäten in ungefähre Gewichtsanteile der gefundenen Phasen umgerechnet werden.

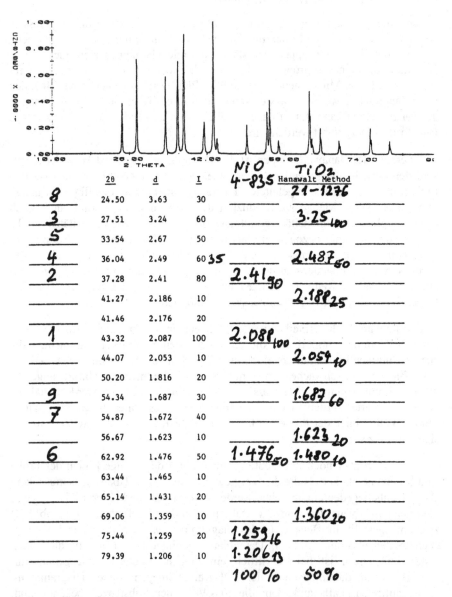

	2θ	d	I	NiO 4-835	TiO₂ 21-1276 Hanawalt Method
8	24.50	3.63	30		
3	27.51	3.24	60		3.25₁₀₀
5	33.54	2.67	50		
4	36.04	2.49	60 35		2.487₅₀
2	37.28	2.41	80	2.41₉₀	
	41.27	2.186	10		2.18₈₂₅
	41.46	2.176	20		
1	43.32	2.087	100	2.08₈₁₀₀	
	44.07	2.053	10		2.054₁₀
	50.20	1.816	20		
9	54.34	1.687	30		1.687₆₀
7	54.87	1.672	40		
	56.67	1.623	10		1.623₂₀
6	62.92	1.476	50	1.476₅₀	1.480₁₀
	63.44	1.465	10		
	65.14	1.431	20		
	69.06	1.359	10		1.360₂₀
	75.44	1.259	20	1.259₁₆	
	79.39	1.206	10	1.206₁₃	
				100 %	50 %

Abb. F(5): Beispiel für die Hanawalt-Methode: Arbeitsblatt für ein Gemisch aus 3 Oxiden mit CuKα-Strahlung aufgenommen. Die Lösungen für zwei Phasen sind bereits handschriftlich eingetragen. (Linke Spalte: Reihenfolge nach Intensitäten) (nach Mineral File Workbook des ICDD, 1983).

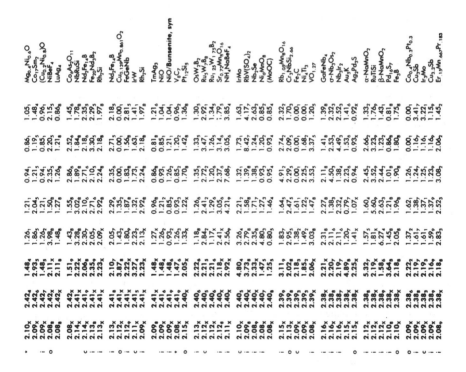

Abb. F(6): Auszug aus der Hanawaltgruppe 2.15-2.09 mit dem ersten passenden Diagramm des Beispiels der vorigen Abbildung. (NiO = PDF 4-835, der I/Ic-Wert von 3.30 wurde wurde in dem Suchindex 1992 ergänzt.).

4 - 8 3 5

d	2.09	2.41	1.48	2.41	NiO	★
I/I_1	100	91	57	91	Nickel Oxide	(Bunsenite)

Rad. $CuK\alpha_1$ λ 1.5405 Filter Ni Dia. Cut off I/I₁ Diffractometer I/I = 3.3 Ref. Swanson and Tatge, NBS Circular 539, Vol. 1, 47 (1953)	d A	I/I_1	hkl	d A	I/I_1	hkl
	2.410	91	111			
	2.088	100	200			
Sys. Cubic S.G. Fm3m (225)	1.476	57	220			
a₀ 4.1769 b₀ c₀ A C	1.259	16	311			
α β γ Z 4 Dx 6.806	1.206	13	222			
Ref. Ibid.	1.0441	8	400			
	0.9582	7	331			
εα nωβ 2.73 (Li) εγ Sign	.9838	21	420			
2V D mp Color Green	.8527	17	422			
Ref. Ibid.	.8040	7	511			
Sample obtained from Johnson, Matthey and Co. Spec. analysis shows faint traces of Mg, Si, and Ca. At 26°C. Merck Index, 8th Ed., p. 728. Halite-galena-periclase group.						

2 1 - 1 2 7 6

d	3.25	1.69	2.49	3.25	(TiO₂)6T	★
I/I_1	100	60	50	100	Titanium Oxide	(Rutile)

Rad. $CuK\alpha_1$ λ 1.54056 Filter Mono. Dia. Cut off I/I₁ Diffractometer I/Icor. =3.4 Ref. National Bureau of Standards, Mono. 25, Sec. 7, 83 (1969)	d A	I/I_1	hkl	d A	I/I_1	hkl
	3.247	100	110	1.0425	6	411
	2.487	50	101	1.0364	6	312
Sys. Tetragonal S.G. P4₂/mnm (136)	2.297	8	200	1.0271	4	420
a₀ 4.5933 b₀ c₀ 2.9592 A C 0.6442	2.188	25	111	0.9703	2	421
α β γ Z 2 Dx 4.250	2.054	10	210	.9644	2	103
Ref. Ibid.	1.6874	60	211	.9438	2	113
	1.6237	20	220	.9072	4	402
	1.4797	10	002	.9009	4	510
εα nωβ εγ Sign	1.4528	10	310	.8892	8	212
2V D mp Color	1.4243	2	221	.8774	8	431
Ref.	1.3598	20	301	.8738	8	332
	1.3465	12	112	.8437	6	422
	1.3041	2	311	.8292	8	303
No impurity over 0.001%	1.2441	4	202	.8196	12	521
Sample obtained from National Lead Co., South Amboy, New	1.2006	2	212	.8120	2	440
Jersey, USA.	1.1702	6	321	.7877	2	530
Pattern at 25°C. Internal standard: W.	1.1483	4	400			
Two other polymorphs anatase (tetragonal) and brookite	1.1143	2	410			
(orthorhombic) converted to rutile on heating above	1.0936	8	222			
700°C. Merck Index, 8th Ed., p. 1054.	1.0827	4	330			

Abb. F(7): Die originalen PDF-Karten für die beiden ersten Oxide des Beispiels der Abb. F(5) (noch im alten Format).

F.1.1.2 Der Fink-Index

Der Fink-Index ist neueren Datums (seit 1968) und die Form des Indexes wurde mehrmals geändert.

Fließschema der Suchroutine nach der Fink-Methode

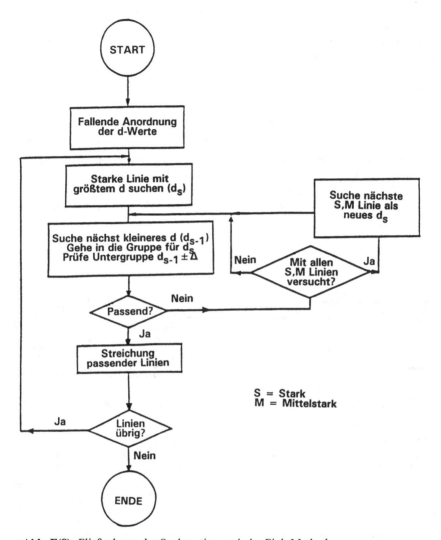

Abb. F(8): Fließschema der Suchroutine nach der Fink-Methode.

Im Fink-Index werden nur die stärksten Reflexe verwendet und zwar nach fallenden d-Werten geordnet, d. h. auf die Intensitäten selbst kommt es weniger an. Dadurch eignet sich der Fink-Index auch für weniger gut gemessene Diagramme, die heute aber kaum noch anfallen sollten. Dafür genügt eine Grobeinteilung nach S = stark, M = mittel und W = schwach (weak, $I_{rel} < 5$). Die schwachen Linien bleiben unberücksichtigt. Nach der Auswertung des Diagramms stehen die Reflexe dann meist schon in der gewünschten Reihenfolge nach fallenden d-Werten geordnet. Das Fließschema gibt die weiteren Schritte an. Als erste Phase wird hier nicht die mit der stärksten Linie gefunden, sondern die mit der ersten starken Linie (Cr_2O_3 = PDF 6-504 im Beispiel der Abb. F(5)). Der Fink-Index wird wegen des Umfangs der übrigen Indexbände und des schlechteren Erfolgs dieser Methode (gegenüber Hanawalt) nur noch für die Unterdatei der Minerale weitergeführt.

F.1.1.3 Der Substanz-Index

Bei Synthesen aus bekannten, anorganischen Ausgangssubstanzen ist der Chemismus der Syntheseprodukte ungefähr bekannt und auf einen engen Bereich begrenzt. Dann ist es oft sinnvoller, im Substanz-Index die Eintragungen der möglichen Syntheseprodukte mit dem Pulverdiagramm der synthetisierten Probe zu vergleichen. Dazu muss man aber die Prinzipien kennen, nach denen der Substanz-Index geordnet ist.

						File No.
i	Magnesium Carbonate :/Magnesite, syn	$MgCO_3$	2.74_x	2.10_5	1.70_4	8– 479
i	Magnesium Carbonate : Barium/Norsethite	$BaMg(CO_3)_2$	3.02_x	3.86_4	2.66_4	12– 530
i	Magnesium Carbonate Borate Hydrate :/Canavesite	$Mg_2(CO_3)(HBO_3)\cdot 5H_2O$	9.54_x	8.12_4	4.56_2	29–1431
	Magnesium Carbonate Borate Hydrate : Calcium/Carboborite	$Ca_2Mg(CO_3)_2B_2(OH)_8\cdot 4H_2O$	5.63_x	4.32_5	3.14_8	17– 529
i	Magnesium Carbonate Borate Hydrate : Calcium/Sakhaite	$Ca_3Mg(BO_3)_2(CO_3)\cdot xH_2O$	2.58_x	2.11_6	5.16_2	19–1112
*	Magnesium Carbonate : Calcium/Dolomite	$CaMg(CO_3)_2$	2.89_x	2.19_2	1.79_1	36– 426
*	Magnesium Carbonate : Calcium Iron/Ankerite	$Ca(Fe,Mg)(CO_3)_2$	2.91_x	1.80_1	2.20_1	41– 586
i	Magnesium Carbonate : Calcium Manganese/Kutnohorite, calcian	$Ca_{0.74}(Mn,Mg)_{0.26}CO_3$	2.98_x	1.84_6	2.25_5	19– 234
o	Magnesium Carbonate Hydrate :/Barringtonite	$MgCO_3\cdot 2H_2O$	8.68_x	3.09_5	2.94_x	18– 768
*	Magnesium Carbonate Hydrate :/Nesquehonite, syn	$MgCO_3\cdot 3H_2O$	6.48_x	3.85_8	2.62_6	20– 669
i	Magnesium Carbonate Hydrate :/Lansfordite, syn	$MgCO_3\cdot 5H_2O$	4.58_x	4.58_x	3.24_8	35– 680
i	Magnesium Carbonate Hydrate : Ammonium/roguinite	$(NH_4)_2Mg(CO_3)_2\cdot 4H_2O$	3.08_x	4.52_9	6.16_8	33– 66
	Magnesium Carbonate Hydrate : Potassium/Baylissite, syn	$K_2Mg(CO_3)_2\cdot 4H_2O$	3.01_x	2.98_6	6.31_8	29–1017
i	Magnesium Carbonate Hydroxide : Copper/Mcguinnessite	$(Mg,Cu)_2(CO_3)(OH)_2$	6.02_x	3.69_7	2.53_3	35– 481
	Magnesium Carbonate Hydroxide Hydrate :/Giorgiosite, syn	$Mg_5(CO_3)_4(OH)_2\cdot 5H_2O$	11.8_x	3.38_7	3.28_7	29– 858
	Magnesium Carbonate Hydroxide Hydrate :/Dypingite	$Mg_5(CO_3)_4(OH)_2\cdot 5H_2O$	10.6_x	5.86_6	6.34_6	23–1218
	Magnesium Carbonate Hydroxide Hydrate :/Dypingite	$Mg_5(CO_3)_4(OH)_2\cdot 8H_2O$	5.89_x	33.2_6	2.93_6	29– 857
i	Magnesium Carbonate Hydroxide Hydrate :/Hydromagnesite	$Mg_5(CO_3)_4(OH)_2\cdot 4H_2O$	5.79_x	2.90_8	9.20_4	25– 513†
*	Magnesium Carbonate Hydroxide Hydrate :/Artinite	$Mg_2CO_3(OH)_2\cdot 3H_2O$	2.74_x	5.34_7	3.69_5	6– 484
	Magnesium Carbonate Hydroxide Hydrate :/Pokrovskite	$Mg_2CO_3(OH)_2\cdot 0.5H_2O$	2.60_x	2.17_9	6.10_7	37– 454
o	Magnesium Carbonate Hydroxide Hydrate : Calcium/Sergeevite-[NR]	$Ca_2Mg_{11}(CO_3)_9(HCO_3)_4(OH)_4\cdot nH_2O$	2.82_x	7.14_9	3.58_5	41–1403
i	Magnesium Carbonate Hydroxide Hydrate : Copper/Callaghanite	$Cu_2Mg_2(CO_3)(OH)_6\cdot 2H_2O$	7.45_x	6.17_x	3.87_9	11– 332
	Magnesium Carbonate : Iron/Magnesite, ferroan	$(Mg,Fe)CO_3$	2.75_x	2.11_5	1.71_4	36– 383
i	Magnesium Carbonate : Lead	$PbMg(CO_3)_2$	2.97_x	4.13_8	3.79_8	19– 691
i	Magnesium Carbonate Phosphate Hydroxide : Calcium/Heneuite	$CaMg_5(CO_3)(PO_4)_3(OH)$	2.70_x	2.88_x	2.79_8	39– 362
i	Magnesium Carbonate Phosphate : Sodium/Bradleyite	$Na_3Mg(PO_4)(CO_3)$	2.66_x	3.31_7	8.85_5	22– 478
i	Magnesium Carbonate : Potassium	$K_2Mg(CO_3)_2$	2.74_x	2.16_4	2.58_3	33–1495
o	Magnesium Carbonate : Potassium Calcium/Unnamed mineral [NR]	$K-Ca-Mg-CO_3$	2.98_x	3.12_8	2.47_8	25– 629
*	Magnesium Carbonate : Sodium/Eitelite, syn	$Na_2Mg(CO_3)_2$	2.60_x	2.73_x	2.47_3	24–1227†
i	Magnesium Carbonate Sulfate Hydroxide Hydrate :	$Mg_4(OH)_2(CO_3)_3SO_4\cdot 6H_2O$	11.1_x	11.9_5	3.43_3	7– 410

Abb. F(9): Auszug aus dem PDF-Substanz-Index (1991) mit Magnesium-Carbonat-Hydroxid-Hydraten.

Die Nomenklatur der Substanznamen folgt im wesentlichen der IUPAC-Empfehlung für anorganische Substanzen (JACS **82**, 5523, 1960). Die zuerst genannten Kationen (englische Namen: also Blei = Pb unter L für lead) sind nach steigender Ladung geordnet und innerhalb einer Valenzgruppe nach dem Namen. Die danach folgenden Anionen sind wie folgt geordnet: (1) O^{2-} (Oxide), (2) andere einatomige Anionen in alphabetischer Ordnung (-ide: F^-, CL^-, Br^-, I^-, S^{2-}, Se^{2-}, Te^{2-}, N^{3-}, P^{3-}, As^{3-}, C^{4-}, Si^{4-}, B^{3-}, außer H^-, D^-), (3) mehratomige Anionen, alphabetisch (-ide: OH^-, N_3^-, NH^{2-}, NH_2^-, $N_2H_3^-$, CN^-, C_2^{2-}; CN_2^{2-}, O_3^-; -ate: CO_3^{2-}, SO_4^{2-}, PO_4^{3-} usw.; -ite: z,B. NO_2^-, PO_3^{3-}, SO_3^{2-}). Einige Radikale in Metallkomplexen haben die Endung -yl (z. B. CO = carbonyl) und stehen direkt bei den Kationen. (4) Organische Anionen, alphabetisch (z. B. -oxalat), (5) Hydride, (6) Hydroxide und (7) Hydrate. Legierungen sind streng alphabetisch nach den Namen der beteiligten Elemente geordnet.

Als Beispiel ist in Abb. F(9) ein Auszug aus dem Substanzindex mit Mg-Carbonat-Hydroxid-Hydrat-Verbindungen angegeben. Bei vielen, neuen Synthesen sind zumindest für einige Syntheseprodukte die Pulverdiagramme noch nicht in der PDF-Datei enthalten. Lassen sich einige Linien eindeutig einer neuen Substanz zuordnen, so sollten diese auch veröffentlicht oder zumindest dem ICDD zugänglich gemacht werden. Für die Hinterlegung von neuen Pulverdateien wurde ein besonderes Datenformat (AIDS83) vereinbart (Hubbard et al., 1983).

F.1.1.4 Einige petrologische Beispiele

Für die Minerale als natürliche Verbindungen gibt es eine eigene Unterdatei der PDF-Datei und die entsprechenden ca. 4000 Einträge sind in einem Spezialband zusammengefasst., d. h. alle 4 Suchindizes befinden sich in einem Band und in einem anderen sind die Kartenabbilder alphabetisch nach den Mineralnamen geordnet. (letzte Ausgabe 2001). Bei Mischkristallen sind die Mischglieder bei dem Endglied mit dem höchsten Anteil zu finden, z. B. bei den Plagioklasen gibt es nur Albit und Anorthit (z. B.: "albite, calcian, low" für einen Oligoklas in der Tieftemperaturform, PDF 9-475).

In Abb. F(5) ist bereits die Analyse eines Phasengemisches aus drei einfachen Oxidmineralen dargestellt. In der Petrologie treten häufig *Mischkristalle* auf. Ein einfaches Beispiel sind die *Olivine*, $(Mg,Fe)_2[SiO_4]$. In der PDF-Datei sind die folgenden Olivine mit der Angabe der chemischen Zusammensetzung zu finden. Mit der Zusammensetzung (Mg-Anteil = Fo für Forsterit, Fe-Anteil = Fa für Fayalit) ändern sich die Gitterkonstanten und physikalische Eigenschaften wie die Dichte D. Als Eichgröße eignet sich gut der starke 130-Reflex bei 2.8 Å, der in Abb. F(9) gegen den Fayalitgehalt aufgetragen ist. Die eingezeichnete Gerade kann als Eichkurve für unbekannte Olivine benutzt werden. Ein unbekannter Olivin mit $d_{130} = 2.800$ Å kann so als $\approx Fo_{52}Fa_{48}$ bestimmt werden.

Tab. F(1): Einige Olivine der PDF-Datei mit Gitterkonstanten und dem für die Eichung geeigneten d_{130}-Wert. (Fo: Forsteritanteil in Mol.%)

PDF-Nr.	Fo/Fa%		a_o	b_o	c_o	d_{130}	D	Bemerkung
20-1139	0	100	4.822	10.483	6.095	2.828	4.318	3% MnO
7-158	41	59	4.799	10.393	6.063	2.810	3.88	
31-795	64	36	4.784	10.318	6.027	2.791	3.69	
7-74	96	4	4.758	10.207	5.988	2.768	3.275	
34-189	100	0	4.755	10.198	5.982	2.765	3.28	synthet.

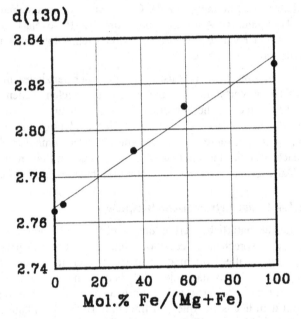

Abb. F(10): Eichkurve für die Bestimmung des Fe/(Mg+Fe)-Verhältnisses (in %) in Olivinen aus der Lage des 130-Reflexes. (Regressionsgerade. Eventuell ist die Kurve nicht linear gemäß der Vegard'schen Regel, sondern leicht nach oben durchgebogen).

Schwieriger sind die Feldspäte zu bestimmen. Neben den Änderungen im Chemismus geht hier noch die Temperaturvorgeschichte ein (Hoch- bzw. Tiefform). Für die Tiefformen der *Plagioklase* geben Bambauer et al. (1967) Diagramme für die Abstände der $2\theta_{131}/2\theta_{1\text{-}31}$ und $2\theta_{\text{-}241}/2\theta_{24\text{-}1}$-Linienpaare an (Abb. F(11)).

Im Feldspat-Diagramm der Abb. F(12) (s. auch Abb. D(19)) sind diese Linien markiert. Die Werte im Beispiel betragen: $2\theta_{131} = 31.40°$, $2\theta_{1\text{-}31} = 29.85°$, $\Delta 2\theta_1 = 1.55°$ und $2\theta_{\text{-}241} = 36.24°$, $2\theta_{24\text{-}1} = 35.34°$, $\Delta 2\theta_2 = 0.90°$. Damit lässt sich ungefähr folgende Zusammensetzung abschätzen: Ab/An = 80/20 aus dem ersten Linienpaar und Ab/An = 75/25 aus dem zweiten; gemittelt Ab/An ≈ 78/22.

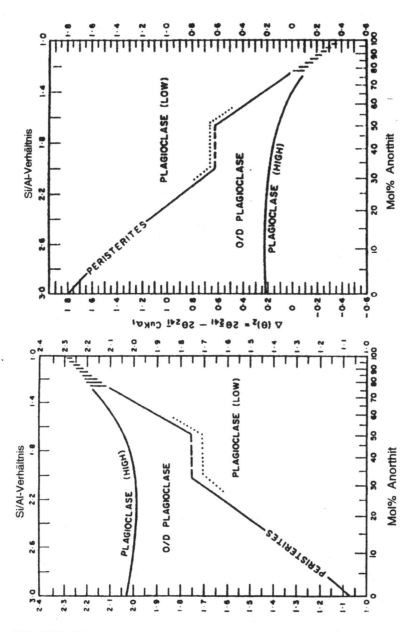

Abb. F(11): Diagramme zur Bestimmung des Albit/Anorthit-Verhältnisses in Plagio-klasen. Im unteren Diagramm ist $\Delta_1 = 2\theta_{131}\text{-}2\theta_{1\text{-}31}$, im oberen $\Delta_2 = 2\theta_{\text{-}241}\text{-}2\theta_{24\text{-}1}$ als Ordinate für CuKα_1 eingetragen (nach Bambauer et al., 1967).

Wie die beiden Diagramme zeigen, lassen sich auf diese Art die ungeordneten Hochformen von Ab = Albit= Na[Si$_3$AlO$_8$] und An = Anorthit = Ca[Si$_2$Al$_2$O$_8$] kaum unterscheiden. Hier müssen andere Methoden verwendet werden wie z. B. die Messung des Brechungsindexes des durch Schmelzen erhaltenen Glases.

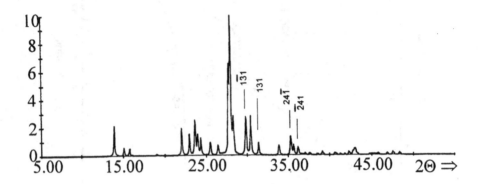

Abb. F(12): Pulverdiagramm eines pegmatitischen Feldspats (Tief-Plagioklas) mit eingezeichneten Linienpaaren d$_{1\text{-}31}$/d$_{131}$ und d$_{24\text{-}1}$/d$_{\text{-}241}$, die zur Festlegung des Albit/Anorthit-Verhältnisses geeignet sind (s. Abb. F(11)).

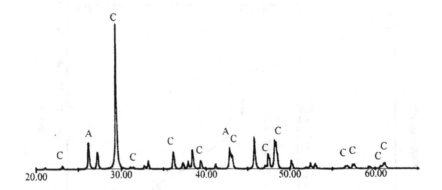

Abb. F(13): Pulverdiagramm eines Gemisches aus Calcit und Aragonit (≈ 85:15). Die Calcitlinien sind mit C markiert, einige Aragonitlinien mit A.

In der Sedimentologie sind die *Karbonatphasen* von Bedeutung. Während der Dolomit, CaMg(CO$_3$)$_2$, relativ rein ist, kann der biogen gebildete Kalk, CaCO$_3$, bis zu 20 at% Mg enthalten. Im thermodynamischen Gleichgewicht liegen so hohe Mg-Gehalte erst bei ca. 700°C vor. Leider sind die Karbonatphasen nicht sehr linienreich. Calcit hat seine stärkste Linie d$_{104}$ bei 3.035 Å, Alle weiteren Linien liegen unter 20% (6 Linien zwischen 10 und 18 %, PDF 5-586). Bei geringen Calcitanteilen ist daher oft nur die stärkste Linie zu beobachten. Im Dolomit sinkt d_{104} auf 2.886 Å (PDF 11-78), im Magnesit, $MgCO_3$, auf 2.742 Å (PDF 8-479). Im Mg-Calcit ändert sich d_{104} ungefähr linear mit dem Mg-Gehalt und erreicht bei 14 at% Mg 3.004 Å (PDF 43-697). Ein Mangancalcit mit 44 at% Mn hat d_{104} = 2.95 Å (PDF 2-714).

Der niedrig-symmetrischere Aragonit hat mehrere starke Linien und ist deshalb mit größerer Sicherheit zu erkennen: $d_{111} = 3.396_x$, $d_{021} = 3.273_5$, $d_{012} = 2.700_5$, $d_{112} = 2.372_4$ und $d_{221} = 1.977_7$ (PDF 5-453 oder 41-1475). In Abb. F(13) ist das Diagramm eines Gemisches aus Calcit und Aragonit wiedergegeben mit der stärksten Calcitlinie bei 29.41° (3.034 Å) mit der Höhe 100 und der stärksten Aragonitlinie bei 26.21° mit 17. Die I/Ic-Werte (Eichwerte zu Korund, siehe Kap. F.1.2.2) betragen 2.00 bzw. 1.93. Damit ergibt sich eine Zusammensetzung von ungefähr 85 Gew.% Calcit und 15% Aragonit.

Ein besonderes Problem stellen die *Tonminerale* dar. Wegen der geringen Teilchengröße und der möglichen Stapelfehlordnung bis zur turbostratischen Stapelung (gegenseitige Verdrehung parallel übereinander gepackter Stapelpakete) sind die wenigen Reflexe sehr breit und häufig asymmetrisch. Solche Diagramme eignen sich nur bedingt zu einer computoralen Auswertung. Die DIF-Datei enthält zu wenig Linien und deshalb sollte die originale RAW-Datei verwendet werden, deren Messung von $2\theta = 2°$ bis ca. 40° ausreicht, eventuell mit etwas längeren Messzeiten pro Schritt als gewöhnlich. Da es besonders auf die 00ℓ-Reflexe ankommt, werden meistens Texturpräparate verwendet, die man z. B. durch das Aufstreichen einer Aufschlämmung auf eine Glasplatte und folgendes, langsames Trocknen an Luft erhält (Tien, 1974). Bei Sedimentationsproben treten Fehler durch eine ungleiche Phasenverteilung auf: die feinkörnige Phase ist auf der Oberfläche angereichert und hat daher im Pulverdiagramm zu starke Reflexe. Der Filterkuchen sollte deshalb mit der Unterseite nach oben geröntgt werden.

Eine sichere Analyse von Tonproben erfordert viel Erfahrung und für eine genauere Einführung sei hier auf das ausgezeichnete Buch von Brindley & Brown (1980: Crystal Structures of Clay Minerals and their X-Ray Identification) verwiesen (ebenso Jasmund & Lagaly, 1992, Moore & Reynolds, 1997, Tributh & Lagaly, 1989). Ein einziges Diagramm reicht meistens nicht aus, sondern zur Prüfung der Quellfähigkeit wird die Probe nach der ersten Aufnahme (bei ca. 50% Luftfeuchtigkeit) mit Ethylenglykol geladen (durch Aufbewahrung über Nacht in einem Gefäß mit Glykoldampf, der durch Verdampfen von ca. 60°C warmen Glykol am Boden des Gefäßes entsteht). Montmorillonit weitet sich dadurch von 15 auf 17 Å auf, während Chlorit mit 14 Å unverändert bleibt (s. Tabelle F(2)). Außerdem werden dabei die Reflexe etwas schärfer (s. Abb. F(14)).

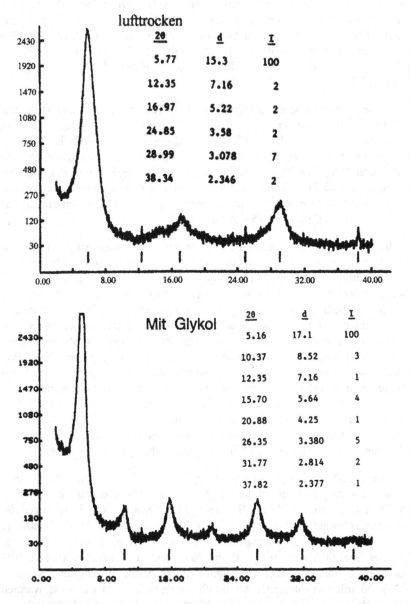

Abb. F(14): Pulverdiagramme eines Montmorillonits (mit Spuren Kaolinit). Oben: lufttrocken (50% relative Luftfeuchtigkeit). Unten: mit Ethylenglykol gesättigt. Die schwachen, aber schärferen Kaolinitlinien verschieben sich nicht (nach Mineral File Workbook des ICDD, 1983).

Weitere Reaktionen sind die Rückumwandlung von manchen Smektiten mit ca. 14 Å in Illite mit 10 Å durch Behandlung mit einer KCl-Lösung (falls die Ladung der Glimmerschichten hoch genug ist. Das ist z. B. der Fall, wenn die Smektite vorher durch Kali-Auslaugung aus Glimmern über die Zwischenstufe der Hydroglimmer entstanden sind). Schließlich wird noch das Schrumpfen der Smektite durch Erhitzung auf 300-350°C überprüft. Bei noch höheren Tempeaturen zersetzen sich die Schichtsilikate. Die Zersetzungstemperatur kann ebenfalls zur Identifizierung benutzt werden. Erst die Auswertung mehrerer Diagramme gestattet eine einigermaßen sichere Aussage.

Sehr schwierig ist das Problem der *Wechsellagerung* verschiedener Schichtsilikate (Moore & Reynolds, 1997, Reynolds & Walker, 1994). In diesem Fall stehen die d-Werte der Basisreflexe in keinem rationalen Verhältnis (s. Abb. F(15)), sondern die Reflexe liegen zwischen denen der beteiligten reinen Komponenten und sind um so schärfer, je näher diese beieinander liegen (Mering's Prinzip).

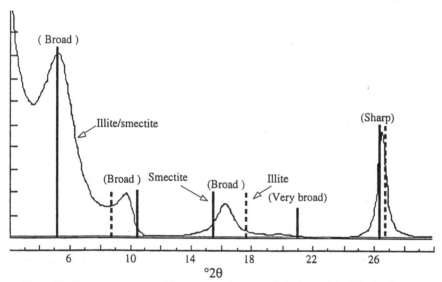

Abb. F(15): Berechnetes Diagramm einer statistischen 1:1 Wechsellagerung Illit:(Glykol)Smektit und die Lagen der 00ℓ-Relexe von reinem Illit und Smektit zur Illustration von Mering's Prinzip (nach Moore & Reynolds, 1997).

Eine wichtige Größe ist die der negativen Schichtladung (x+y) pro Formeleinheit (bei Glimmern = 1, bei Illiten 0.8-0.9, bei Vermiculiten 0.6-0.7, bei Smektiten ca. 0.3, bei Talk und Pyrophyllit = 0). Dabei wird noch unterschieden, ob die Ladung besonders in den Oktaederschichten (x = Abweichung von der Ladung 6 der Kationen) oder in den Tetraederschichten sitzt (y = Abweichung von der Ladung 16 für die 4 (Si,Al)). Für Montmorillonit ist x>y, für Beidellite x<y. Die Schichtladung lässt sich durch die Absorption von Alkylaminen bestimmen. Ab

einer bestimmten Kettenlänge der Alkylreste geht die monomolekulare Belegung (d = 13-4-13.6 Å für Smektite) in eine bimolekulare (17.7 Å) über.

Tab. F(2): Ungefähre d-Werte (in Å) der Basisreflexe einiger Tonminerale nach verschiedenen Behandlungen, sowie die Zersetzungstemperatur (Zers.T, nach Brindley & Brown, 1980)

Mineral	lufttr.	Glycol	300-350°C	Zers.T°C
Kaolin	7	7	7	500-550
Dickit	7	7	7	550-650
Nakrit	7	7	7	550-650
Halloysit-10Å	10	11	7	450-520
Serpentin	7	7	7	575-700
Glimmer	10	10	10	800-1000+
Mg,Ca-Smektit	15	17	10	700-1000
Na-Smektit	12.5	17	10	700-1000
Mg,Ca-Vermiculit	14.5	14.5	10	700-1000
Na-Vermiculit	12.5	14.5	10	700-1000
Mg-Chlorit	14	14	14	800
Fe-Chlorit	14	14	14	600
Palygorskit	10.5	10.5	10.5 + 9.2	700

F.1.2 Phasenbestimmung mit dem PC

Die meisten modernen Pulverdiffraktometer werden mit einem PC gesteuert und das mitgelieferte Programmpaket enthält recht ausgefeilte Routinen zur Phasenbestimmung. Auch unabhängig von Diffraktometern werden Programme angeboten, die mit der PDF-Datei auf CD-ROM zusammenarbeiten. Schon mit der CD-ROM selbst wird ein rudimentäres Suchprogramm ausgeliefert, das aber bei Phasengemischen nicht ausreicht. Der Vorteil gegenüber den Suchindizes in Buchform ist, dass man bei den PC-Programmen die Suchstrategie selbst festlegen kann. Für die schnelle Vorsuche werden von vielen Autoren kompakte Suchdateien auf der Festplatte benutzt, die z. B. nur die 10 stärksten Linien enthalten und daher viel schneller zu durchsuchen sind als die umfangreiche und langsame CD-ROM. Erst nach erfolgreicher Identifizierung wird dann die ausführlichere Information der CD-ROM genutzt.

Es sollte vermieden werden, die Suche in der ungekürzten PDF-Datei mit über 135 000 Einträgen zu beginnen (die Datei PDF2 ist z.Z. 440 Mbyte groß), da dies auch bei schnellen PCs zeitaufwendig ist. Entweder beschränkt man sich auf eine vorhandene Unterdatei mit einigen tausend Einträgen, wie die Mineral- oder die Metalldatei, oder man schafft sich seine eigene Unterdatei (User file), die noch durch unveröffentlichte Einträge ergänzt werden kann (z. B. DIF-Dateien von eigenen Syntheseprodukten). Etliche Programme gestatten es, mit vorgegebenen Auswahlkriterien (z. B. welche Elemente enthalten sein dürfen oder nicht) schnell eine Unterdatei als Auszug aus der Hauptdatei aufzubauen.

Der Vorteil des Computers ist, dass man gleich mehrere Suchkriterien eingeben kann, die durch logische Verknüpfungen (.und., .oder., .nicht.) kombiniert werden können. Statt der .und.-Verknüpfung mehrerer Merkmale ist es weniger zeitaufwendig, wenn zuerst mit einem Merkmal allein schnell eine Unterdatei der passenden Substanzen gesucht wird, und die weiteren Kriterien dann nur noch auf diese Unterdatei angewendet werden.

F.1.2.1 Qualitative Phasenbestimmung ("search and match")

Voraussetzung sind so genau wie möglich gemessene und korrigierte d-Werte ($\Delta 2\theta < 0.03°$). Bei den Intensitäten kann eine gewisse Abweichung durch Textureffekte toleriert werden. Außerdem sollte man den Chemismus der Probe einengen können: welche Elemente können vorhanden sein und welche nicht, eventuell sogar: welche Elemente müssen vorhanden sein?

Die manuellen Methoden können nicht direkt übernommen werden, da die spontanen Entscheidungen des Auswerters zur Akzeptanz einer Linie als passend schwer zu programmieren sind. Vor allem die Subtraktionsmethode, bei der nacheinander die Linien der gefundenen Phasen abgezogen werden, bringt schlechte Ergebnisse, da eine bereits akzeptierte und in voller Höhe abgezogene Linie nicht mehr als Restlinie zur Verfügung steht. Handelt es sich dabei um eine starke Linie der noch zu findenden Substanz, so führt deren Fehlen zum Nichterkennen.

Besser hat sich für die PC-Auswertung die additive Methode bewährt, bei der nach jeder neu akzeptierten Phase die Übereinstimmung der Summe aller akzeptierten Phasen mit dem gemessenen Diagramm bestimmt wird und danach untersucht wird, wie sich die Übereinstimmung durch die neu hinzugenommene Phase verbessert hat. Bei diesem Verfahren kann auch die Höhe einer zusammengesetzten Linie besser abgeschätzt werden, da die 2θ-Werte überlappender Linien meist nicht exakt übereinstimmen und deshalb die Gesamthöhe der zusammengesetzten Linie kleiner ist als die Höhensumme der Einzellinien verschiedener Phasen.

Der Erfolg der PC-Suchverfahren hängt sehr von der zweckmäßigen Definition eines Gütekriteriums für die Übereinstimmung des Probendiagramms mit den Vergleichsdiagrammen ab (als "figure of merit" oder anders bezeichnet). Als ungünstig hat sich eine starre Ja/Nein-Entscheidung für die Akzeptanz einer Linie erwiesen, für die um den gemessenen d- (oder I)-Wert ein Intervall (Fenster) definiert wird, das von der vermuteten Messgenauigkeit abhängt. Fällt ein d- (oder I)-Wert des Vergleichsdiagramms (meist aus der PDF-Datei) in dieses Fenster, so gilt dies bei der starren Methode als Treffer; liegt kein Vergleichswert im Intervall so zählt dies als Nicht-Treffer. Werden bei dieser Methode die Fenster zu groß gewählt, so werden zu viele falsche Phasen als vorhanden erkannt. Bei zu engem Fenster können umgekehrt auch die richtigen Phasen durch das Suchraster fallen (Schreiner et al., 1983).

Günstiger ist eine Wahrscheinlichkeitsaussage, deren Wert mit größerer Abweichung zwischen Mess- und Vergleichswert zwar abnimmt, die aber nicht abrupt gegen Null geht (Fuzzy-Logik, Blafferty, 1984, Brand et al. 1991). Aus den einzelnen Wahrscheinlichkeitswerten wird dann das Gesamt-Gütekriterium berechnet, in das auch die Zahl der unerklärten Linien usw. mit eingehen kann.

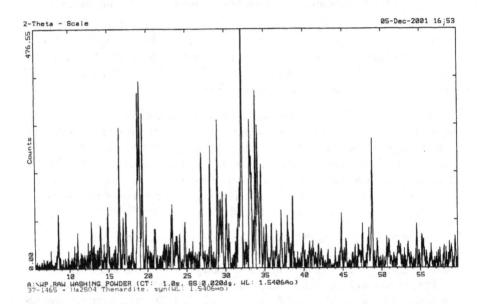

Abb. F(16): Gemessenes Diagramm (der sehr hoheUntergrund wurde abgezogen) eines Waschpulvers mit dem Strichdiagramm des enthaltenen Thenardits, Na_2SO_4 (PDF 37-1465) (Ausgabe des Programms DIFFRAC-AT EVA der Fa. Bruker AXS).

Bei diesem Verfahren wird also aus einem Diagramm mit mehr oder weniger gaußförmigen Reflexen erst einmal ein Strichdiagramm extrahiert und dann werden diese Striche wieder mit einem gaußförmigen Suchfenster umgeben, um mit der PDF-Datei verglichen werden zu können. Diesen Umweg kann man vermeiden, indem man das Strichdiagramm der PDF-Datei direkt in das gemessene Diagramm einpasst. Als Suchfenster dient dabei die natürliche Linienbreite der Reflexe. Nur der Untergrund muss vorher abgezogen werden, damit in den

193

reflexfreien Partien eines Diagramms keine Striche der PDF-Datei eingepasst werden können.

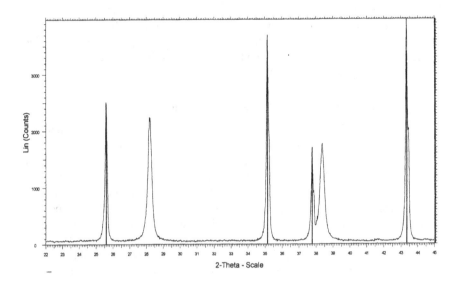

Abb. F(17): Diagramm eines Gemisches von Korund, Al2O3, mit Böhmit, AlOOH. Ein passendes Strichdiagramm des enthaltenen Korunds (PDF 73-27) ist schon einge-passt (Programm DIFFRAC*plus* der Fa. Bruker AXS). Die Böhmit-Peaks sind deutlich breiter (kleinere Korngröße) und zeigen noch keine $K\alpha_1/K\alpha_2$-Aufspaltung.

Dieses Vorgehen ist heute Standard bei den kommerziell erhältlichen Aus-werteprogrammen, die in kurzer Zeit viele (ca. 50 000 pro Minute) PDF-Einträge mit dem gemessenen Diagramm vergleichen können und dabei die Güte der Übereinstimmung mit einem Gütekriterium versehen (figure of merit). Die Liste der ca. 50 besten PDF-Einträge wird dann ausgegeben und jeder einzelne Eintrag kann visuell auf dem Bildschirm mit dem gemessenen Diagramm verglichen werden. Selbst bei mäßigen Messdiagrammen von Gemischen lassen sich so noch 3-5 Phasen sicher nebeneinander erkennen (Abb. F(16)). Unterschiedliche Korn-größen der verschiedenen Phasen können sich in verschiedenen Halbhöhenbreiten äußern (Abb. F(17)), wenn diese kleiner als 0.1 μm sind.

Besondere Schwierigkeiten bereiten isotype Substanzen und Mischkristalle. Oft erhält man in der Ausgabe mehrere Glieder einer Mischkristallreihe oder eines Strukturtyps. Für die Entscheidung, welcher Vertreter ähnlicher Strukturen der richtige ist, ist die Kenntnis des Chemismus der Probe von entscheidender Bedeutung.

Deshalb genügt es bei *Mischkristallen* auch nicht, nur die reinen Endglieder zum Vergleich heranzuziehen, sondern es sollten auch die Diagramme einiger Mischglieder bekannt sein. Bei Verdacht auf Mischkristalle müssen bei der Suche besonders große Fenster (Toleranzgrenzen) verwendet werden. Dies geht aber nur, wenn von vornherein in einer möglichst kleinen Unterdatei gesucht wird, aus der alle chemisch nicht in Frage kommenden Vergleichssubstanzen ausgeschlossen werden (Näheres bei Schreiner et al., 1982a).

F.1.2.2 Quantitative Phasenbestimmung

Grundsätzlich sollten bei der quantitativen Analyse Integralintensistäten benutzt werde. Die Intensitätsminderung eines Reflexes einer Phase i im Gemisch gegenüber der Intensität der reinen Phase unter sonst gleichen Messbedingungen lässt sich leider nur in Ausnahmefällen zur Bestimmung des Phasenanteils x_i im Gemisch benutzen. Das geht nur, wenn die mittlere Massenabsorption $(\mu/\rho)_m$ des Gemisches mit der Massenabsorption $(\mu/\rho)_i$ der zu bestimmenden Phase übereinstimmt. Durch die unterschiedliche Eindringtiefe ist bei dicken Proben die Intensität umgekehrt proportional zum linearen Absorptionskoeffizienten μ (s. Kap G.2, Absorptionsfaktor A). Mischt man deshalb eine Phase mit einer weniger absorbierenden Matrix, so nimmt die Eindringtiefe zu und die Intensitätsminderung ist geringer als die Minderung des Massenanteils. D. h. stark absorbierende Phasen haben in Gemischen relativ zu hohe Intensitäten und umgekehrt (s. Abb. F(18)).

Die Verhältnisse sind einfacher, wenn die Intensitäten der einzelnen Phasen im Gemisch direkt verglichen werden, da dann für alle Phasen die gleiche Eindringtiefe (proportional zu $1/\mu$) gilt, nämlich die, die sich aus der gemittelten Massenabsorption des Gemisches $\quad (\mu/\rho)_m = \Sigma_i \; x_i \cdot (\mu/\rho)_i \quad$ und der Dichte ρ_m des Gemisches ergibt. Dazu genügt es, wenn alle Phasen vorher im Gemisch mit einem Standard gemessen wurden.

Als Referenzmaterial hat sich Korundpulver für die Methode der Referenz-Intensitätsverhältnisse (RIR = Reference Intensity Ratio) durchgesetzt. Dazu muss nur einmal eine Mischung von Phase und Korund im Gewichtsverhältnis von 1:1 hergestellt und unter den gleichen Bedingungen wie die späteren Proben gemessen werden. Auf vielen neuen PDF-Karten ist schon ein I/I_c-Wert angegeben und für ältere Karten wird dieser in den Suchindizes soweit wie möglich ergänzt (insgesamt z.Z. ca. 3000 I/I_c-Werte, I = stärkster Reflex der Vergleichssubstanz, I_c = stärkster Korundreflex). Die I/I_c-Werte lassen sich bei bekannter Kristallstruktur auch berechnen, z. B. mit dem Programm MICRO-POWDER (s. Kap. G.2).

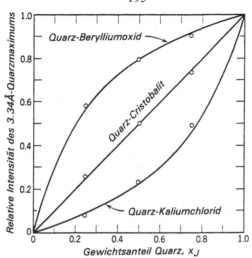

Abb. F(18): Relative Intensitäten des stärksten Quarzreflexes (bei $2\theta = 26.65°$) in Gemischen mit Cristobalit (eine andere SiO_2-Modifikation, beide mit $\mu/\rho = 34.4$ cm^{-1}), BeO ($\mu/\rho = 7.9$) und KCl ($\mu/\rho = 125$, ältere μ/ρ-Werte). Es wurden je 25, 50 und 75 Gew.% Quarz zugemischt (nach Klug und Alexander, 1974).

Bei immer wiederkehrenden Routinemessungen in einem kleinen Bereich bekannter Phasen (z. B. Zement oder Gesteinsproben) sind Vergleichsmessungen an bekannten Standardmischungen, die derselben Probenvorbereitung unterworfen wurden, noch immer die beste Methode für die Bestimmung quantitativer Phasengehalte. Mit diesen Ergebnissen werden Eichkurven gewonnen, in die dann die Ergebnisse einer unbekannten Probe eingetragen und die entsprechenden Mischungsanteile abgelesen werden.

Bei stark wechselnden Proben wird der Aufwand zur Eichkurvenbestimmung zu groß, und dann arbeitet man besser mit einem inneren Standard (Korund; Hubbard et al., 1976, 1988). Der I/I_c-Wert gibt das Intensitätsverhältnis der jeweils stärksten Reflexe von Probe und Korund in einer 1:1-Mischung an. Da die stärkste Korundlinie (bei $2\theta = 43.35°$ für $CuK\alpha_1$) mit einer Linie des zu bestimmenden Phasengemisches überlappen kann, muss man eventuell auf eine andere Korundlinie zurückgreifen. Deshalb sind für den Standard SRM 674 (Korund, daneben: ZnO, TiO_2, Cr_2O_3 und CeO_2) die relativen Intensitäten der stärkeren Linien sehr genau vermessen worden, so dass auch eine andere, nicht überlappende Korundlinie für die Eichung verwendet werden kann (s. Tab.E(11)). Da die Kornform verschieden hergestellter Korundpulver variabel ist, kann nicht irgendein Korundpulver als Standard genommen werden (vergl. Tab. E(11) und E(12)).

Sind für alle Bestandteile eines Gemisches die I/I_c-Werte bekannt, so kann man die Gehalte X_α der einzelnen Phasen bestimmen, indem man der Probe einen bestimmten Anteil X_c an Korundpulver (oder einen anderen Standard) zumischt und die Intensitäten der Linien bestimmt. Dabei scheiden überlappende Linien für die Auswertung aus. $I_{i\alpha}$ sei die Intensität der i.ten Linie der Phase α und I_{jc} die der j.ten Linie von Korund. Mit $I_{i\alpha,rel}$ sei die relative Intensität der i.ten Linie im Diagramm der reinen Phase (=100 für die stärkste Linie) und mit $I_{jc,rel}$ die relative Intensität des reinen Korundpulvers (siehe Kap. E.2.7) angegeben. Dann gilt:

$$X_\alpha = (I_{i\alpha}/I_{jc}) \cdot (I_{jc,rel}/I_{i\alpha,rel}) \cdot X_c/(I/I_c)_\alpha.$$

Kann man die stärksten Linien der Phase α und von Korund direkt benutzen, so fällt der Klammerausdruck mit den Relativwerten noch weg. Bei Textureffekten kann man für I auch die Summe mehrerer Reflexe benutzen, so dass sich eventuelle Texturfehler etwas herausmitteln. Die Summe über die X_i muss nicht unbedingt 1 erreichen. Der Rest entspricht dann nicht erkannten Phasen oder sehr häufig einem amorphen Anteil.

Recht genaue Phasenanteile kann man mit der Rietveldmethode erreichen (s. Kap. G.2). Dieser Weg ist aber rechenaufwendig und setzt die Kenntnis der Kristallstrukturen der beteiligten Phasen voraus. Es lassen sich dabei aber auch Textureffekte mit erfassen. (Eine Zusammenstellung quantitativer Methoden siehe bei Snyder & Bish, 1989; auch: Chung, 1974, Hill & Howard, 1987, Young, 1995).

Will man die Absolutintensitäten für die quantitative Phasenanalyse benutzen, so gehen die Massenabsorptionskoeffizienten mit in die Umrechnungsformeln ein, d. h. diese müssen sowohl für die einzelnen Phasen als auch für das Gemisch als Ganzes bekannt sein.

Bei festen Divergenzblenden tritt bei kleinen Winkeln das Problem der Probenüberstrahlung auf, d. h. der ausgeblendete Strahl trifft teilweise auch den Probenträger (s. Kap.C.8.2) und die Intensitäten werden zu schwach gemessen. Bei 1° Divergenzblende und einer Probenlänge von 2 cm ist das unterhalb $2\theta = 20°$ der Fall. Abhilfe schafft hier eine 2θ-abhängige Intensitätskorrektur (s. Abb. C(16), Kern & Eysel, 1994).

Beim Programm JADE+ lassen sich aus den passenden PDF-Strichdiagrammen mit vorgegebenen individuellen Halbhöhenbreiten Rohdatendiagramme simulieren. Gewichte, um die gemessene Kurve als Summe dieser "Rohdaten" anzunähern, werden nach der Methode der kleinsten Quadrate bestimmt und unter Berücksichtigung der I/I_c-Werte in Gewichtsprozente umgerechnet. Verbessern lassen sich solche quantitativen Schätzwerte bei Kenntnis der chemischen Zusammensetzung des Gemisches (Garbauskas & Goehner, 1982).

Für Vergleiche mehrerer Methoden und Computerprogramme werden ab und zu Ringversuche (round robins) durchgeführt, bei denen die gleichen Pulverproben in verschiedenen Laboratorien untersucht werden (z. B. Jenkins & Hubbard, 1977, über search/match-Methoden).

F.1.2.3 Die beim KTB angewandte quantitative Phasenbestimmung von Bohrklein

Dr. J. Lauterjung (1985, GeoForschungsZentrum, Potsdam) hat für das Kontinentale Tiefbohrprogramm KTB eine Methode entwickelt, um das bei der Bohrung anfallende Bohrklein quantitativ mit Pulvermethoden zu untersuchen. Da dieses Verfahren sehr gut mit den Analysen entsprechender Bohrkerne korreliert, konnten dadurch viele Meter Bohrkerne eingespart werden (s. auch Stroh, 1988).

Von allen ca. 300 in Frage kommenden Mineralen wurden vor Beginn der Messreihe unter gleichbleibenden Bedingungen (Pressen des zerkleinerten Pulvers mit ca. 1 mg Polyvinylalkohol als Bindemittel in einen Aluminiumring von 28 mm Ø bei 400 bar, konstante Diffraktometereinstellungen) Tabletten gepresst, die als Eichpräparate für die Intensitäten der reinen Phasen dienen. In gleicher Weise werden die Probentabletten hergestellt, die sich sowohl für die Röntgenbeugung als auch für die RFA eignen. Dadurch erhält man für jede Probe auch eine chemische Analyse. Da Probe und Eichpräparate unter gleichen Bedingungen hergestellt und gemessen werden, stört der Textureffekt kaum.

Ähnliche Minerale (z. B. Mischkristallglieder) werden in Gruppen zusammengefasst. Durch Profilanpassung des gesamten Diagramms (aufgespalten in Reflexgruppen) werden genaue, *absolute* Integralintensitäten ermittelt, d. h. die Intensitäten werden nicht in relative Intensitäten umgerechnet. In einem vorläufigen Suchlauf werden die 5 stärksten Linien der Eichpräparate mit der Liste der gemessenen Intensitäten verglichen. Kommt ein Eichpräparat in Frage, wird die gesamte Reflexliste herangezogen und die Übereinstimmung mit einem Chi2-Test ermittelt (Summe der Abweichungsquadrate der aufaddierten Intensitäten). Weitere zusätzliche Minerale müssen den Chi2-Wert verbessern, um akzeptiert zu werden. Bei dieser Berechnung werden auch die Massenanteile x_i optimiert. Alle Intensitäten innerhalb eines vorgegebenen Fensters auf einer d*-Skala werden zusammengefasst. Als Formel für den Massenanteil einer Phase gilt:

$$x_i = (I_{Gemisch}/I_{rein}) \cdot (\mu_{rein}/\mu_{Gemisch})$$

mit der Schwierigkeit, dass der lineare Absorptionskoeffizient $\mu_{Gemisch}$ am Beginn der Auswertung noch nicht bekannt ist, da er von den Massenanteilen x_i abhängt. Vielmehr wird $(\mu/\rho)_{Gemisch}$ und $\rho_{Gemisch}$ iterativ aus vorläufigen $x_i =$ angenähert.

Am Ende wird schließlich überprüft, ob einzelne, vorläufig akzeptierte Minerale weggelassen werden können, ohne den Chi2-Wert wieder zu verschlechtern (wenn z. B. 2 Glieder einer Mischkristallreihe in der vorläufigen Liste stehen). Solche überflüssigen Minerale werden aus der endgültigen Liste gestrichen. Bei dieser Methode werden die Massenanteile x_i absolut bestimmt, d. h. beim Vorliegen einer amorphen Phase wird die Summe Σx_i kleiner als 1 bleiben. Ist alles kristallin, so sollte diese Summe ungeähr den Wert 1 annehmen.

F.2 Indizierung bekannter und unbekannter Phasen

Dieses Problem wurde bereits in Kapitel C.6 behandelt. Die d-Werte der Reflexliste sollten durch Verwendung eines inneren Standards möglichst auf systematische Fehler korrigiert sein. Wenn nicht, ergibt sich nach der Verfeinerung der Gitterkonstanten ein systematischer Gang in den $\Delta 2\theta$-Werten zwischen beobachteten und den aus den Gitterkonstanten berechneten 2θ-Werten. Dann kann versucht werden, den vermuteten systematischen Fehler zusammen mit den Gitterkonstanten zu verfeinern. Das bietet sich besonders zur Erfassung eines Präparathöhenfehlers an, wenn andere Fehler durch einen äußeren Standard vorher korrigiert wurden.

Vorsicht ist bei mehrfach indizierten Reflexen geboten. Zunächst sollten nur die einfach indizierten Reflexe im vorderen Winkelbereich für eine Verfeinerung der Gitterkonstanten benutzt werden, selbst wenn diese ungenauer bestimmt wurden. Mit diesen verfeinerten Gitterkonstanten können dann die 2θ-Werte aller Reflexe berechnet und mit den gemessenen Werten verglichen werden. Sichere Indizierungen können dann übernommen und die Verfeinerung mit Einschluss der neuen Reflexe wiederholt werden. So können in mehreren Zyklen alle Reflexe indiziert werden. Als Antwort bekommt man mehr oder weniger aber die Gitterkonstanten heraus, die man bei der Indizierung hineingesteckt hat. Haben vordere Reflexe besonders große Differenzen, sollten sie bei der abschließenden Verfeinerung weggelassen werden.

Um sicher zu gehen, sollte man deshalb bei bekannter (oder vermuteter) Struktur mit den Atomkoordinaten ein theoretisches Pulverdiagramm berechnen. Bei Mehrfachindizierungen kann man dann die berechneten Intensitäten der Einzelreflexe als Gewichte in die Verfeinerung einführen und schwache Reflexe gänzlich weglassen, wenn sie an der gleichen Stelle von starken Reflexen überlagert sind. Hier stören natürlich Intensitätsänderungen durch Textureffekte. Als abschließende Bestätigung kann man schließlich die Rohdatei für eine Rietveld-Verfeinerung benutzen. Führt diese zu einem befriedigenden Ergebnis, so kann auch die sich dabei ergebende Indizierung als richtig angenommen werden. Insgesamt ist eine akzeptable Indizierung oft nur unter einem beträchtlichen Zeitaufwand zu erreichen. Eine einfache Zuordnung der Indizierungen aus ähnlichen PDF-Karten geht zwar viel schneller, ist dafür aber oft fehlerhaft, z. B. muss die Indizierung eng benachbarter Reflexe eventuell vertauscht werden.

F.3 Teilchengröße- und Stressbestimmung

Die Reflexbreite eines Reflexes beträgt unter idealen Bedingungen nur 6-10 Bogensekunden. Ideal heißt hier: keine Strahldivergenz, keine Kristallbaufehler und Kleinwinkelkorngrenzen, unendlich großer Kristall, echt monochromatische Strahlung. Ein Si-Einkristall, wie er für die Produktion integrierter Schaltungen in großen Mengen hergestellt wird, kommt diesen Idealbedingungen recht nahe, wenn er z. B. mit $CuK\alpha_1$-Strahlung geringer Divergenz untersucht wird. Dann wird es schon recht schwierig, beim Durchdrehen des Kristalls durch die Reflexionsstellung das kurze Aufblitzen des abgebeugten Strahls überhaupt noch zu erfassen.

Die gemessene Halbhöhenbreite HB normaler Pulverreflexe wird vor allem durch die Divergenz des Primärstrahls bestimmt und beträgt ca. 0.05-0.15°. Das ist die Geräte-Halbhöhenbreite b, die von der Substanz-Halbhöhenbreite β überlagert wird. Will man die Halbhöhenbreiten verschiedener Pulver vergleichen und auswerten, so muss mit einer möglichst gut kristallisierten Probe mit nicht zu kleiner Korngröße (5-10 µm) zuerst einmal die Geräte-Halbhöhenbreite für verschiedene 2θ bestimmt werden. Dabei wird angenommen, dass die Substanz-halbhöhenbreite gegenüber der Gerätehalbhöhenbreite vernachlässigbar klein ist. Am besten legt man durch die Geräte-Halbhöhenbreiten in Abhängigkeit von 2θ eine Kurve 2. Grades und vermerkt auf der entsprechenden Zeichnung außerdem die verwendeten Blenden.

Bei kleinen Kristalliten gilt nicht mehr die Annahme der Bragg'schen Gleichung, dass nämlich unendlich viele Netzebenen übereinander liegen und die an ihnen reflektierten Röntgenquanten sich nur dann zu einer Messbaren Intensität aufaddieren können, wenn die Gangunterschiede genau n·λ betragen.

Enthält z. B. ein Kristallit nur 40 Netzebenen, so darf der Gangunterschied zwischen zwei benachbarten Schichten ruhig $\lambda/100$ betragen, da erst für die 51. Schicht der Gangunterschied $\lambda/2$ gegenüber der 1. Schicht beträgt, d. h. die Anteile der 40 Schichten heben sich nicht mehr gegenseitig auf. Je kleiner die Größe der Kristallite, desto stärker darf die Abweichung vom Glanzwinkel θ der Bragg'schen Gleichung sein. Das bedeutet eine Verbreiterung der Reflexe. In erster Näherung setzen sich die Halbhöhenbreiten wie folgt zusammen:

$$HB^2 = b^2 + \beta^2,$$

d. h. aus der gemessenen Halbhöhenbreite HB lässt sich bei Kenntnis der Geräte-Halbhöhenbreite b die Substanz-Halbhöhenbreite β berechnen. Genauer ist HB das Ergebnis einer Faltung. Die obige Formel gilt exakt, wenn b und β für sich allein Kurven mit einem Gaußprofil erzeugen. Für Lorentzprofile gilt: HB = b + β. Die Wirklichkeit liegt irgendwie dazwischen, so dass bei nur gering über b hinausgehenden Linienverbreiterungen HB der Korngrößeneffekt β nur ungenau abgeschätzt werden kann.

Für die Abschätzung von β muss die Messung von HB und b mit monochromatischer Strahlung erfolgen. Ein Gemisch von $K\alpha_1$ und $K\alpha_2$ ergibt noch eine zusätzliche Verbreiterung, die am besten durch eine $K\alpha_2$-Elimination (α_2-stripping) korrigiert werden kann. Es gibt auch Korrekturkurven, um aus $HB(K\alpha_1+K\alpha_2)$ auf $HB(K\alpha_1)$ zu schließen.

Zwischen β (in Bogenmaß) und der Kristallitdicke $L_{hkl} = p \cdot d_{hkl}$ (p = Anzahl der Netzebenen hkl im Kristallit) besteht nach Scherrer (1918, auch Bragg & Bragg, 1933) folgender Zusammenhang:

$$L = K\lambda/(\beta \cdot \cos\theta).$$

Dabei ist K ein Formfaktor, in den die unterschiedlichen Größen der einzelnen Netzebenen (z. B. bei Kugelform der Kristallite) eingehen. Für kugelförmige Kristallite ist $K = 0.89$, für würfelförmige 0.94. Bei unbekannter Kristallitform kann man mit einem Mittelwert von $K \approx 0.9$ arbeiten. Für ein vorgegebenes L nimmt die Substanz-Halbhöhenbreite β mit $1/\cos\theta$ zu, d. h. der Verbreiterungseffekt ist bei größeren Winkeln besser zu beobachten und genauer zu messen. Trägt man die Reflexe nicht in eine 2θ-Skala, sondern in eine d*- (oder $\sin\theta$)-Skala ein, so fällt wegen $\Delta\sin\theta = \cos\theta \cdot \Delta\theta$ der $\cos\theta$-Term weg, d. h. alle Reflexe zeigen die gleiche Linienverbreiterung.

Für Pakete von N Schichten der Dicke D, wie sie z. B. bei den Tonmineralen vorliegen mit $D = d_{001}$, lässt sich eine eindimensionale Interferenzfunktion Φ berechnen mit:

$$\Phi = \sin^2(2\pi ND \sin\theta/\lambda)/(N\sin^2(2\pi D \sin\theta/\lambda))$$

(Moore & Reynolds, 1997). Für diese Funktion erhält man als Formfaktor der Scherrer-Formel $K = 0.89$. Dabei bleibt das Produkt Peakhöhe×Halbhöhenbreite für gleiche Volumenanteile konstant unabhängig von N, d. h. die Integralintensitäten werden durch die Linienverbreiterung nicht verändert. Für eine Probe mit verschieden dicken Schichten ($L = ND$) erhält man aus der Halbhöhenbreite eine effektive mittlere Schichtdicke $L = \hat{N}D$ mit $\hat{N}^2 = \Sigma\ v_i N_i^2$ (Summe der Volumenanteile $\Sigma\ v_i = 1$). D. h. der Beitrag der dünneren Schichtpakete geht vor allem in die Flankenbereiche des resultierenden Peaks und die Halbhöhenbreite bleibt relativ klein. So ergeben gleiche Volumenanteile der Schichtdicken 5-15 eine effektive mittlere Schichtdicke von 11 und nicht von 10 Schichten.

Mit obiger Formel lässt sich die mittlere Korngröße eines Pulvers bestimmen, wenn diese unter 0.1 µm liegt. Für $L=0.1$ µm $= 1000$ Å und CuKα beträgt $\beta = 0.0012$ rad $= 0.069°$ bei $\theta = 30°$. Bei einer Geräte-Halbhöhenbreite von $b=0.1°$ wird dann eine Halbhöhenbreite von $HB = 0.121°$ gemessen. Bei einer Kristallitgröße von 1 µm verringert sich β auf $0.0069°$ und HB auf $0.10024°$, d. h. die Abweichung gegenüber $b = 0.1°$ liegt unterhalb der Messgenauigkeit. Kann man die Geräte-Halbhöhenbreite auf $0.02°$ reduzieren (z. B. durch kleinere Divergenzblenden oder mit Synchrotronstrahlung), so ergibt sich bei $L = 1$ µm ein noch vielleicht Messbarer Effekt, denn HB steigt auf $0.0212°$ an.

Bei plättchenförmigen Kristalliten können unterschiedlich ausgerichtete hkl durchaus verschiedene Linienverbreiterungen zeigen. So führte bei einem frisch gefällten Ni(OH)$_2$ der 002-Reflex auf eine Plättchendicke von ca. 40 Å, während die schärferen hk0-Reflexe einen Plättchendurchmesser von ca. 200 Å ergaben. Für den Bereich ab 0.1 μm bis zur kleinsten Siebfraktion ($\approx$ 63 μm) gibt es heute sehr zuverlässige und schnelle Laser-Granulometer, die die Beugungsfigur eines Laserstrahls nach dem Durchgang durch eine Pulversuspension analysieren und in eine Korngrößenverteilung umrechnen.

Anspruchsvoller als die Bestimmung der mittleren Korngröße nach Scherrer ist die Fourier-Methode nach Warren und Averbach (1952, Warren, 1969), die auf einer genauen Analyse der Reflexform und auf der Abhängigkeit der Linienverbreiterung von 2θ beruht. Dadurch gelingt es, zwei Effekte zu trennen: den der Kristallitgröße und den der Gitterspannungen. In einem unter mechanischer Belastung stehenden Stab sind die Elementarzellen je nach der Belastung leicht deformiert, gestreckt oder gestaucht, so dass auch die d-Werte einer Netzebenenschar eine gewisse Varianz zeigen und damit die 2θ-Werte. In einem lockeren Pulver tritt dieser Effekt nicht auf, da die Einzelkörner nicht daran gehindert werden, ihre Gleichgewichtsform anzunehmen. So ist die Warren-Averbach-Analyse besonders in der Metallurgie wichtig, um die Restspannungen in gezogenen und gehämmerten, polykristallinen Drähten und Blechen zu beurteilen. In diesen ist jedes Korn in die Matrix der umgebenden Körner eingebettet und kann nicht ohne weiteres seine Form ändern. Die Spannung ε wird dabei als relative Längenänderung gegenüber dem spannungsfreien Zustand definiert. Für die spannungsbedingte Linienverbreiterung gilt:

$$\beta_\varepsilon = 4\varepsilon \cdot \tan\theta.$$

d. h. die Reflexverbreiterung bedingt durch leicht geänderte Gitterkonstanten der gestressten Kristallite (etwas kürzer in Druckrichtung und etwas länger in Zugrichtung) ändert sich mit tanθ, ebenso wie die Kα1/Kα2-Aufspaltung (s. Kap. E.2.4). In einer d*-Skala nimmt die Verbreiterung mit sin θ (oder d*) zu.

Eine genaue Darstellung der Warren-Averbach-Analyse übersteigt den Rahmen dieses Buches, jedoch soll der Hauptunterschied zwischen den beiden Effekten kurz genannt werden: im reziproken Gitter verursacht der Korngrößeneffekt eine Verschmierung der Gitterpunkte, die unabhängig von θ ist, während die durch Spannung verursachte Verschmierung mit sinθ bzw. d* zunimmt. Die resultierende Halbhöhenbreite ist die Faltung aus der gerätebedingten Verbreiterung, dem Korngrößeneffekt und dem Spannungseffekt. Berechnet man die Fouriertransformierten (bzw. deren Realanteil) der Reflexformen, so wirken die drei Effekte multiplikativ zusammen und lassen sich besser trennen. Diese Trennung wird mit der Warren-Averbach-Analyse versucht. Voraussetzung dafür sind mindestens zwei messbare Ordnungen desselben Reflexes (z. B. 100 und 200) (Delhez et al., 1982; de Keijser et al., 1983).

F.4 Texturbestimmung

Haben die Kristallite in einem Pulver eine Vorzugsrichtung, so sind die von den Einzelkörnchen kommenden Intensitäten nicht mehr gleichmäßig über den Debye-Scherrer-Kreis des betreffenden Reflexes verteilt, sondern in einigen Bereichen häufen sich die Einzelreflexe und in anderen werden sie ausgedünnt. Eine Drehung der Probe um die Normale der Probenoberfläche ändert bei Reflexions-Techniken (z. B. nach Bragg-Brentano) nicht sehr viel, da um den Beugungsvektor der streuenden Körnchen gedreht wird, die damit in Reflexions-stellung bleiben, und weitere Richtungen werden nicht erfasst. Effektvoller wäre wäre hier ein leichtes Hin-und-her-Kippen der Probe bei jedem Schritt.

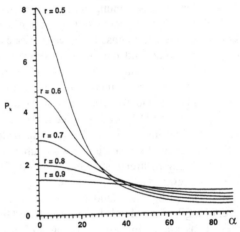

Abb. F(19): Verlauf einiger Kurven zur Intensitätskorrektur von plättchenförmigen Körnern nach March (1932) & Dollase (1986). α ist der Winkel zwischen der Referenz-richtung (senkrecht zur Plättchenebene und dem Beugungsvektor (nach O'Connor et al., 1991).

Das ist anders bei Transmissionsaufnahmen (z. B. nach Guinier), bei denen der Beugungsvektor parallel zur Probenoberfläche liegt. Eine Drehung um die Nor-male dieser Fläche bringt also immer andere Körnchen in Reflexionsstellung. Insgesamt erfasst die Probendrehung um die Probennormale bei Transmission eine zweidimensionale Mannigfaltigkeit (man dreht den Debye-Scherrer-Kreis an dem Messfenster vorbei), bei Reflexion nur eine eindimensionale. Benutzt man beide Techniken für dieselbe Probe, so kann man bei richtiger Kombination der beiden Messergebnisse den Einfluss einer Textur sogar vollständig eliminieren: nach einer Skalierung und der Berücksichtigung eventuell verschiedener Lorentz-Pola-risations-Faktoren für die beiden Messarten müssen die Intensitäten im Verhältnis 2:1 für Transmission: Reflexion gemittelt werden (Järvinen et al., 1992; Ahtee et al., 1989). Die Skalierung gelingt leichter, wenn man eine Substanz beimischt, die nicht zur Textur neigt.

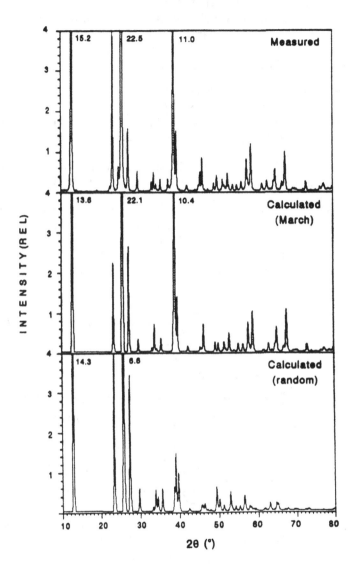

Abb. F(20): Anwendung der Textur-Korrektur nach March-Dollase in der Rietveld-Verfeinerung einer gepressten Molybdit-Probe (MO_3, nach O'Connor et al. 1992).

Steht nur eine Messart zur Verfügung, so muss schon bei der Probenvorberei-tung darauf geachtet werden, Textur soweit wie möglich zu vermeiden. Seitlich gestopfte Präparate zeigen weniger Textur als von oben gefüllte und leicht angedrückte oder sogar brikettierte Proben. Bei eigenen Versuchen mit Calciumsulfat-Halbhydrat hat sich das Aufstreuen einer geringen Probenmenge aus den Fingerspitzen auf eine bereits normal präparierte Probe als sehr texturmindernd erwiesen. Wang et al. (1996) empfehlen das Andrücken von hinten auf eine leicht raue Oberfläche (feines Sandpapier, s. Abb. F(20)).

Als mathematisches Modell hat sich die Formel:

$$I_{korr,hkl} = I_{hkl} \cdot (r^2 \cdot \cos^2\alpha + 1/r \cdot \sin^2\alpha)^{-3/2}$$

am besten bewährt, wenn sie auch nicht alle Proben gleich gut beschreiben kann (March, 1932; Dollase, 1986, s. Abb. F(19)). Ist der Texturparameter $r = 1$, so liegt keine Textur vor. α ist der Winkel zwischen der Referenzrichtung (= Richtung [001] bei wirteligen Kristallen) und d(hkl). Bei nadelförmigen Kristalliten werden in Reflexion die hk0-Reflexe angehoben ($r > 1$), bei plättchenförmigen die 00ℓ-Reflexe ($r < 1$). Bei niedrig-symmetrischen Substanzen ist dieser Ansatz nur bedingt brauchbar, da eigentlich eine zweite Refenzrichtung eingeführt werden müsste. Ein großer Vorteil des March-Dollase-Ansatzes ist dessen Normiertheit, d. h. die Gesamtstreukraft der Probe bleibt unverändert und die Skalierungsfaktoren für die einzelnen Phasen eines Gemisches bleiben konstant. Das ist von großem Vorteil bei der quantitativen Phasenanalyse gegenüber anderen Korrekturfunktionen (z. B. von Toraya & Marumo, 1981).

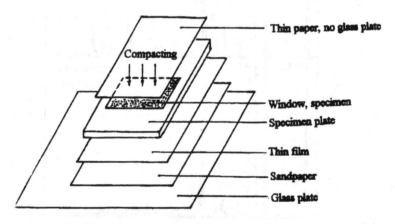

Abb. F(21): Die Methode der verbesserten Probeneinfüllung von hinten auf eine raue Oberfläche zur Reduzierung des Textureffektes (nach Wang et al. 1996). Die Oberfläche der Probe wird gegen feines Sandpapier, abgedeckt durch eine dünne Folie, gedrückt.

G Einsatz der Rohdatei

Die unveränderte Rohdatei, die gegebenenfalls auf Ausreißer getestet und korrigiert wurde, wird bei Rechnungen verwendet, die für einen Reflex alle Messpunkte (lokales Reflexprofil) oder sogar den gesamten Datensatz eines Diagramms (Gesamtprofil, "whole pattern") verwenden und nicht nur 3-5 Parameter pro Reflex bestimmen (Lage, Höhe, Breite, Flankenform, Asymmetrie und Untergrundsanteil). Eine vorhergehende Glättung oder der Abzug des Untergrunds ist bei solchen Profilanpassungen nicht in allen Fällen notwendig. (Abb. G(1)) Hilfreich sind dagegen die Ergebnisse der Peaksuche in einem geglätteten Diagramm (Peaklagen etc.) als Startparameter für eine Profilanalyse.

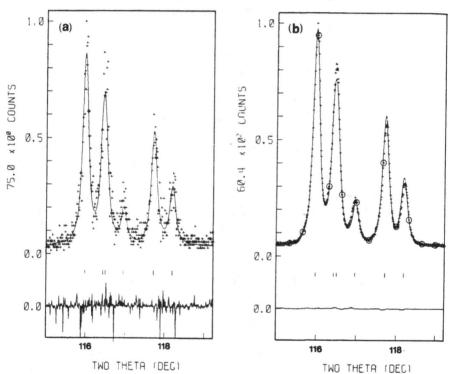

Abb. G(1): Ausschnitte aus mit CuKα-Strahlung gemessenen Korund-Pulverdiagrammen bei 117° in 2θ mit einer Schrittweite von 0.01°. Die Schrittzeiten betragen in a) 0.05 s (höchste Zählrate ca. 75 Impulse) und in b) 5s (höchste Zählrate ca. 6000). Die angepassten Profile sind als ausgezogene Linien dargestellt. Unten sind die Differenzkurven angegeben. Trotz der starken Streuung in a) stellt die Profilanpassung mathematisch kein Problem dar (nach Hill, in Young, 1995 S. 82).

Wurde eine Eichsubstanz zur Erkennung systematischer Fehler mitgemessen und in einer Funktion zur *2θ-Korrektur* ausgewertet, so ist es gegebenenfalls sinnvoll, diese Korrektur vor einer Profilanpassung auf das gesamte Diagramm anzuwenden, d. h. die Werte für die korrigierten Messpunkte aus den Werten der zu verschiebenden Originalpunkte zu interpolieren. Nur so kann die Bedingung der konstanten Schrittweite eingehalten werden. Bei dieser Interpolation tritt je nach Anzahl der zur Interpolation verwendeten Punkte ein geringer Glättungseffekt auf, der aber nicht weiter stört. Besonders wichtig ist diese Winkelkorrektor für ortsempfindliche Goniometer mit einem großen Winkelbereich, da diese konstruktionsbedingt fast immer eine geringe Verzerrung der Winkelskala aufweisen. Z. B. hat das Programm GUFI eine solche Entzerrungsroutine. Diese Korrektur ist besonders bei Filmen und Messungen mit großen ortsempfindlichen Detektoren geboten (s. Tab. G(3)). Besser kann die Geometrie mit einer exakt gebogenen Bildspeicherplatte eingehalten werden.

Ebenfalls sollten vor einer Profilanpassung die Zählraten im unteren Winkelbereich mit einer experimentell bestimmten Korrekturfunktion angehoben werden, wenn dort eine Probenüberstrahlung vorliegt, d. h. wenn die bestrahlte Probenfläche größer als die Probenfläche wird (s. Kap. C.8.2). Bei dünnen Proben müssen die einzelnen Zählraten durch den Absorptionsfaktor $(1-\exp(-2\mu \cdot d/\sin\theta))$ dividiert werden, der sich vor allem bei höheren Winkeln auswirkt. Es ist auch möglich, eine entsprechende Korrekturfunktion für eine Rietveldverfeinerung zu definieren und dann deren Parameter zu verfeinern (Kern, 1998). Eine fehlende *Intensitäts-Korrektur* kann man bei der Rietveldmethode an zu kleinen, oft negativen, Temperaturfaktoren erkennen. Kern, 1998, zeigte, dass in solchen Fällen nicht nur die Auslenkungsfaktoren (als "Mülleimer" für systematische Messfehler), sondern auch die Lageparameter vor allem der leichteren Atome verfälscht werden.

G.1 Phasensuche mit der Rohdatei (qualitative Analyse)

In Kapitel F.1.2.1 wurde bereits die Möglichkeit erwähnt, ein qualitative Phasenanalyse direkt mit den (untergrundsbereinigten) Rohdaten durchzuführen. Neuere kommerzielle Auswerteprogramme nützen diesen Verfahren mit gutem Erfolg, wie EVA der Firma Bruker AXS (früher SIEMENS, im Paket DIFFRAC-AT bzw. DIFFRAC*plus*) oder der Search/Match-Modul von JADE+ von Materials Data, Inc.. Ähnlich arbeitet das Phasen-Identifikations-Programm X'Pert High-Score der Firma Philips. Am Beispiel des Programms EVA soll dieses Verfahren hier kurz geschildert werden.

Da die Strichdiagramme der PDF-Datei direkt in die Rohdatei eingepasst werden, müssen Bereiche ohne Reflexe klar ausgegrenzt werden, d. h. vor der Phasensuche muss erst die Untergrundkurve der Rohdatei festgelegt und abgezogen werden. Eventuell wird im oberen Winkelbereich wegen vieler überlappender Reflexe nie erreicht und die Routinen zum Untergrundsabzug ziehen dann zuviel von der Originalkurve ab. Der Erfolg der Phasensuche wird dadurch aber kaum gemindert. Da auch die $K\alpha_2$-Linien nicht benötigt werden und eventuell stören können, ist auch eine $K\alpha_2$-Elimination anzuraten, wenn auch nicht unbedingt nötig.

In diese untergrundsbereinigte Rohdatei werden die Strichdiagramme der Vergleichssubstanzen (PDF-Datei und/oder eigene Eichdiagramme) eingepasst, indem der stärkste Reflex (relative Intensität = 100) der jeweiligen Vergleichssubstanz an die Höhe der bereinigten Rohdatei am betreffenden 2θ-Wert angepasst wird. Für die übrigen Reflexe der Vergleichssubstanz wird dann geprüft, wie gut diese zu der Rohdatenkurve passen. Für die Güte der Übereinstimmung wird ein Zuverässigkeitsindex berechnet. Nach diesem Index werden die Vergleichssubstanzen geordnet und die ca. 50 am besten passenden Substanzen aufgelistet. Der Vergleich mit allen 120 000 Einträgen der PDF-Datei dauert mit modernen Pentium-Rechnern etwa zwei Minuten. Der schnelle Suchindex auf der Festplatte ist ein Auszug aus der PDF1-Datei mit den jeweils 18 (??) stärksten Linien (s. Abb. F(16,17). So findet EVA in dem mittelmäßigen Diagramm eines älteren Waschpulvers (Abb. F(16)) 5 relevante Phasen: Na_2SO_4 (Ballast), $Na_5P_3O_{10}$ und $Na_5P_3O_{10}\cdot6(H_2O)$ (Enthärter), Na_2CO_3 (Fettlöser) und $NaBO_3\cdot4(H_2O)$ (Bleichmittel). Das amorphe Tensid trägt nur zum hohen Untergrund bei.

Linienüberlappungen und Schultern von schwächeren Peaks, die bei der Reflexsuche oft nicht erkannt werden, bereiten bei dieser Suchmethode keine Schwierigkeiten. Vielmehr wirkt die natürliche Peakform wie ein Fuzzy-Fenster älterer Suchroutinen, die die Reflexliste und nicht die (untergrundsbereinigte) Rohdatei zur Phasensuche benutzen. Nach der Suche können auf dem Bildschirm die Strichdiagramme der einzelnen gefundenen Phasen mit der Rohdatenkurve verglichen werden (Abb. F(17)). Das Bild mit der Rohdatenkurve und den Strichen der endgültig akzeptierten Phasen kann dann in verschiedenen Formaten ausgedruckt werden. Besonders geeignet sind dazu Farb-Tintenstrahldrucker, die es erlauben die Striche für jede Phase in einer anderen Farbe darzustellen (Dauer für eine DIN-A4-Seite ca. 1 min.). Der Erfolg der Phasensuche direkt in der Rohdatei ist im allgemeinen besser als bei der Suche mit der gemessenen Reflexliste. Das gilt vor allem für Diagramme schlecht kristallisierte Proben, d. h. für Diagramme mit großen Linienbreiten und starkem Rauschen.

Falls zur Vorbereitung der Rohdatei die Untergrundkurve mit von Hand ausgewählten Punkten festgelegt wird, die dann durch Ausgleichskurven (splines) verbunden werden, kann es bei schlechter Wahl der Stützpunkte zu einem unrealistischen Durchschwingen der Untergrundskurve kommen. Mit geringen Verschiebungen oder durch Weglassen einiger Stützpunkte lässt sich dieser Effekt aber vermeiden.

Das Programm JADE+ gestattet es, simulierte Rohdiagramme aus der PDF-Reflexliste zu berechnen. Dazu werden die gegebenen Intensitäten als Integralintensitäten behandelt und in Peaks mit einer entsprechend großen Fläche umgewandelt. Als Peakform sind mehrere Profilfunktionen möglich. Für Röntgenpeaks sind intermediäre oder modifizierte Lorentzkurven am besten geeignet (m = 1.5 bzw. 2). Die Halbhöhenbreiten werden als 2θ-abhängige Liste eingegeben (2θ-Abstände = 20°). Die bereinigten Rohdaten können dann durch eine gewichtete Summe dieser simulierten Diagramme angenähert werden, wobei die Gewichte der einzelnen akzeptierten Phasen nach der Methode der kleinsten Quadrate optimiert werden. Bei Kenntnis der I/I_C-Werte oder von Umrechnungsfaktoren, die an Eichgemischen unter den gleichen Bedingungen wie die Probe gemessen wurden, lassen sich diese Intensitätsgewichte dann in Gewichtsprozente umrechen. So läßt sich an die qualitative Phasensuche sofort eine (semi-)quantitative Analyse anschließen. Dabei wird angenommen, dass die Probe zu 100 % kristallin ist. Für die Abschätzung eines eventuellen amorphen Anteils muss der Probe bei der Messung ein bekannter Gewichtsanteil eines innereren Standards zugefügt werden.

Ähnliche quantitative Analysen sind mit der Windows-Version von POWDER CELL möglich. Hier werden aus Strukturdaten berechnete Diagramme (s. Kap, G.3) überlagert und möglichst gut an das gemessene Diagramm angepasst. Da die berechneten Diagramme Absolutwerte ergeben, sind für die Umrechnung in Gewichtsprozente keine Referenzwerte I/I_c mehr nötig (dafür aber die Strukturparameter, vor allem Raumgruppe und Atomlagen).

G.2 Profilanalyse und quantitative Analyse

Die Möglichkeiten der Profilanalyse, d. h. die Zerlegung des gesamten Pulverdiagramms in einzelne Reflexprofile wurde bereits in Kapitel E.2.6 behandelt. Leider lassen sich damit stark überlappende Reflexe nicht mehr auflösen. Vor allem gilt das für hemiedrische Kristallklassen, in denen Reflexe mit gleichen d-Werten aber unterschiedlichen Intensitäten vorkommen. Dann kann man versuchen, das gesamte Diagramm anzupassen (whole pattern fitting), wobei zu einem Messpunkt eine Vielzahl von Einzelreflexen beitragen kann. Dieses Verfahren wird konsequent bei der im Folgenden besprochenen Rietveldanalyse angewandt, bei der die Reflexintensitäten aus den Strukturdaten, d. h. den Atomlagen in der Elementarzelle, berechnet und angepasst werden (pattern-fitting structure refinement).

Diese und andere Rechenprogramme eignen sich auch für die Berechnung theoretischer Pulverdiagramme einer Substanz, für die die Gitterkonstanten, die

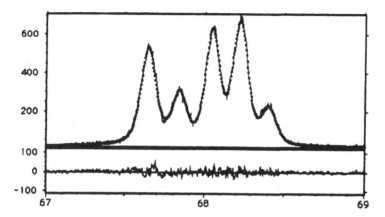

Abb. G(2): Profilanpassung von Pseudo-Voigt-Funktionen an das Quarzquintuplett bei $2\theta = 68°$ (für CuKα) nach der Marquardt-Methode (3 α_1/α_2-Paare). Messwerte I_{obs} als Quadrate. Im unteren Teil: Differenzkurve $I_{obs} - I_{calc}$ (nach Berti et al., 1995).

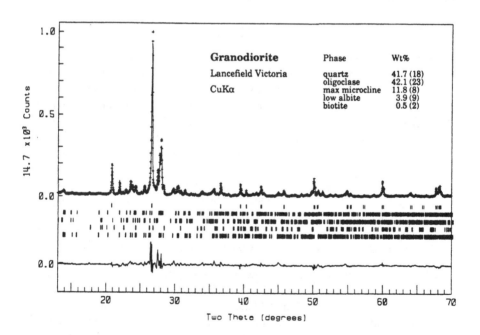

Abb. G(3): Anwendung der Rietveldverfeinerung auf die Modalanalyse eines Gesteins. Kreuze: Messwerte, Linie: berechnet, Strichdiagramme: mögliche Reflexlagen der 5 beteiligten Phasen. Unten. Differenzkurve (nach Hill, 1992).

Reflexform und die Atomparameter bekannt sein müssen. Außerdem gehen in die zu berechnenden Intensitäten die geometrischen Parameter der Aufnahmetechnik ein. Der Vorteil dieser Diagramme ist erstens, dass die Reflexlagen frei von systematischen Fehlern sind, und dass zweitens die Intensitäten ohne Texturfehler berechnet werden und so im Vergleich mit den gemessenen Daten eventuell bevorzugte Orientierungen der einzelnen Kristallite erkannt werden können. Es lassen sich aber auch Texturmodelle eingeben und so bestimmte Vorzugslagen simulieren. Auch das neue Vizualizer-Programm unter WINDOWS in der anorganischen Strukturdatenbank ICDS gestattet die schnelle Berechnung von Pulverdiagrammen.

Mit berechneten Diagrammen lassen sich auch Gemische simulieren und durch Variation der Skalierungsparameter an ein gemessenes Diagramm anpassen, d. h. mit diesem Vorgehen erhält man eine quantitative Analyse (s. Abb. G(3)).

Eine weitere Anwendung berechneter Diagramme wurde schon genannt: bei der Indizierung überlappender oder direkt übereinanderfallender Reflexe sind die als stark berechneten Reflexe den schwach berechneten vorzuziehen, um möglichst gute Gitterkonstanten zu erhalten.

G.3 Berechnete Pulverdiagramme

Wie oben schon erwähnt, kann bei Kenntnis der Kristallstrukturdaten einer Substanz deren Pulverdiagramm berechnet werden, und zwar auf einer "absoluten" Basis bezüglich der Substanz. Dazu kommen natürlich die nicht berechenbaren gerätespezifischen Einstellungen, wie z. B. der Röhrenstrom oder die angelegte Hochspannung. Diese Größen mitteln sich aber heraus, wenn alle Messungen unter denselben Messbedingungen erfolgen. Die Berechnung absoluter Diagramme ist auch davon abhängig, ob eine reine Phase oder ein Gemisch vorliegt. Bei reinen Phasen muss die unterschiedliche Eindringtiefe und damit ein unterschiedliches Volumen berücksichtigt werden, in dem das zunächst berechnete Diagramm durch 2μ (linearer Absorptionskoeffizient) dividiert wird. Bei Gemischen gilt für alle Phasen die gleiche Eindringtiefe, solange die Körnchen nicht zu grob sind. Allerdings müssen hier die unterschiedlichen Größen der Elementarzellen beachtet werden (Multiplikation mit ρ/V^2).

Als *Parameter*, die den Verlauf eines Pulverdiagramms bestimmen, kommen in Betracht: die Gitterkonstanten, aus der die Reflexlagen folgen; die Reflexform, die vor allem durch Reflexbreite und Flankenform und am Ende einer Anpassung auch durch einen Asymmetrieparameter beschrieben wird; und schließlich die Atomparameter, die die Integralintensitäten und damit die Reflexhöhen bestimmen. Zu den *Atomparametern* zählen die Lagekoordinaten x,y,z (einige davon eventuell durch Symmetrieelemente fixiert), die mittleren Amplituden der Wärme-

Tabb. G(1): Überblick über die wichtigsten Parameter für die Berechnung des Pulverdiagramms eines Gemisches. Einige dieser Größen können mit der Rietveldmethode optimiert werden, andere nicht (nach Kern, 1998).

Globale Parameter der Verfeinerung

Nicht verfeinerbar

Anzahl Phasen	**NPHASE**
Reflexprofilfunktion	NPROF
Untergrundsmodus	NBCKGD
Berechnete Reflexprofilbreite	WDT
Monochromator-Korrektur	CTHM
Texturfunktion	IPREF
Konvergenz-Kriterium ε	EPS
Relaxationsfaktoren	RELAX1-4

Verfeinerbar

Nullpunktskorrektur	ZER
Präparathöhe	DISP
Eindrintiefe	TRANSP

Lokale Parameter der NPHASE Phasen

Nicht verfeinerbar

Raumgruppe	SYMB
Anzahl Atome (in asym. Einheit)	N
Texturvektor (hkl)	PREF

Verfeinerbar

Skalierungsfaktor	SF
Gitterkonstanten	$a, b, c, \alpha, \beta, \gamma$
Halbhöhenbreiten-Parameter	U, V, W, X, Y, Z
Profil-„Mixing"-Parameter (Flankenform)	NA, NB, NC
Asymmetrie	P
Texturparameter	G1, G2

Lokale Parameter der N Atome

Nicht verfeinerbar

Atomare Streudaten	NTYP

Verfeinerbar

Relative Atomkoordinaten	y, y, z
Isotroper Temperaturfaktor oder	B
Anisotrope Temperaturfaktoren	β_{ij}
Besetzungsfaktor	O

schwingungen um diese Atomlage und andere Faktoren, die eine Auslenkung aus der Gleichgewichtslage bedingen, und schließlich der Besetzungsfaktor für die betreffende Atomart, der vor allem bei Mischkristallen von Bedeutung ist. Außerdem müssen die Symmetrieelemente, die die äquivalenten Atome innerhalb einer Elementarzelle erzeugen, d. h. die Raumgruppe, bekannt sein. Das sind pro Atom in allgemeiner Lage 4-5 Parameter. Anisotrope Auslenkungsfaktoren (bis zu 6 Parameter statt des einen bei isotroper Verfeinerung) können mit Pulverdaten kaum sinnvoll verfeinert werden. Bei Einkristalldaten ergibt das ca. 10 Parameter pro Atom. Bei 100 Reflexen pro Atom erhält man so eine ungefähr 10-fache Überbestimmung.

Bei Pulverdaten ist die Überbestimmung deutlich niedriger und damit werden die Standardabweichungen der Parameter deutlich größer als bei Verfeinerungen aus Einkristalldaten. Dies gilt besonders für die Auslenkungsparameter, die wegen Überstrahlung häufig zu klein bestimmt werden. Die Parameter werden eingeteilt in *globale Parameter*, die für alle Phasen eines Gemisches zutreffen, und in *lokale Parameter*, die für jede Phase verschieden sind. Diese werden noch einmal unterteilt in Parameter für die Phase insgesamt, und in die Parameter der individuellen Atome, die diese Phase aufbauen (Tab. G(1)).

Eine *Verfeinerung* dieser Parameter erfolgt am besten in zwei Schritten: Zuerst werden die Reflexlagen (d. h. die Gitterkonstanten) und die Reflexform sowie der Untergrund verfeinert (*Profilanpassung*). Grundsätzlich sind dafür die unveränderten Rohdaten zu benutzen. Lediglich eine am inneren Standard erkannte Winkelkorrektur darf für eine Winkelentzerrung benutzt werden, um wirklich gleiche Schrittweiten zwischen allen Messpunkten zu erhalten (s. Einfluss der Winkelentzerrung in Tab. G(3)). Das gilt besonders für Daten von großen ortsempfindlichen Detektoren. Auch andere systematische Messfehler können in diesem ersten Schritt erkannt werden, vor allem durch die Anwendung und Auswertung eines inneren Standards.

Erst im zweiten Schritt, der eigentlichen *Rietveldanalyse* (s. Kp. G.4), erfolgt dann die Verfeinerung der Phasen- und Atomparameter, durch die die Integralintensitäten der einzelnen Reflexe angepasst werden. Sind die Strukturen der beteiligten Phasen bekannt, wie z.B. bei Gesteinspulvern, so genügt eine Verfeinerung der Phasenparameter allein bei festgehaltenen Atomparametern (wie z.B. In Abb. G(3)). Der zweite Schritt kann bei nicht zu linienreichen Diagrammen auch getrennt durchgeführt werden (*Zweischritt-Verfahren*, Will, 1991). Im ersten Schritt dient dann eine Profilanalyse der Bestimmung möglichst vieler Integralintensitäten, die dann im zweiten Schritt ähnlich wie Einkristalldaten verfeinert werden; allerdings mit der Möglichkeit, übereinanderfallende Reflexe zu als Einheit behandeln zu können.

Wieweit die Flanken eines Reflexes reichen, hängt stark von der Reflexform ab. Bei Gaußkurven, die bei Neutronenspektren benutzt werden können, genügen

2 Halbhöhenbreiten nach jeder Seite, um die Flanken annähernd auf Null zu bringen, d. h. sie im Rauschen des Untergrunds verschwinden zu lassen. Röntgenpeaks mit ihren breiteren Flanken werden annähernd durch modifizierte (quadrierte) Lorentzfunktionen beschrieben, für die die Flanken mindestens 5 Halbhöhenbreiten weit berechnet werden müssen. Für Lorentzkurven selbst sind 10 Halbhöhenbreiten nach jeder Seite notwendig. Als erste Näherung der Peakform genügt eine modifizierte Lorentzkurve. Danach sollte man zum Feinausgleich Pseudo-Voigt- oder Pearson VII-Funktionen benutzen (zunächst symmetrisch). Als Startwerte der Reflexlagen und Halbhöhenbreiten kann man die Ergebnisse einer sehr viel schnelleren Reflexsuche an geglätteten und untergrundfreien Diagrammen benutzen.

Umgekehrt heißt das, dass in einen einzelnen Messpunkt Anteile von allen Reflexen eingehen, deren Zentrum weniger als 5-10 Halbhöhenbreiten vom Messpunkt entfernt sind. Dazu kommt ein gemeinsamer Untergrundswert. Die Parameter für den Untergrund und die Flankenform korrelieren stark miteinander, so dass eine gleichzeitige Verfeinerung leicht unsinnige Ergebnisse liefern kann. Breite Flanken (hoher Lorentz-Anteil) senken den Untergrund und umgekehrt. Am besten bestimmt man an isolierten Reflexen (bei kleinen 2θ) einen Parameter für die Flankenform (m bei P7 bzw. w bei PV) und hält diesen für die Winkelbereiche mit starker Überlappung zunächst fest, um eine sinnvolle Untergrundskurve zu erhalten. Im weiteren Verlauf der Verfeinerung wird diese Untergrundskurve dann festgehalten. Ein niedrigerer Untergrund bedeutet höhere Integralintensitäten und breitere Flanken. Da der Untergrund vor allem in den höheren Winkelbereichen unsicher ist, bedeutet dies eine Anhebung der Intensitäten der höheren Reflexe, was durch eine Absenkung der Temperaturparameter kompensiert wird. Das heißt, auch die Temperaturparameter korrelieren stark mit dem Untergrund. Ein eventueller Untergrundsabzug darf, wenn überhaupt, erst nach Festlegung der Flankenformen erfolgen.

Die Formel für die *Integralintensität*, die bei gleichbleibender Flankenform durch das Produkt Reflexhöhe×Halbhöhenbreite angenähert werden kann, lautet in vereinfachter Form:
$$I_{intgr} = S \cdot L \cdot A \cdot M \cdot P \cdot |F|^2$$
mit S = *Skalierungsfaktor*,

L = *Lorentz-Polarisationsfaktor* (von der Aufnahmetechnik abhängig) z. B.
L = $1/(\sin 2\theta \cdot \sin\theta) \cdot (1 + \cos^2 2\theta \cdot \cos^2 2\theta_\mu)/(1 + \cos^2 2\theta_\mu)$
mit θ_μ = Glanzwinkel des Kristallmonochromators)

A = *Absorptionsfaktor* (von der Probenform abhängig), z. B.
A = exp $(-\mu d/\cos\theta)/\cos\theta$ für transparente Proben bei Transmission
(d = Probendicke, μd messbar) oder
A ≈ exp $\{-(a + b \cdot \sin 2\theta)\cdot \mu R\}$ mit a, b = 1.6598 bzw. -0.2832 für einen

Zylinder (Kapillare) und 1.4523 bzw. -0.2253 für eine Kugel mit
Radius R (Rouse & Cooper,1970) oder
A = (1 - exp(-2μd/sinθ))/2μ für Bragg-Brentano, dünne Probe
mit der Dicke d, vereinfacht sich zu:
A = 1/(2μ) für ∞ dicke Proben (μ·d > 2.5), feste Divergenzblende

M = *Flächenhäufigkeit*

P = Korrekturfaktor für *bevorzugte Orientierung*, z. B.
P = I/I_0 = ($r^2\cos^2\alpha$ + $\sin^2\alpha/r$)$^{-3/2}$ (March, 1932, Dollase, 1986)
mit α als Winkel zwischen **d*** und der bevorzugten Texturrichtung
(I_0 Intensität bei texturfreier Probe, = zu verfeinernder Parameter).
Keine Textur für r = 1. Eventuell muss über die Flächen einer
Flächenform summiert werden, wenn diese verschiedene Winkel α_i
mit der Vorzugsrichtung bilden.

F = Strukturfaktor (komplexe Zahl für azentrische Strukturen)

Der *Strukturfaktor* F_{hkl} ist die gesuchte Größe, Messbar ist jedoch nur ihr Absolutwert |F|, die *Strukturamplitude*. Die allgemeine Formel lautet:

$$F_{hkl} = \Sigma_j\, f_j \cdot \exp(-B_j \cdot \sin^2\theta/\lambda^2) \cdot \exp(2\pi i(hx_j + ky_j + lz_j))$$

dabei ist f_j der *Atomformfaktor* (Streufaktor) des j.-ten Atoms in der Elementarzelle, der aus der radialen Elektronendichteverteilung des Atoms in Ruhe berechnet wird. Die Elektronendichte entspricht der Aufenthaltswahrscheinlichkeit, ein Elektron an dieser Stelle anzutreffen, und wird als Quadrat der Wellenfunktion berechnet. Die Atomformfaktoren, sogar aufgeschlüsselt auf die einzelnen Elektronenschalen, sind in den International Tables, vol. IV, tabelliert und durch Funktionen angenähert. Für θ = 0 ist f = Z (der Ordnungszahl bei ungeladenen Atomen). Mit steigendem sinθ/λ nimmt f ab, für leichte Atome etwas schneller als für schwere, und außerhalb der Grenzkugel für CuKα-Strahlung haben die Atome kaum noch Messbare Streukraft, vor allem, wenn man die Dämpfung durch die Temperaturschwingungen mit berücksichtigt. Durch Kühlung der Probe mit verdampfender flüssiger Luft lässt sich die Intensität der höheren Reflexe deutlich anheben. Allerdings muss beim Abkühlen überprüft werden, ob kein Phasenübergang stattfindet.

Der *Temperatur-* oder *Auslenkungsfaktor* B_j = 8 π^2 · $<u_j^2>$ (in $Å^2$) ergibt sich aus dem mittleren Quadrat der Abweichung u des Atoms aus seiner Gleichgewichtslage x_j, y_j, z_j. Für den Beginn einer Verfeinerung ist es sinnvoll, für alle Atome gleiche B_j anzunehmen ("overall"-Temperaturfaktor B_0) und den Ausdruck exp(-B_0·sin$^2\theta/\lambda^2$) vor das Summenzeichen zu ziehen. Richtungsabhängige (anisotrope) Temperaturschwingungen werden durch ein Schwingungsellipsoid angenähert und z. B. in der Form exp(-($h^2\beta_{11}$ + $k^2\beta_{22}$ + $l^2\beta_{33}$ + hk·β_{12} + hl·β_{13} + kl·β_{23})) dargestellt.

Bei speziellen Punktlagen, d. h. Atomlagen auf einem Symmetrieelement außer auf $\bar{1}$, erniedrigt sich die Zahl der Freiheitsgrade von 6 auf 4 bis 1. Z. B. sind in trigonalen und hexagonalen Kristallen bei Atomen auf einer dreizähligen Achse nur β_{11} und β_{33} unabhängig mit $\beta_{11}=\beta_{22}=\beta_{12}$ und $\beta_{13}=\beta_{23}=0$ (constraints, s. Willis & Pryor, 1975). Bei kubischer Lagesymmetrie ist der Temperaturfaktor isotrop.

Nach der Euler'schen Gleichung:

$$\exp(i^{\Phi}) = \cos\Phi + i\sin\Phi$$

lässt sich $\exp(2\pi i(hx_j + ky_j + lz_j))$ auch durch sin- und cos-Funktionen darstellen. Der imaginäre Teil $i\sin\Phi$ fällt bei zentrosymmetrischen Strukturen weg, da sich die Anteile der identischen Atome in x, y, z und -x, -y, -z gegenseitig aufheben. D. h. die Strukturfaktoren zentrosymmetrischer Strukturen sind rein reell und das Phasenproblem bei einer Strukturbestimmung vereinfacht sich zu einem Vorzeichenproblem. Problem deshalb, weil die abgebeugten Strahlen gegenüber dem Primärstrahl phasenverschoben sind, diese Phasenverschiebung mit den hier besprochenen Methoden aber nicht messbar sind. Trotzdem benötigt man die Phasenverschiebungen jedes einzelnen Reflexes für die Berechnung der Elektronendichteverteilung innerhalb der Elementarzelle, mit der sich die Atomlagen sichtbar machen lassen

Bei der Bragg-Brentano-Methode mit festen Divergenzblenden wird bei *dicken Proben* ($\mu.d > 2{\cdot}5$) stets das gleiche Volumen bestrahlt, denn was bei kleiner werdenden θ an Eindringtiefe verloren geht (Faktor $\sin\theta$), wird an bestrahlter Fläche gewonnen (Faktor $1/\sin\theta$), vorausgesetzt die Probenfläche ist groß genug (s. Kap. C.8.2). Auch die Gesamtheit der Weglängen in der Probe bleibt gleich, woraus sich der θ-unabhängige Absorptionsfaktor $1/2\mu$ ergibt. Bei variabler Divergenzblende wird eine bestrahlte Fläche konstanter Länge angestrebt. Der Einfluss auf die Intensitäten lässt sich mathematisch aber nur schwer erfassen (vor allem wegen der nicht genau erfassbaren mechanischen Kopplung des Divergenzwinkels mit 2θ) und deshalb sind bei variabler Divergenzblende die Intensitäten weniger zuverlässig als bei fester Blende.

Bei *dünnen Proben* ($\mu.d < 2{\cdot}5$) dringt mit zunehmenden 2θ immer mehr Strahlintensität bis zur Probenunterlage durch, d. h. die Probenintensitäten werden schwächer, die des Probenträges treten aber auf und werden stärker. Eine gute quantitative Analyse wird dadurch sehr erschwert.

Für die quantitative Analyse ist man an I/I_c-*Werten* interessiert (d. h. Vergleichswerten zu Korund, Kap.F.1.2.2). Diese lassen sich auch rechnerisch bestimmen. Dazu muss die obige Intensitätsformel etwas ausführlicher geschrieben werden (hier für Bragg-Brentano mit fester Blende und dicker Probe):

$$I(hkl) = I_0 \cdot S \cdot (e^2/mc^2)^2 \cdot \lambda^3/32R \cdot$$
$$1/(2\mu \cdot V^2) \cdot$$
$$M \cdot (1 + \cos^2 2\theta)/(\sin^2\theta \cdot \cos\theta) \cdot |F(hkl)|^2 \cdot \exp(-2B_0 \cdot \sin^2\theta/\lambda^2) \cdot A'(\theta) \cdot g$$

Dabei ist der Ausdruck in der ersten Zeile nur geräteabhängig (I_0 = Intensitätsdichte des Primärstrahls, S = Strahlungsquerschnitt, e = Elementarladung, m = Elektronenmasse, c = Lichtgeschwindigkeit, λ = Wellenlänge, R = Abstand Röhrenfokus-Probe) und kann als konstanter Skalierungsfaktor bei Vergleichen unter konstanten Messbedingungen behandelt werden (d. h. diese Glieder kürzen sich bei der Berechnung von I/I_c heraus.) In der 2. Zeile stehen Materialkonstanten (linearer Absorptionskoeffizient μ und Volumen der Elementarzelle V). Die Terme der 3. Zeile sind θ- und struktur-abhängig und genügen für die Berechnung relativer Intensitäten (z. B. stärkster Reflex = 100). M ist die Flächenhäufigkeit, die Klammern stehen für den Lorentz/Polarisations-Faktor, F(hkl) ist der von den Atomlagen abhängige Strukturfaktor (hier mit Atomformfaktoren für ruhende Atome) und der Expoentialausdruck ist ein vereinfachter Temperaturterm (B_0 = "overall"-Temperaturfaktor). A' ist der θ-abhängige Teil des Absorptionsfaktors (für dicke Proben = 1). In g gehen alle Eigenschaften des Pulvers ein, die sich auf die Intensität auswirken (Textur, Stress, Partikelgröße etc.). g ist schwer zu bestimmen und wird in erster Näherung = 1 gesetzt.

Der Skalierungsfaktor, der den größten Wert der 3. Zeile (d. h. den stärksten Reflex I_{max}) auf 100 normiert, soll a genannt werden (a = $100/I_{max}$). Dann sind für die Umrechnung auf semi-absolute Intensitäten (d. h. ohne Berücksichtigung der ersten Zeile) die relativen Intensitäten mit:

$$G = (2 \cdot a \cdot \mu \cdot V^2)^{-1}$$

zu multiplizieren. Für die gesuchte Größe I/I_c, die das Intensitätsverhältnis der stärksten Linie I der Probe zu der stärksten Korundlinie Ic bei einer 1:1-Mischung angibt, erhält man dann (mit G_{Korund} = $0.512 \cdot 10^{-2}$ für CuKα):

$$I/I_c = (G \cdot \mu/\rho)_{Probe}/(G \cdot \mu/\rho)_{Korund} = (G \cdot \mu/\rho)_{Probe} \cdot (62.99)$$

Das Programm MICRO-POWDER berechnet für bekannte Strukturen nicht nur die relativen Intensitäten (auch mit Textur), sondern auch G, μ und ρ sowie I/I_c. Im Programm POWDER CELL können $I_{abs} \cdot (\rho/V^2)$-Werte berechnet werden, die sich wie die I/I_c-Werte verwenden lassen.

Der von einigen Rietveldprogrammen (z. B. PHILIPS PC-Rietveld +) benutzte Intensitätsumrechnungsfaktor von $\sin\theta$ beim Übergang von fester auf variable Divergenzblende gilt nur angenähert für rechteckige Probenflächen. Bei kreisförmigen Proben muss dieser Faktor geändert und zusätzlich ein Parameter eingeführt werden, der die fast immer vorhandene seitliche Verschiebung der bestrahlten Fläche berücksichtigt. Bei fester Divergenzblende kommt es zu systematischen Fehlern in den Intensitäten, sobald bei kleinen 2θ auch der Probenträger bestrahlt wird. Mit experimentellen Eichkurven können solche Intensitätsfehler erfasst und vor der Rietveldverfeinerung korrigiert werden (Kern & Eysel, 1994). Bei variablen Blenden sollte die bestrahlte Fläche in jeder Richtung kleiner als die Probe sein. (s. Kap. C.8.2).

G.4 Rietveldmethoden (unter Mitwirkung von Dr. A. Kern)

Häufig hat man von einer neuen Substanz nur eine Pulverprobe und keine Einkristalle. Damit erscheint eine Strukturanalyse (= Bestimmung der Atomlagen in der Elementarzelle) zunächst aussichtslos, da bei der gängigen Strukturanalyse aus Einkristalldaten 50-100 mal so viele Reflexintensitäten wie zu bestimmende Atomlagen benötigt werden. Eine so hohe Reflexzahl wird mit Pulverdaten nicht erreicht. Außerdem fallen fast immer Reflexe mit verschiedener Indizierung übereinander, so dass für diese nur die Intensitätssumme bestimmt werden kann. Dadurch wird das Verhältnis N/n = Messwerte(=Reflexe)/Parameter stark reduziert und ein Vorgehen wie mit Einkristalldaten wird sehr erschwert oder gar unmöglich, da N>>n sein muss.

Den Ausweg aus diesem Mangel an unabhängigen Messwerten wies H.M. Rietveld 1967 und 1969 zunächst für Neutronenbeugungsdaten von Kristallpulvern: statt der Reflexintensitäten als Messwerte (einige 100 und weniger) verwendete er die Zählraten der einzelnen Messpunkte des gesamten Diagramms selbst (einige 1000).

Rietvelds *Profilanpassungsverfahren* zur Kristallstrukturverfeinerung aus Pulverdaten wird heute als Rietveldmethode bezeichnet. Die Anpassung an die erhöhten Anforderungen der Röntgenstrahlung erfolgte acht Jahre später (Khattak & Cox, 1977; Malmross & Thomas, 1977; Young et al. 1977). Das Prinzip der Methode besteht darin, alle Messpunkte eines Pulverdiagramms mit analytischen Funktionen zu beschreiben. Die Funktionsparameter (s. Abb. G(4)) werden im Verfeinerungsprozess mit Hilfe der Methode der kleinsten Quadrate **simultan** angepasst.

Das entscheidende Charakteristikum der Rietveldmethode ist die Optimierung der Strukturdaten bei gleichzeitiger Verbesserung der Intensitätszuteilung auf partiell oder ganz überlappende Reflexe. Das Verfahren ist also rückkoppelnd im Gegensatz zu den Zwei-Schrittmethoden, die im ersten Schritt die beobachtete Gesamtintensität einzelnen Reflexen zuordnen, und in einem zweiten, separaten Schritt die Struktur lösen oder verfeinern (Will, 1979; Pawley, 1981; Will et al., 1983, Langford et al., 1986, Toraya, 1986, 1989, 1993; Cascarano et al., 1992).

Der Vorteil der Rietveldmethode ist die enorme Erhöhung der verwendeten Messdaten: statt einiger hundert Einzelreflexe werden einige tausend Messpunkte verwendet. Allerdings sind diese nicht mehr ganz unabhängig voneinander, wie es die Methode der kleinsten Quadrate voraussetzt. Der Vorteil der Zwei-Schritt-Methode (Will, 1991) besteht hingegen darin, dass mit Hilfe der erprobten Einkristallmethoden (wie Pattersonsynthese oder direkte Methoden) auch Ab-Initio-Strukturlösungen möglich sind.

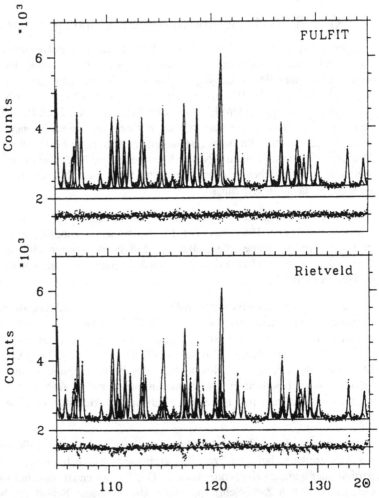

Abb. G(4): Teil des Quarzspektrums gemessen mit Synchrotronstrahlung (λ = 1.0020 Å) Punkte: Messwerte. Oben: nur Profilanpassung. Unten: Rietveldverfeinerung. Differenzwerte im unteren Bereich der beiden Diagramme (nach Will et al., 1990).

Im Gegensatz dazu ist bei der Rietveldmethode ein Startmodell für die Kristallstruktur zwingend erforderlich, das nicht sehr weit von der exakten Lösung entfernt sein darf. Es handelt sich somit primär um eine Strukturverfeinerungs-Methode und **nicht** um eine Strukturlösungs-Methode. Das schließt nicht aus, dass auch mit Pulverdaten allein Strukturlösungen möglich sind.

Bei dieser Erhöhung der Anzahl von Messwerten ist allerdings zu beachten, dass in einem Reflex benachbarte Messwerte nicht mehr statistisch unabhängig voneinander sind und die Zahl der Freiheitsgrade daher geringer ist als N-n. Da N - n in die Abschätzung von σ^2 eingeht (s. Kap. C.7.1.), ergeben sich für σ^2 schönfärberisch zu geringe Werte. Eine Verringerung von N-n auf (N-n)/k mit k = Anzahl der Messpunkte pro mittlere Halbhöhenbreite der Reflexe ergibt realistischere Abschätzungen für σ^2, die dann nicht mehr mit abnehmender Schrittweite, d. h. zunehmender Schrittzahl und damit Erhöhung von N, scheinbar besser (kleiner) gemacht werden können (Hill & Madsen, 1984, 1986, 1987). Wie Hill (1992) und Hill & Cranswick(1994) in zwei Rietveld-Ringversuchen zeigten, sind die in der Literatur angegebenen Standardabweichungen aus Rietveld-Verfeinerungen oftmals um eine Faktor 10 und mehr zu klein - verglichen mit den sich aus Messwiederholungen ergebenden Werten.

G.4.1 Klassifizierung der Profilanpassungsverfahren

Allen Profilanpassungsverfahren gemeinsam ist das Einpassen einer numerischen Funktion an ein oder mehrere gemessene Reflexprofile. Die Profilformfunktionen (Kap. E.2.6) werden durch mehrere Parameter charakterisiert: Reflexlage, integrale Intensität, Halbhöhenbreite und Parameter für Flankenform und Asymmetrie. Die Anpassung der jeweiligen Parameter erfolgt über einen Optimierungsalgorithmus, der die Differenz zwischen berechneter und gemessener Intensitätsverteilung minimiert (Kap. C.7.1).

Das zentrale Problem aller dieser Verfahren liegt in der erfolgreichen (im mathematischen Sinn) und sinnvollen (im physikalischen Sinn) Auflösung von Reflexüberlagerungen, d. h. in der Bestimmung der Wertepaare 2θ (bzw. hkl bei bekannter Zelle) - Integralintensität. Hierbei ist zwischen zwei Arten der Überlagerung zu unterscheiden: a) systematisch und b) zufällig.

Systematische Reflexüberlagerungen werden durch Netzebenen mit identischen d-Werten bedingt, wofür zwei Ursachen in Frage kommen: 1) symmetrie-äquivalente Reflexe einer Flächenform {hkl}. Diese haben gleiche Intensität und werden mit der Flächenhäufigkeitszahl exakt erfasst. 2) Reflexe mit gleichem d-Wert, aber unterschiedlicher Intensität. Beispiele im kubischen System sind Netzebenen mit gleichem $h^2+k^2+l^2$ (z. B. 511 und 333), sowie hemiedrische Laueklassen. So haben z. B. in der Laueklasse 4/m {hkl} und {khl} gleiche d-Werte aber unterschiedliche Intensitäten. Solche Reflexe überlappen sich 100%ig.

Zufällige Überlagerungen kommen zustande, wenn Reflexe mit mehr oder weniger eng benachbarten d-Werten überlappen. Das können in Gemischen auch Reflexe unterschiedlicher Phasen sein. Der Grad der Überlappung wird üblicherweise in Bruchteilen der Halbhöhenbreite ausgedrückt.

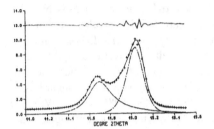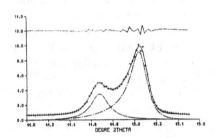

Abb. G(5): Zwei Profilverfeinerungen des gleichen Datensatzes, aber mit verschiedenen Startwerten. Beide Profile sind gleich gut angepasst, wie die Differenzkurven zeigen (nach Benabad-Sidky et al., 1991 aus Kern, 1998).

Ab einem gewissen Überlappungsgrad ist mit numerischen Methoden keine eindeutige Profilzerlegung mehr möglich (im physikalischen Sinne, s. Abb. G(6)), da schon ein einzelner Reflex mathematisch in beliebig viele Reflexprofile zerlegt werden kann. Der Ausweg aus dieser unbefriedigenden Situation besteht in der Einführung von *Constraints* (Randbedingungen), die zu einer Reduktion der Parameteranzahl führen. Bei Reflexgruppen besteht immer eine starke *Korrelation* zwischen einigen der beteiligten Parameter: Die Änderung eines Parameters zieht zwangsläufig die Änderung eines oder mehrerer anderer Parameter nach sich.

Bei der Profilanpassung unterscheidet man mehrere Methoden. Beim "Local Pattern Fitting" LPF (auch als Parrish-Methode bezeichnet) werden Reflexe und Reflexgruppen einzeln angepasst. Im Gegensatz dazu stehen die WPPF-Methoden ("Whole Powder Pattern Fitting", auch Parrish-Methode). Dabei werden normalerweise keine Constraints verwendet und so ist dieses Verfahren nur für einfache Beugungsdiagramme (von hochsymmetrischen Substanzen) geeignet. Diese Methode wurde durch Einführung von Constraints, z. B. 2θ-abhängige Halbhöhenbreiten, mehrfach modifiziert und verbessert. LPF und WPPF spielen eine wichtige Rolle für die Indizierung, Gitterkonstantenverfeinerung, quantitative Analyse und Korngrößenbestimmung, haben aber für die Strukturverfeinerung keine Bedeutung.

"Whole Powder Pattern Decomposition"-Methode (WPPD, Pawley-Methode). Diese verwendet als wichtigste Constraints die Raumgruppe, Gitterkonstanten, sowie 2θ-abhängige Halbhöhenbreiten und Profilformparameter. Aufgrund der bekannten Raumgruppe ist bei systematischen Überlagerungen eine Intensitätsaufteilung auf die einzelnen Reflexe möglich (Äquipartitionsprinzip). Verbesserte Intensitätsverteilungen werden von Jansen et al., 1992 und Cascarano et al., 1992 vorgeschlagen. Die WPPD-Methode ist von großer Bedeutung für die Zwei-Schritt-Methode der Strukturverfeinerung (und -lösung).

"Whole Powder Pattern Structure Refinement"-Methode (WPPSR; Rietveld-Methode). Hier wird als zusätzliches, wichtiges Constraint ein Strukturmodell benötigt. Durch die Vorgabe eines Strukturmodells erübrigt sich eine Reflex-zerlegung, denn alle Wertepaare hkl-Intensität werden berechnet und zu dem berechneten Diagramm zusammengesetzt. Das berechnete Pulverdiagramm wird durch Anpassung der Strukturparameter an das gemessene Diagramm möglichst gut angepasst. Außer für die Strukturverfeinerung wird die Rietveldmethode auch als Analysenmethode für die quantitative Phasenbestimmung immer wichtiger (s. Abb. G(3), eine gute Zusammenfassung findet sich im Buch von Young, 1995).

Die tatsächliche Entwicklung dieser Methoden erfolgte in umgekehrter Richtung. Am Anfang war die Rietveld-Methode, für die die ersten computerverwertbaren Algorithmen entwickelt wurden.. Durch Weglassen der Strukturinformation entwickelte sich daraus die WPPD-Methode (Pawley, 1981), und schließlich die WPPF-Methode durch zusätzlichen Verzicht auf die Raumgruppen- und Zell-Information.

G.4.2 Gütekriterien der Rietveldverfeinerung

Für die Rietveld-Verfeinerung werden digitalisierte Pulverdiagramme verwendet, deren Intensitätswerte an äquidistanten Messpunkten 2θ (Stützstellen) gemessen wurden. Da aus praktischen Gründen besser mit den Indizes i der Stützstellen als mit den 2θ-Werten selbst gerechnet wird, wird folgende Transformationsgleichung angewendet:

$$2\theta_i = 2\theta_0 + i \cdot \Delta 2\theta, I \in [0,...,N-1],$$

mit $2\theta_0$ = Startwinkel der Messung, $\Delta 2\theta$ = Schrittweite der Messung, i = Index einer Stützstelle und N = Anzahl der Stützstellen.

Die gemessenen Intensitäten y und den Stützstellen i setzen sich aus zwei Teilbeträgen zusammen:

$$y_i(obs) = ys_i(obs) + yb_i(obs),$$

mit $y_i(obs)$ = beobachtete Gesamtintensität an der Stelle i, $ys_i(obs)$ = Strukturanteil and der Stelle i, $yb_i(obs)$ = Untergrundanteil an der Stelle i.

Die N diskreten Intensitätswerte sind an eine Modellfunktion mit n Parametern anzupassen (N>>n). Diese setzt sich in komplexer Weise aus einem Modell für das Messgerät und einem Modell für die Kristallstruktur zusammen (s. Kap. G.3).

Zur optimalen Anpassung der berechneten an die beobachteten Intensitäten ist die gewichtete Summe S der Abweichungsquadrate zu minimalisieren:

$$S = \Sigma w_i [y_i(obs) - y_i(calc)]^2 \rightarrow min$$

Der Gewichtungsfaktor w_i an der Stelle i, wird definiert als reziproke Varianz der gemessenen Intensität am Punkt i, wobei der statistische Fehler eines Messwertes $y_i(obs)$ als Gauß-verteilt angenommen wird:

$$w_i = 1/\sigma_i^2 = 1/y_i(obs) = Z \cdot t$$

mit Z = Zählrate [mpulse/sec], t = Messzeit pro Punkt i in sec.

Der Fortgang und die Güte einer Rietveldverfeinerung (Minimalisierung der Fehlerquadratsumme S) kann am Ende eines Verfeinerungs-Zyklus mittels einiger Kenngrößen (R-Werte oder Residuen) sowie einer graphischen Methode (Differenzkurve) beurteilt werden. Weiterhin wird eine "Standardabweichung" für jeden verfeinerten Parameter berechnet.

Grundsätzlich muss festgestellt werden, dass kein Gütekriterium existiert, das eine Aussage über die Absolutgenauigkeit der Verfeinerungsergebnisse zulässt. Nur wenn:

1) alle R-Werte und die Differenzkurve eine gute Verfeinerung andeuten,

2) eine Plausibilitätskontrolle der verfeinerten Parameter physikalisch sinnvolle Ergebnisse, insbesonders für die Bindungslängen und -winkel, ergibt und

3) niedrige, physikalisch sinnvolle Standardabweichungen bestimmt wurden (bei starken Korrelationen werden die betroffenen Standardabweichungen signifikant größer)

ist die Annahme einer guten Absolutgenauigkeit gerechtfertigt. Ihre Abschätzung ist jedoch nur mittels geeigneter Vergleiche zu zuverlässigen Fremdergebnissen (z. B. aus der ICSD-Strukturdatei) möglich.

Bei den R-Werten unterscheidet man zwei Typen: reine Profil-R-Werte und Struktur-R-Werte. Während die Profil-R-Werte die Anpassung an den gemessenen Stützpunkten y_i wiedergeben, berücksichtigen die Struktur-R-Werte die integrale Intensität der Reflexe hkl und sind damit vergleichbar mit den R-Werten der Einkristallverfahren bzw. der Zwei-Schritt-Methoden.

Bei der Rietveld-Verfeinerung von Phasengemischen ist zu beachten, dass die Profil-R-Werte nur die Anpassungsgüte der "einhüllenden" Modellfunktion, die Struktur-R-Werte jedoch die Anpassungsgüte der einzelnen Phasen beurteilen. Die R-Werte beurteilen allein die Qualität der Übereinstimmung zwischen beobachteten und berechneten Größen. Es wird nicht berücksichtigt, auf welche Weise die vorliegende Übereinstimmung erzielt wurde. Das bedeutet, dass man ausgezeichnete R-Werte erhalten kann, obwohl die berechneten Größen physikalisch unsinnig sind. Typische Fälle sind negative Temperatur- oder falsche Besetzungsfaktoren. Bei einer Verfeinerung der anisotropen Temperaturfaktoren leichter Atome mit Labor-Pulverdaten wirken diese nur als "Müllsammler" für nicht erfasste systematische Messfehler. Die dadurch erzielte Verkleinerung der R-Werte bedeutet dann keine Verbesserung der Verfeinerungsqualität.

Durch Addition eines konstanten Untergrundwertes kann man die R-Werte beliebig klein machen. Deshalb sollten ausschließlich untergrundskorrigierte y_i(obs)-Werte zur R-Wert-Berechnung herangezogen werden. Nur diese R-Werte ermöglichen sinnvolle Vergleiche von Verfeinerungen innerhalb eines oder zwischen mehreren Labors.

Am engsten mit der zu minimalisierenden Summe der Fehlerquadrate hängt der gewichtete Profil-R-Wert zusammen ($\Delta_i = y_{oi} - y_{ci}$, o für observed, c für calculated):

$$R_{wp} = [\Sigma_i (w_i \cdot \Delta_i^2)/\Sigma_i (w_i \cdot y_{oi})^2]^{1/2}$$

Als einfacher Profil-R-Wert wird

$$R_p = [\Sigma_i |\Delta_i|/\Sigma |y_{oi}|] \qquad \text{benutzt.}$$

Eine andere Abschätzung ist "the goodness of fit":

$$GOF = [\Sigma_i (w_i \cdot \Delta_i^2)/(N - n)]^{1/2}, \text{ d. h. } GOF = (R_{wp}/R_{Erw})^2 \text{ mit}$$

$$R_{Erw} = R_{exp} = [(N-n)/\Sigma (w_i \cdot y_{oi}^2)]^{1/2}.$$

Wählt man als Gewicht $w_i = \cdot 1/\sigma_i^2 = 1/y_{oi}$, so vereinfacht sich $\Sigma (w_i \cdot y_{oi}^2)$ zu Σy_{oi}, d. h. zu der Gesamtzählrate. In dieser Form ist R_{Erw} in Kap. E.2.6 dargestellt. R_{Erw} ist eine Abschätzung für den geringstmöglichen Wert für R_{wp}. Wird GOF > 1.3, so deutet dies auf ein fehlerhaftes Verfeinerungsmodell oder zu hohe Zählraten (zu lange Messzeiten) hin. Bei GOF < 1 überwiegen die statistischen Fehler die Modellfehler bei weitem (schlechte Zählstatistik infolge zu kurzer Messzeiten) oder es wurden redundante Parameter gleichzeitig verfeinert. R_{wp} und GOF sind die wichtigsten Kriterien zur Beurteilung des Verfeinerungsfortschrittes, da beide Größen im Zähler die zu minimierende gewichtete Fehlerquadratsumme S enthalten.

Nach der Aufspaltung in einzelne Reflexe lässt sich auch die Güte der Einzelintensitäten vergleichen, jedoch hängen die Integralintensitäten etwas von dem verwendeten Modell ab:

$$R_{Bragg} = \Sigma_k |I_{ok}' - I_{ck}|/\Sigma_k I_{ok}'$$

Die I_{ok}' entsprechen nur bei aufgelösten Einzelreflexen den beobachteten Integralintensitäten. Bei überlappenden Reflexen werden diese entsprechend den berech-

224

neten Werten (I_{ck} = berechnete Integralintensität des k-ten Reflexes) aufgeteilt, und zwar für jeden Stützpunkt i einzeln:

$$I_{ok}' = \Sigma_i\{I_{ck} \cdot y_{oi}/y_{ci}\}$$

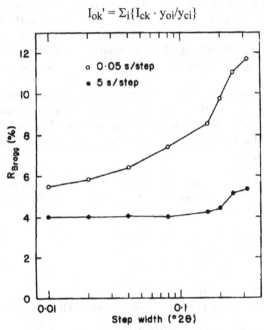

Abb. G(6): Veränderung von R_{Bragg} in Rietveldverfeinerungen von Korund in Bezug auf die Schrittweite für zwei verschiedene Schrittzeiten (0.05 bzw. 5 s; Hill in Young, 1995, S. 83). Schrittweiten von 0.02-0.04° sind danach ausreichend. S. Abb. G(1).

Wiederholt man die Messungen mit verschiedenen Zeiten pro Einzelschritt, so bleiben ab einer bestimmten Messzeit die R-Werte konstant und GOF steigt sogar wieder an (Abb. G(7)), d. h. es gibt ein Optimum für die Messzeit (wie auch für die Schrittweite). Eine Verlängerung der Messung bringt dann keinen Genauigkeitszuwachs mehr.

Die Abweichungen $\Delta_i = y_{oi}-y_{ci}$ sollten am Ende der Verfeinerung statistisch um Null streuen. Nun sind aber benachbarte Messwerte nicht ganz unabhängig voneinander und häufig beobachtet man in bestimmten Bereichen eine Häufung von nur positiven oder nur negativen Differenzen (*serielle Korrelation*, s. Abb. G(8)). Z. B. bewirkt ein falscher Temperaturfaktor, dass alle y_{ci} eines Reflexes zu groß oder zu klein berechnet werden.

Das Vorhandensein serieller Korrelation kann mittels des Durbin-Watson-Parameters d getestet werden (Hill & Flack, 1987), der theoretisch Werte zwischen 0 und 4 annehmen kann und dessen Idealwert 2.0 beträgt:

$$d = \Sigma_{i=2...N} \, (\Delta_i - \Delta_{i-1})^2/\Sigma_{i=1...N} \, (\Delta_i)^2$$

Das Vorhandensein serieller Korrelation auf einer Vertrauensbasis von 99.9% wird durch den Vergleich von d mit der Größe Q überprüft:

$$Q = 2\{(N-1)/(N-n) - 3.0902/\sqrt{(N+2)}\} \quad (n = \text{Zahl verfeinerter Parameter})$$

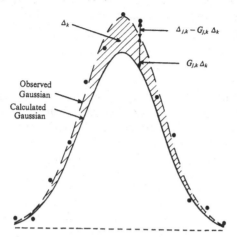

Abb. G(7): Schematische Darstellung des Problems der seriellen Korrelation. Die beobachteten Messpunkte sind statistisch über den beobachteten Reflex verteilt, jedoch nicht über den berechneten (nach Sakata & Cooper, 1979)

Drei Fälle sind möglich:

d < Q : Positive serielle Korrelation. Der häufigste Fall bei Profilanpassung

Q<d<4-Q: Keine serielle Korrelation

d > 4-Q : Negative serielle Korrelation.

G.4.3..Verfeinerungsstrategie

Ehe mit der eigentlichen Strukturverfeinerung begonnen werden kann, muss das gemessene Diagramm indiziert sein, d. h. die Gitterkonstanten müssen bekannt und verfeinert sein. Das erkennt man optisch am Einrasten (lock in) der berechneten Reflexlagen. Vor dem Einrasten schwingt die Differenzkurve und den Stellen der Reflexe stark durch. Außerdem muss ein Strukturmodell vorliegen. Als solches wird häufig die bekannte Struktur einer (vermutlich) isotypen Substanz mit ähnlichen Gitterdimensionen verwendet. Solche Sturkturen kann man z.B. in der anorganischen Strukturdatenbank ICSD suchen. Damit ergibt sich folgendes Schema für die Strukturbestimmung aus Pulverdaten (Tab. G(2)).

Tab. G(2): Typische Einzelschritte bei der Rietveldmethode

1) Wahl eines Startmodells und der Startparameter (s. Tab. G(1)).

2) Die Parameterfreigabe, d. h. die Reihenfolge, in der die einzelnen Parameter verfeinert werden sollen.

3) Die graphische Beurteilung des Verfeinerungsforschritts, aus der oft eine optimale Parameterfreigabe abgeleitet werden kann.

4) Der Gebrauch der Korrelationsmatrix.

5) Das Erkennen falscher Minima.

6) Das Beenden der Verfeinerung.

Für erfolgreiche Rietveldverfeinerungen wird eine durchdachte *Verfeinerungsstrategie* benötigt, die zum einen viel Zeit ersparen kann und zum anderen Misserfolge vermeiden hilft. Sie legt fest, welche Parameter verfeinert und welche festgehalten werden. Zur Frage der Strategie gehört auch die Wahl sinvoller Schrittweiten und Messzeiten pro Schritt (Hill in Young, 1955).

Als *Schrittweite* genügen für die Rietveldanalyse wie bei der Standardmessung 5 Messpunkte pro Halbhöhenbreite, d. h. eine Schrittweite von $0.02°$ in 2θ ist bei Diffraktometern mit normalen Röntgenröhren völlig ausreichend. Mehr Messpunkte bringen keine Verbesserung im R-Wert (Abb. G(7)), senken aber scheinbar den statistischen Fehler (s.o.). Die *Messzeit pro Schritt* sollte aber von 1 s (oder weniger) für Routinemessungen auf 3-5 sec. (oder mehr) angehoben werden, um das Signal/Rausch-Verhältnis zu verbessern (Abb. G(5)). Hill (in Young, 1995) empfiehlt für die stärksten Reflexe Schrittzählraten von 5000 - 10 000 Impulsen. Der 2θ-Bereich soll möglichst groß gewählt werden (z. B. 5-145°), während zur qualitativen Phasenanalyse häufig schon 70° für die obere Grenze ausreichen. Das ergibt Gesamtmesszeiten von $5·50·140$ Sekunden = knapp 10 Stunden. Für eine Tagesmessung ist das zu lang, während eine Nachtmessung noch etwas länger dauern könnte, d. h. die Schrittzeit könnte dann auf 7-8 sec. erhöht werden.

Grundsätzlich ist zu beachten, dass die beste Verfeinerungsstrategie nicht helfen kann, wenn

• ein schlechter oder falscher Strukturvorschlag vorliegt,

• eine Probe minderer Qualität (bzgl. Kristallinität, Reinheit etc.) vermessen wurde,

• ein mangelhafter Datensatz (z. B. infolge systematischer Messfehler, ungünstiger Wahl von Wellenlänge, Messzeit usw.) verwendet wird,

• Parameter verfeinert werden, die aus dem Datensatz aufgrund seiner Qualität bzw. seines Informationsgehalts nicht sinnvoll erhalten werden können (für Laborröntgendaten z. B. die Verfeinerung von anisotropen Temperaturfaktoren leichter Atome oder von Lageverteilungen von Atomen mit ähnlichem Streuvermögen usw.).

Leider existiert keine global gültige Verfeinerungsstrategie. Dies gilt insbesondere für das Problem der Parameterfreigabe, die sehr stark von der Wahl des Startmodells sowie den individuellen Untersuchungszielen und Probeneigenschaften (Reflexprofilform usw.) abhängig ist. Folge ist, dass bisher eine beliebige Automatisierung von Rietveldverfeinerungen („Black Box") nicht realisiert werden konnte. Mit den im Kapitel G.4.5 behandelten Fundamentalfunktionen wird die Verfeinerung viel robuster und die Frage der richtigen Strategie wird weniger wichtig. Trotzdem ist eine ausführliche Beschäftigung des Anwenders mit dem Thema Verfeinerungsstrategie für alle Anwendungen der Rietveldmethode unerlässlich.

G.4.3.1. Wahl des Startmodells

Das Startmodell dient zu einer ersten Annäherung an die beobachtete Intensitätsverteilung. Es setzt sich zusammen aus a) dem Strukturmodell und b) einer Reihe von Verfeinerungsmodellen zur Beschreibung von Proben- und Geräteeigenschaften.

Die Richtigkeit des gewählten Strukturmodells ist eine grundlegende Voraussetzung. Auch unvollständige Strukturmodelle (z. B. aufgrund fehlender Atome) können - wenn sie ansonsten richtig sind - ausreichen, da mittels der Rietveldmethode auch die Vervollständigung von Strukturen möglich ist (z. B. mittels Differenzfourieranalysen).

Im Gegensatz hierzu bestehen bei der Auswahl von Modellen zur Beschreibung von Proben- und Geräteeigenschaften erheblich größere Freiheiten, da in der Regel (z.T. zahlreiche) alternative Modelle zur Beschreibung der gleichen Eigenschaft existieren (z. B. alternative Funktionen zur Anpassung der Reflexprofilform, des Untergrunds usw.). Abgesehen von der oft unterschiedlichen Qualität der alternativen Modelle ist auch zu beachten, das diese zumindest teilweise unterschiedlich parametrisiert sind (z. B. PearsonVII- / Pseudo-Voigt--Funktion, Kap. E.2.6). Die Eignung eines beliebigen Modells als Startmodell wird zum einen von der Stabilität seiner Parameter bestimmt (z. B. der Neigung zu Korrelationen), zum anderen aber auch von der Frage, wie weit ihre Startwerte von dem „wahren" Wert entfernt sein dürfen. Lineare Parameter „verzeihen" stark abweichende Startwerte eher als nicht-lineare Parameter.

Für die Wahl des Startmodells ist somit zu beachten:

- Das Strukturmodell muss richtig sein.
- Modelle mit stabilen, linearen Parametern sollten vorgezogen werden.

Notfalls sollte eine „Vorverfeinerung" durchgeführt, und anschließend auf das gewünschte (alternative) Modell gewechselt werden. Typische Beispiele hierfür sind:

Zu verfeinernde   Vorverfeinerungsmodell: ⇒Gewünschtes Modell:
Eigenschaft:
• 2θ-Fehler   Nullpunktsfehler   ⇒ Präprathöhenfehler
• Reflexprofilform   pV-Funktion   ⇒ TCH-pV-Funktion
• Temperaturfaktoren isotrop   ⇒ anisotrop

Dabei unterscheidet sich die TCH-Pseudo-Voigt-Funktion nach Thompson, Cox & Hastings (David, 1986) nur durch eine andere 2θ-Abhängigkeit des Mischungsparameters w von der ursprünglichen Pseudo-Voigt-Funktion (Kap. E.2.6).

Tab. G(3): Überblick über wichtige Charakteristika der gängigsten Verfeinerungsparameter (Bezeichnungen wie in Tab. G(1)).

Parameter	Linear	Stabil	Bemerkung
SF	✔	✔	
ZER	-	✔	Korreliert stark mit LATTICE und A.
DISP	-	?	Korreliert stark mit LATTICE, A sowie ggfs. W, V, U.
BACK1..2	✔	✔	
LATTICE	-	✔	Korreliert stark mit ZER, DISP und A; auf „Lock-In" achten'.
BACK3..6	-	?	Stark miteinander korreliert; Parameter neigen zu Oszillationen.
W	-	✔	W, V und U sind stark korreliert.
V	-	?	W, V und U sind stark korreliert.
U	-	-	W, V und U sind stark korreliert.
NA, NB (,NC)	-	?	Pseudo-Voigt: Stabil; PearsonVII: Indifferent.
A	-	?	Korreliert stark mit ZER, DISP und LATTICE
P	-	-	P, B bzw. β_{ij}, O und x, y, z sind stark korreliert.
x, y, z	-	?	P, B bzw. β_{ij}, O und x, y, z sind stark korreliert.
B bzw. β_{ij}	-	?	P, B bzw. β_{ij}, O und x, y, z sind stark korreliert.
0	-	?	P, B bzw. β_{ij}, O und x, y, z sind stark korreliert.

LATTICE: Gitterkonstanten a, b, c, α, β, γ

Mit der Auswahl des Startmodells ist die Vorgabe sinnvoller Startwerte für die mit dem Startmodell gegebenen Verfeinerungsparameter untrennbar verbunden. Ihre Qualität ist nicht nur für eine schnelle Konvergenz der Verfeinerung maßgeblich, sondern kann auch bei der Vermeidung falscher Minima helfen. In der Literatur werden in der Regel keine, in Programmhandbüchern oft nur spärliche Hinweise auf sinnvolle *Startwerte* gegeben. Deshalb sollen hier einige Beispiele für die wichtigsten Verfeinerungsparameter gegeben werden.

Der Skalierungsfaktor SF liegt meist zwischen 0.1E-03 und 0.1E-06. Er sollte als erster Parameter und zwar allein verfeinert werden. Das Absolutglied im Untergrundpolynom wird gleich dem Untergrundsmittel angenommen, die übrigen Glieder BACK2...6 werden am Anfang = 0 gesetzt. Ebenso der Nullpunktsfehler ZER, der Präparathöhenfehler DISP und die Transparenzkorrektur TRANSP. Diese drei Größen korrelieren stark und dürfen deshalb nie gleichzeitig verfeinert werden. Sind die Gitterkonstanten (LATTICE) zu ungenau bestimmt worden, so rasten einige Linien nicht ein (fehlender "Lock-In") und eine weitere Verfeinerung wird unmöglich. Bei den Atomparametern x, y, z, B (oder $ß_{ij}$) und O streuen vor allem die Temperaturfaktoren verschiedener Autoren sehr stark, weil diese unerkannte systematische Messfehler abfangen ("Mülleimer"). Man kann dann gegebenenfalls die Mittelwerte nehmen oder plausible Startwerte einsetzen wie B = 0.5 für die Kationen und 1.0 für die Anionen. Die Besetzungsfaktoren sind normalerweise = 1 außer bei Split-Atomen und Mischbesetzungen bei Mischkristallen (solid solutions). Bei den Parametern U, V, W für die 2θ-abhängige Halbhöhenbreite wird zunächst nur das Absolutglied W (Startwert = Quadrat der mittleren Halbhöhenbreite) verfeinert. Am Anfang kann eine künstliche Erhöhung von W das "Lock-In" der Gitterkonstanten erleichtern. Bei der March-Dollase-Funktion zur Simulation des Textureffekts wird P = 1 gesetzt und anfangs festgehalten. Für die Flankenformparameter wählt man w = 0.5 (Pseudo-Voigt) bzw. m=1.5 (Pearson VII) und eventuelle weitere Parameter = 0 und hält diese ebenfalls anfangs fest. Ebenso wird am Anfang kein Asymmetrieparameter definiert und verfeinert.

Der Konvergenzradius, d. h. die maximale Abweichung der Startparameter, die noch zum richtigen Minimum der Verfeinerung führt, ist deutlich kleiner als bei Einkristall-Strukturverfeinerungen. Für die Verfeinerung von Atomlagen aus Pulverdaten muss also ein schon recht guter Satz von Startparametern vorliegen.

In Glücksfällen gelingt es auch, das Gesamtspektrum in genügend Einzelreflexe zu zerlegen, um diese wie bei Einkristallen zur ab-initio-Strukturbestimmung zu benutzen. So wurde eine große Zeolith-Struktur von McCusker (1988) mit Synchrotrondaten bestimmt. Bei unbekannter Struktur ist bei Mehrfachreflexen eine einfache Gleichverteilung der Gesamtintensität auf die Einzelreflexe unbefriedigend. Mit statistischen Methoden für die Phasenbestimmung von Einkristallreflexen (z. B. die Sayre-Gleichung) lässt sich eine sinnvollere Intensitätsaufteilung abschätzen. Diese höhere Kunst der ab-initio-Strukturbestimmung übersteigt aber den Rahmen dieses einführenden Buches.

G.4.3.2 Parameterfreigabe

Wie bei allen nicht linearen Minimalisierungsverfahren ist in der Regel die gleichzeitige Freigabe aller Verfeinerungsparameter unmöglich, da die Verfeinerung dadurch divergiert oder in ein falsches Minimum läuft Tatsächlich entscheidet die Reihenfolge, in der die einzelnen Parameter freigegeben werden, sehr oft über den Erfolg einer Verfeinerung. Dementsprechend ist die Festlegung einer global gültigen Regel zur Parameterfreigabe nicht möglich, denn diese ist vor allem von dem gewählten Startmodell sowie spezifischen Eigenschaften der Beugungsaufnahme (z. B. probenabhängige Halbwertsbreiten, Reflexprofilformen usw.) abhängig. Eine spezielle Strategie der Parameterfreigabe, die bei einer Verfeinerung A zum Erfolg geführt hat, kann bei einer Verfeinerung B zur Divergenz führen. Gerade diese Problematik verhindert letztlich eine Automatisierung von Rietveldverfeinerungen.

Tab. G(4): Vorschlag für eine in der Regel erfolgreiche Verfeinerungsstrategie. Reihenfolge der Parameterfreigabe.

Zyklus	1	2	3	4	5	6	7	8	9	10	11	12
SF	x	x	x	x	x	x	x	x	x	x	x	x
Zero		x	x	x	x	x	x	x	x	x	x	x
a,b,c,α,β,γ			x	x	x	x	x	x	x	x	x	x
W				x	x	x	x	x	x	x	x	x
V					x	x	x	x	x	x	x	x
U						x	x	x	x	x	x	x
P(?)*							x	x	x	x	(x)	(x)
NA								x	x	x	x	x
NB									x	x	x	x
A										x	x	x
x, y, z											x	x
B												x

*) Nur verfeinern, wenn tatsächlich Textureffekte vorhanden sind. Auf Korrelationen mit x,y,z und B achten' Bei starker Textur muss P gegebenenfalls vorgezogen werden.

Obwohl die Parameterfreigabe eine individuelle und - vor allem - interaktive Angelegenheit ist, lässt sich doch eine grundlegende Verfahrensweise zur optimalen Parameterfreigabe aufstellen:

1. Lineare und stabile Parameter sollten stets zuerst verfeinert werden. Eine zu frühe Freigabe nicht-linearer bzw. instabiler Parameter kann zur Divergenz führen.

2. Eine Verfeinerung sollte stets mit einer Nullverfeinerung begonnen werden (d. h. mit einer "Verfeinerung" ohne Freigabe eines Parameters oder höchstens für SF). Ein falsches Strukturmodell, schlechte Startwerte und Fremdphasen können damit sofort erkannt werden.

3. In den ersten Verfeinerungszyklen muss das "Lock-In" der berechneten in die gemessenen Reflexprofile realisiert werden. Hierzu sind die Gitterkonstanten und ggfs. ein Parameter zur Anpassung von 2θ-Fehlern (ZER, DISP oder TRANSP) zu verfeinern.

4 Im Anschluss daran ist die Intensitätsanpassung mittels Profil- und Strukturparametern durchzuführen.

Grundsätzlich sollte stets derjenige Modellparameter im nächsten Verfeinerungszyklus freigegeben werden, der die meisten der verbliebenen Differenzen minimiert. In diesem Zusammenhang ist die Differenzkurve von besonderem Nutzen, da ihre Interpretation dem erfahrenen Anwender zu jedem Zeitpunkt Auskunft darüber geben kann, mit welchem Parameter optimal fortzufahren ist. Ein ausführliches Anwendungsbeispiel hierzu wird im folgenden Kapitel beschrieben.

Eine Vorgehensweise für die Parameterfreigabe, die bei nicht zu komplexen Problemen meistens zum Erfolg führt, ist in Tab. G(3) angegeben.

G.4.3.3 Graphische Beurteilung des Verfeinerungsfortschrittes

Die Differenzkurve zwischen dem gemessenen und dem berechneten Pulverdiagramm ist zusammen mit den R-Werten ein unverzichtbares Gütekriterium, das nicht nur zur abschließenden Beurteilung der Verfeinerung nützlich ist, sondern, anders als die meisten R-Werte, bereits während der Verfeinerung wertvolle Dienste leisten kann. Die Differenzkurve allein ermöglicht auf den ersten Blick:

- das Erkennen von Phasenverunreinigungen,
- das Erkennen von fehlerhaften Strukturmodellen, sowie
- die Festlegung einer optimalen Strategie zur Parameterfreigabe **während** der Verfeinerung.

Im folgenden wird anhand einer Verfeinerung von Korund (SRM676) ein ausführliches Beispiel für die Verwendung der Differenzkurve zur Festlegung einer optimalen Parameterfreigabe diskutiert. Es werden typische Charakteristika der Differenzkurve bei unterschiedlichen Verfeinerungsstadien gezeigt, die eindeutige Hinweise darauf geben, welcher Parameter als nächster freigegeben werden sollte.

Die Berücksichtigung dieser Prinzipien kann zur schnelleren Konvergenz und zur Vermeidung falscher Minima beitragen. Die zu diesem Beispiel gehörigen Mess-, Proben-, und Verfeinerungsparameter sind in den Tab. G(5) und G(6) angegeben.

Tab G(5): Geräte- und Messparameter / Verfeinerungsmodelle.

Messgerät	SIEMENS D500
Detektor	OED
Wellenlänge	1.5405981 A
Strahldivergenz	0,3°
Messbereich, Schrittweite, Schrittzeit	20-140°; 0.01°, 2sec
Monochromator-Koeffizient (CTHM)	0.8887
Reflexprofilbreite (WDT)	15 · FWHM
Profilfunktion	Pseudo-Voigt
Asymmetriemodell	Rietveld
Texturmodell	Keine Textur vorhanden
Halbhöhenbreitenfunktion	Cagliotti
Untergrundsanpassung	Manuell
Rietveldprogramm	WYRIET

Tab. G(6): Proben- und Verfeinerungsdaten von α-Al_2O_3 (SRM676)

Probe	α-Al_2O_3, SRM676
Raumgruppe	R3-c (167)
Anzahl der Formeleinheiten	6
Anzahl Atome in asymmetrischer Einheit	2
Atomlagen (Wyckhoff-Symbol, Eigensymmetrie)	Al 12c 3··
	O 18e ·2·
Anzahl Reflexe	62
Anzahl ,unabhängiger' Reflexe (ENRef)	56
Anzahl verfeinerter Parameter	15
Anzahl verfeinerter globaler Parameter	1
Anzahl verfeinerter Profilparameter s	10
Anzahl intensitätsabh. verfeinerter Parameter (NI) 4	
REFNI = ENRef/NI	14.0

Für eine erfolgreiche Verfeinerung sollte REFNI wenigstens 10 betragen.

In der Regel wird eine Rietveldverfeinerung mit der Freigabe von SF beginnen. Der Rietveldplot für diesen ersten Verfeinerungszyklus ist in Abb. G(8) gezeigt. Darin ist zu erkennen, dass die Differenzkurve im wesentlichen mit den gemessen Daten identisch ist. Ursache sind schlechte Startwerte für die Gitterkonstanten a und c, die ungefähr um 0.01Å von den tatsächlichen Gitterkonstanten abweichen. Die mangelhaften Gitterkonstanten lassen sich auch deutlich anhand der Reflexmarkierungen oberhalb der Differenzkurve erkennen, die insbesondere im hinteren Winkelbereich nicht zu den beobachteten Reflexen passen.

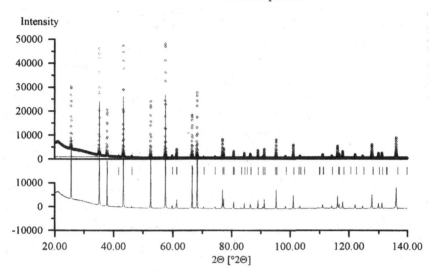

Abb. G(8): Rietveldplot von Al_2O_3 nach Freigabe des Skalierungsfaktors. Die Gitterkonstanten sind noch nicht eingerastet (d. h. noch kein "Lock-In") (nach Kern, 1998).

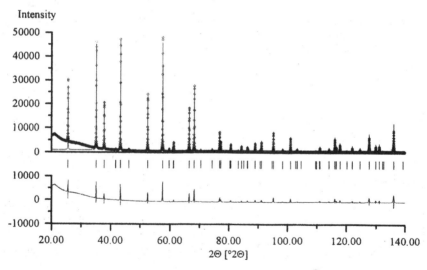

Abb. G(9): Rietveldplot von Al_2O_3 nach Anpassung der Gitterkonstanten sowie des Nullpunktsfehlers. Der Untergrund ist noch eine Konstante. Dadurch entstehen die hohen Abweichungen im vorderen Winkelbereich (nach Kern, 1998).

In dem vorliegenden Fall liegt also noch kein „Lock-In" der berechneten in die beobachteten Reflexprofile vor. In einem solchen Fall kann eine manuelle Verbesserung der Gitterkonstanten-Startwerte notwendig sein. Bei Freigabe der Gitterkonstanten besteht Gefahr a) eines falschen „Lock-In", b) einer Divergenz der Verfeinerung.

In Abb. G(9) ist der Rietveldplot nach der Anpassung der Gitterkonstanten sowie zusätzlich des Nullpunktsfehlers gezeigt. Es besteht bereits eine sehr gute Übereinstimmung des theoretischen mit dem beobachteten Beugungsdiagramm. Daraus folgt, dass das gewählte Strukturmodell (zumindest) im wesentlichen korrekt ist Die hohen Abweichungen im vorderen Winkelbereich sind Folge des im Startmodell konstant vorgegebenen Untergrundes. Dieser wird im folgenden Schritt mit einem Polynom 3. Ordnung angepasst. Diese Anpassung bleibt noch unbefriedigend (Abb. G(11,12)) und deshalb wird der Untergrund manuell angepasst (nicht abgebildet), in dem einige Untergrundswerte markiert und diese Punkte durch eine Spline-Funktion verbunden werden. Da nur sehr wenige Reflexüberlagerungen vorhanden sind, ist in in diesem Fall eine eindeutige und gute Untergrundsbestimmung möglich.

Die Untergrundsanpassung ist neben der in Kap. 1.6.2.4 erwähnten Asymmetrieanpassung ein weiteres grundlegendes, bis heute nicht gelöstes Problem bei Rietveldverfeinerungen. Es existiert bislang keine verfeinerbare Funktion, die eine hinreichend gute Untergrundsbeschreibung wenigstens in den meisten Fällen ermöglicht. Stattdessen muss in vielen Fällen der Untergrund von Hand angepasst werden, obwohl hierdurch erhebliche Fehler entstehen können, da insbesondere im Bereich von Reflexüberlagerungen eine eindeutige Bestimmung des Untergrundes in der Regel nicht möglich ist (s. Kap. 2.4.3.3).

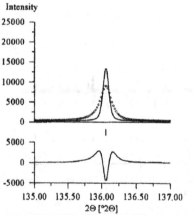

Abb. G(10): Reflex mit schlechter Anpassung der Halbhöhenbreite (zu schmal).

Die Qualität der Anpassung in Abb. G(9) wird im hinteren Winkelbereich wieder schlechter. Ursache hierfür ist die bislang konstant gehaltene Halbhöhenbreite (nur W verfeinert), die im vorderen Winkelbereich sehr gut mit den beobachteten Halbhöhenbreiten übereinstimmt, im hinteren Winkelbereich aber nicht. Die Form der Differenzkurve eines einzelnen Reflexes in Abb. G(10) ist für fehlerhafte Halbhöhenbreiten charakteristisch. Im Falle zu großer berechneter Halbwertsbreiten ist der Ausschlag umgekehrt.

235

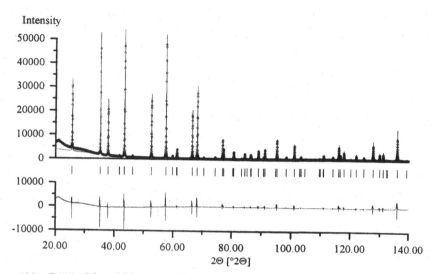

Abb. G(11): Rietveldplot von Al_2O_3 nach Festlegung des Untergrunds durch ein Polynom 3. Ordnung (mit BACK1-4) mit unbefriedigendem Ergebnis (nach Kern, 1998).

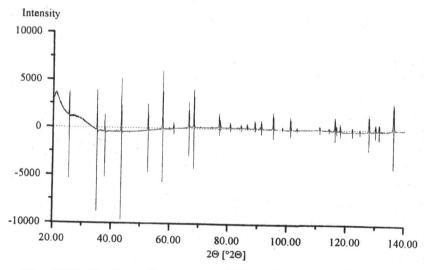

Abb. G(12): Detailvergrößerungen der Differenzkurve von Abb. G(11). Diese schwingt im vorderen Winkelbereich durch (typisch für Polynome höherer Ordnung).

Die Anpassung der Halbhöhenbreiten führt zu einer weiteren, erheblichen Verbesserung der Verfeinerung (Abb. G(13)). Erneut lassen sich sehr charakteristische Ausschläge der Differenzkurve beobachten. Diese sind im vorliegenden Falle im vorderen Winkelbereich negativ, im hinteren Winkelbereich positiv. Es liegt ein deutlicher, winkelabhängiger Trend vor. Ursache hierfür sind zu hohe Startwerte für die Temperaturfaktoren. Zu niedrige Startwerte würden zu umgekehrten Ausschlägen führen.

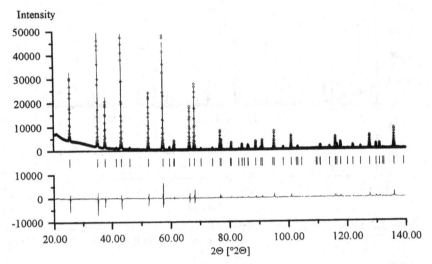

Abb. G(13): Rietveldplot von Al_2O_3 nach der 2θ-abhängigen Anpassung der Halbhöhenbreite. Die Differenzen im vorderen Bereich sind negativ, im hinteren positiv.

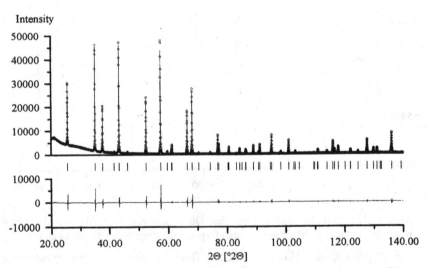

Abb. G(14): Rietveldplot von Al_2O_3 nach Verfeinerung der Temperaturfaktoren (nach Kern, 1998).

In Abb. G(14) ist der Rietveldplot nach der Verfeinerung der Temperaturfaktoren gezeigt. Es liegt bereits eine sehr gute Verfeinerung vor. Die verbliebenen Mängel der Profilanpassung, die sich in den gleichmäßigen Ausschlägen der Differenzkurve äußern, sind im wesentlichen auf Mängel in der Anpassung der Reflexprofilbasis und der Reflexasymmetrie zurückzuführen (s. Kap. 2.4.3.5).

Der abschließende Rietveldplot nach der Verfeinerung der noch fehlenden Profilparameter (w = NA + NB·2θ, und insbesondere der Asymmetrie) sowie der freien Lageparameter der Korundstruktur (z(Al), x(O)) unterscheidet sich kaum von Abb. G(14). Geringe Verbesserungen der Differenzkurve sind nur im hinteren Winkelbereich erkennbar. Die wichtigsten Verfeinerungsergebnisse sind in Tab. G(6) angegeben. Trotz der noch mangelhaften Anpassung der Reflexasymmetrie und -basis, die sich in den Werten für Rp, Rwp, S und d niederschlägt, liegt eine sehr gute Rietveldverfeinerung mit einem R(Bragg) von 3,3% vor; sowohl die verfeinerten Lageparameter als auch die Temperaturfaktoren sind von ausgezeichneter Qualität (die Literaturdaten aus Einkristalluntersuchungen für α-Al_2O_3 finden sich z. B. bei Levien et al. (1980) und betragen a = 4.75919(44), c=12.99183(17), z(Al)=0.35216(1), x(O)=0.30624(4), B(Al)=0.28, B(O)=0.25).

Tab. G(7): Ergebnisse der Verfeinerung an α-Al_2O_3 (SRM 676).

Gitterkonstanten:	[Å]			
a	4.75900(2)			
c	12.99137(6)			
Atomlageparameter	X	y	z	B [Å]2
Al	0	0	0.3523(0)	0.31(1)
0	0.3072(1)	0	1/4	0.24(1)
R-Werte				
R_p	10.4			
R_{wp}	11.2			
S	1.9			
d	0.80			
R_b	3.3			

G.4.3.4 Gebrauch der Korrelationsmatrix

Die Korrelationsmatrix ist ein sehr nützliches Hilfsmittel zur Erkennung korrelierter bzw. redundanter Parameter, das in der Praxis oft nicht genutzt wird. Die Korrelationsmatrix ist ein M×M-Schema (mit M: Anzahl der verfeinerten Parameter), in dem die prozentuale Abhängigkeit aller Parameter voneinander dargestellt wird. Aus der Matrix können folgende Schlüsse gezogen werden:

Parameter, die stärker als ±50% korreliert sind, sollten im weiteren Verlauf der Verfeinerung kritisch beobachtet werden. Parameterkorrelationen dieser Größenordnung werden in der Regel noch keine Probleme verursachen, dennoch ist die Aussagekraft dieser Parameter bereits herabgesetzt.

Bei Parameterkorrelationen oberhalb von ±90% ist zu überprüfen, ob diese die Verfeinerung beeinträchtigen oder nicht. Zur Überprüfung sollte die Liste der Parameterveränderungen innerhalb des betroffenen Verfeinerungszyklusses mit herangezogen werden. Erkannt werden können:

- **Parameteroszillationen**: Der Wert des betroffenen Parameters schwingt um einen Mittelwert, ohne dass sich die Verfeinerung verbessern kann. Häufig erledigt sich ein solches Problem im weiteren Verlauf der Verfeinerung infolge der Freigabe zusätzlicher Parameter. Anderenfalls kann durch eine Erniedrigung der Dämpfungsfaktoren (RELAX1...4) Abhilfe geschaffen werden. Im Extremfall ist auf eine Verfeinerung des Parameters zu verzichten. Hierfür anfällige Parameter sind z. B. BACK4.-.6.

- **Komplementäre Parameterveränderungen** Die Änderungen zweier oder mehrerer Parameter kompensieren sich virtuell, was a) leicht zur Divergenz oder b) zu unrealistischen Ergebnissen führen kann. Abhilfe ist auch hier durch die Herabsetzung der Dämpfungsfaktoren möglich. Anderenfalls ist a) auf eine simultane Verfeinerung der betroffenen Parameter zu verzichten, oder b) mindestens einer der Parameter von der Verfeinerung auszuschließen. Vergleichsweise harmlose Beispiele sind Korrelationen innerhalb der Parametergruppen BACK4.-.6, NA-NB-NC oder U-V-W, da verschiedenste Wertekombinationen zum gleichen Untergrund bzw. zur gleichen Profilform und Halbhöhenbreite führen können. Sehr problematisch hingegen sind Korrelationen z. B. zwischen P-B, P-x-y-z oder N-B, die in keinem Fall ignoriert werden dürfen.

Bei Korrelationen oberhalb 97% liegt Redundanz vor; einer der Parameter ist überflüssig und von der Verfeinerung auszuschließen, da sich die betroffenen Parameter quasi wie **ein** Parameter verhalten.

Ein Beispiel für eine Korrelationsmatrix ist in Tab. G(8) gezeigt; sie gehört zu dem letzten Zyklus des Verfeinerungsbeispiels in Kap. G.4.3.3 Darin finden sich unter anderem die stets vorhandenen, aber (in diesem Beispiel) harmlosen Korrelationen zwischen U-V-W und NA-NB wieder. Besonders interessant (jedoch häufig übersehen bzw. ignoriert) sind jedoch die z.T. sehr starken, komplementären Parameterabhängigkeiten zwischen SF-B(Al)-B(O) und ZER-A-a-c. Im letzteren Fall ist entweder der Parameter ZER oder A weitgehend redundant.

Hier spiegelt sich ein grundlegendes Problem der Rietveldmethode wieder: Bis heute existiert kein hinreichend gutes Modell zur Anpassung der Reflexasymmetrie in Röntgenbeugungsaufnahmen. So führt die Anpassung asymmetrischer

Reflexe mit einer symmetrischen Reflexprofilfunktion zu einer Verschiebung der Reflexmaxima und damit zu einer Änderung der Gitterkonstanten. Komplementär dazu resultiert eine entgegengesetzte Verschiebung des Nullpunktes. Beide versuchen die Defizite des Asymmetriemodells zu kompensieren (sind also dazu korreliert) und fungieren somit als „Müllsammler". Folge ist, dass die Rietveld-methode zur Bestimmung präziser Gitterkonstanten schlecht geeignet ist.

Tab. G(8): Korrelationsmatrix zum Verfeinerungsbeispiel in Kap. G.4.3.3 (Abb. G(9-14)). Zu den verwendeten Verfeinerungsmodellen siehe dort.

	SF	Zer	a	c	W	V	U	NA	NB	A	z_{Al}	x_O	B_{Al}	B_O
SF	100	29	-20	-19	1	0	1	27	-22	26	-4	8	67	45
Zer	29	100	-77	-73	24	-11	6	-6	4	92	-2	0	13	9
a	-20	-77	100	39	-16	8	-2	5	-1	-66	2	1	-9	-6
c	-19	-73	39	100	-17	10	-4	5	-2	-61	1	2	-9	-5
W	1	24	-16	-17	100	-91	74	-31	27	22	-2	0	-3	-1
V	0	-11	8	10	-91	100	-88	15	-16	-10	3	1	4	2
U	1	6	-2	-4	74	-88	100	10	-12	5	-2	-1	0	0
NA	27	-6	5	5	-31	15	10	100	-90	-7	-1	-2	29	19
NB	-22	4	-1	-2	27	-16	-12	-90	100	4	3	2	-32	-21
A	26	92	-66	-61	22	-10	5	-7	4	100	-1	0	12	8
z_{Al}	-4	-2	2	1	-2	3	-2	-1	3	-1	100	-16	-4	-29
x_O	8	0	1	2	0	1	-1	-2	2	0	-16	100	5	16
B_{Al}	67	13	-9	-9	-3	4	0	29	-32	12	-4	5	100	17
B_O	45	9	-6	-5	-1	2	0	19	-21	8	-29	16	17	100

G.4.3.5 Vermeidung falscher Minima

Bei jedem nicht linearen Minimalisierungsverfahren ist zu beachten, dass mehr als ein lokales Minimum für die zu minimierende Größe möglich ist. In der Praxis bedeutet dies, dass ein hinreichend gutes Startmodell benötigt wird, damit die Verfeinerung überhaupt in das globale Minimum laufen kann. Anderenfalls wird die Verfeinerung a) divergieren oder b) in ein falsches Minimum laufen, sofern die Startparameter in der Domäne dieses Minimums liegen. Bedauerlicherweise gibt es keine sichere Möglichkeit festzustellen, ob wirklich das globale Minimum erreicht wurde. Folgende Möglichkeiten helfen bei der Vermeidung falscher Minima:

- Die Wahl signifikant verschiedener Startmodelle oder Startparameter.

- Eine signifikant unterschiedliche Parameterfreigabe.

- Die Anwendung unterschiedlicher Relaxationsfaktoren (RELAX1.. .4) und Konvergenzkriterien (Epsilon).

- Wenn möglich, die Wahl einer anderen Methode zur nicht-linearen Optimierung (z. B. Marquard-Levenberg).

- Wenn möglich, die Wahl eines anderen Wichtungsschemas.

Die meisten Rietveldprogramme bieten die Möglichkeit an, die hier genannten Alternativen sehr leicht in die aktuelle Verfeinerung zu übernehmen, und die Verfeinerung zu wiederholen. Werden jedes Mal identische Ergebnisse beobachtet, besteht eine hohe Wahrscheinlichkeit, dass das globale Minimum erreicht wurde - eine Garantie ist das allerdings noch nicht. Grundsätzlich ist eine Verfeinerung ohne eine Plausibilitätskontrolle der Verfeinerungsparameter niemals abgeschlossen. Diese beinhaltet nicht nur eine Überprüfung der gefundenen Bindungslängen und Winkel sondern auch der physikalischen Plausibilität z. B. verfeinerter Temperatur- und Besetzungsfaktoren. Dennoch ist auch eine bestandene Plausibilitätskontrolle kein Garant für das globale Minimum - hierdurch verborgen gebliebene Fehler dürften dann in der Regel jedoch kaum noch relevant sein.

G4.3.6 Verfeinerungsende

Das Ende einer (erfolgreichen) Verfeinerung ist erreicht, wenn alle Parameteränderungen von Zyklus zu Zyklus insignifikant geworden sind, **und** die Verfeinerungsergebnisse einer Plausibilitätskontrolle standhalten.

Ab wann Parameteränderungen als insignifikant gelten sollen, wird über ein benutzerdefinierbares Konvergenzkriterium festgelegt. Danach ist eine Verfeinerung beendet, wenn für alle Parameteränderungen Δx_i gilt: $\Delta x_i < \varepsilon \sigma_i$, mit $\varepsilon < 1$. Der einstellbare Parameter ε (EPS) sollte im allgemeinen bei 0.1 liegen.

G.4.4 Beispiel einer Rietveldverfeinerung (Cd_2SiO_4)

An einem weiteren Beispiel soll gezeigt werden, in welcher Reihenfolge die einzelnen Parameter in die Verfeinerung einbezogen wurden. Das gewählte Beispiel wurde während eines Workshops vom 8. bis 10. Oktober 1993 in Heidelberg vorgeführt (Workshop über die Programme GUFI und WYRIET veranstaltet von den Autoren der Programme - Dr. Dinnebier, Heidelberg und Dr. Schneider, München - ; ebenfalls in Dinnebier, 1993). Als Testsubstanz wurde Cd_2SiO_4 gewählt, das in der orthorhombischen Raumgruppe Fddd mit a = 6.023, b = 9.824, c = 11.826 Å kristallisiert. Es lagen drei unabhängige Messreihen von 10 - 90° mit einer Schrittweite von 0.02° vor, d. h. jede Rohdatei bestand aus 4001 Messwerten. Die Struktur ist isotyp zu Na_2SO_4, jedoch wird diese Information nicht unbedingt gebraucht, da genügend Reflexe gemessen wurden, um eine

Pattersonsynthese berechnen zu können, aus der sich die Lage der schweren Cd-Atome ergibt (Schweratommethode, nur der y-Parameter von Cd wird benötigt).

Als Start-Atomlagen ergaben sich während der Verfeinerung:

16	Cd	in	1/8	y	1/8		mit y=0.44
8	Si	in	1/8	1/8	1/8		
32	O	in	x	y	z		mit x=-0.03, y=0.23, z=0.05.

Die eigentliche Rietveldverfeinerung beginnt mit den Cd-Atomen allein. In den einzelnen Verfeinerungszyklen werden die Parameter wie in Tab. G(9) freigegeben. In den ersten Zyklen werden im wesentlichen die Gitterkonstanten und die Reflexform, sowie ein systematischer Fehler (Nullpunkt) verfeinert. Der Parameter W bestimmt für alle Reflexe die gleiche Halbhöhenbreite. Erst ab dem 7. Zyklus werden mit U und V winkelabhängige Halbhöhenbreiten zugelassen. Eigentliche Strukturparameter sind nur die y-Koordinate von Cd, sowie dessen Temperaturfaktor. Das Ergebnis für die Messung mit dem Norelco-Gerät PW1050 ist in Abb. G(6) zu sehen. Das untere Strichdiagramm entspricht den wenigen Linien des beigemischten Si-Standards, dessen wenige Parameter ebenfalls verfeinert wurden. Die Messwerte sind durch Punkte dargestellt, das berechnete Diagramm durch die ausgezogene Linie. Die Differenzkurve (im unteren Teil) weist noch große positive und negative Abweichungen auf, die vor allem durch das Fehlen der leichteren Atome in der Berechnung bedingt werden.

Tab. G(9): Strategie der ersten Verfeinerungszyklen für Cd_2SiO_4. Die mit x gekennzeichneten Parameter wurden verfeinert.

Parameter	Zyklusnummer							
	1	2	3	4	5	6	7	8
Nullpunktskorrektur	x	x	x	x	x	x	x	x
Skalierungsfaktor	x	x	x	x	x	x	x	x
Untergrund (2 Parameter)	x	x	x	x	x	-	-	-
Gitterkonstanten		x	x	x	x	x	x	x
Halbhöhenbreite (nur W)			x	x	x	x	x	x
Mischparameter n_a, Pseudo-Voigt				x	x	x	x	x
Asymmetrie-Parameter					x	x	x	x
y(Cd) (Koordinate)						x	x	x
Halbhöhenbreite (U, V)							x	x
B(Cd) (isotroper Temp.fak.)								x

Eine anschließende Differenz-Fouriersynthese zeigte klar die Si-Lagen in 1/8, 1/8, 1/8 (die dazu notwendigen Programme sind im WYRIET-Programmpaket enthalten). Die Rietveldverfeinerung wurde im zweiten Durchgang mit Cd und Si

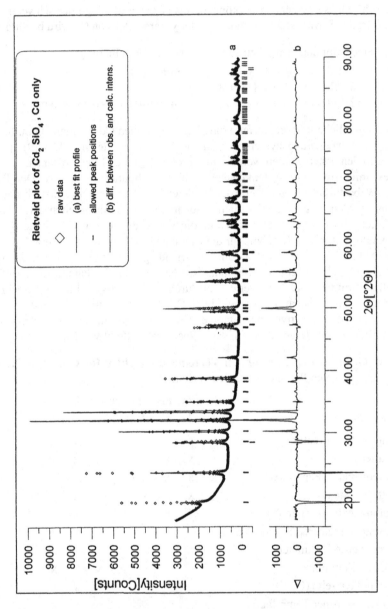

Abb. G(15): Rietvelddiagramm für Cd$_2$SiO$_4$, gemessen mit dem Norelco-Diffraktometer PW1050 (mit Kα_2). Ergebnis nach der Verfeinerung nur der Cd-Lagen. Der Untergrund wurde nicht abgezogen. Das untere, linienarme Strichdiagramm gehört zum Si-Standard (nach Dinnebier, 1993).

fortgesetzt, wobei mit den Parametern des Zyklus 6 aus Tab. G(9) begonnen wurde. Nacheinander wurden dann die Parameter y(Cd), B(Cd), B(Si) und U,V für die variable Halbhöhenbreite freigegeben.

Die anschließende Fouriersynthese ergab im Schnitt $z = 0.05$ vier schwächere (symmetriegleiche) Elektronendichtemaxima, aus denen die Startkoordinaten für die O-Atome abgelesen wurden (Struktur siehe Abb. G(17)).

Die Verfeinerung der vollständigen Struktur erfolgte in folgenden Schritten, wobei der Informationsgehalt der Messungen sogar ausreichte, für alle drei Atomarten anisotrope Temperaturfaktoren einzuführen (4 Werte für Cd, 3 für Si und 6 für O).

Tab. G(9): Strategie der abschließenden Verfeinerungszyklen für Cd_2SiO_4. Die mit x gekennzeichneten Parameter wurden verfeinert (zusätzlich zu denen aus Zyklus 6 der Tab G(1)).

Parameter	6	7	8	9	10	11	12	13	14	15	16
y(Cd)	x	x	x	x	x	x	x	x	x	x	x
x,y,z(O)		x	x	x	x	x	x	x	x	x	x
B(Cd) isotrop			x	x	x	x	-	-	-	-	-
B(Si) isotrop				x	x	x	x	-	-	-	-
B(O) isotrop					x	x	x	x	-	-	-
U,V Halbhöhenbreite						x	x	x	x	x	x
Bik(Cd) anisitrop							x	x	x	x	x
Bik(Si) anisitrop								x	x	x	x
Bik(O) anisitrop									x	x	x
n_b, 2. Peakformfaktor										x	x
Texturparameter											x

Das endgültige Ergebnis der Verfeinerung ist in Abb. G(16) dargestellt, wobei die Messreihe von einem Siemens-Diffraktometer D500 mit gebogenem Primär-monochromator stammt (d. h. $K\alpha_2$-frei). Der Probenträger aus Aluminium gibt Anlass zu 6 Linien, die Probe ist also etwas transparent und daher zu dünn gewesen.

Die beiden Datensätze zeigen leicht unterschiedliche R-Werte: Für das Norelco-Gerät (einschließlich $K\alpha_2$): $R_{Bragg} = 6.8\ \%$, $R_{Profil} = 6.1\ \%$ und $R_{exp} = 4.8\ \%$, für das Siemensgerät: 6.5, 15.4 und 17.1 %. Die schlechteren Profildaten für die zweite Messreihe werden im wesentlichen durch die schlechte Anpassung der Al-Reflexe des Probenträgers bedingt, während die R_{Bragg}-Werte, in die nur die Probenreflexe eingehen, gleich gut sind.

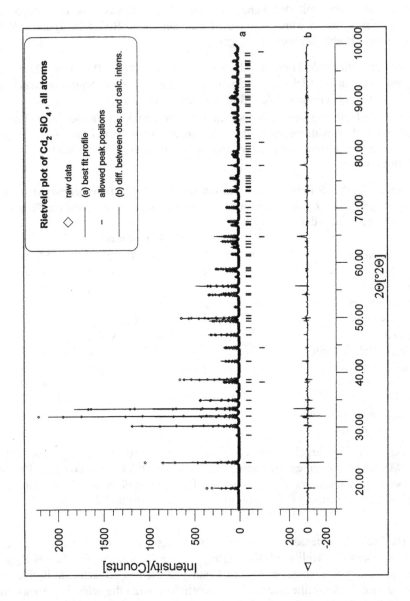

Abb. G(16): Rietvelddiagramm für Cd_2SiO_4 gemessen mit dem Siemens-Diffraktometer D500 (ohne $K\alpha_2$). Ergebnis nach der endgültigen Verfeinerung mit allen Atomen. Der Untergrund wurde abgezogen. Das zweite, linienarme Strichdiagramm stammt vom Al des Probenträgers (nach Dinnebier, 1993).

Außerdem lagen noch die Daten eines Guinier-Films vor, dessen Filmschwärzung mit einem automatisierten Photometer schrittweise ausgemessen und mit einer Eichkurve in Intensitäten umgerechnet worden war. Die R-Werte für diese Verfeinerung betragen: R_{Bragg} = 7.0 %, R_{Profil} = 4.3 % und R_{exp} = 16.1 %.

Die Unterschiede zwischen den beiden ersten Verfeinerungen betragen ca. 4σ, d. h. wie erwartet sind die berechneten σ zu optimistisch abgeschätzt, da die 4001 Messwerte einer Messreihe nicht ganz unabhängig voneinander sind (die Standardabweichungen σ in Klammern beziehen sich auf die letzten angegebenen Stellen). Die Guinier-Ergebnisse zeigen eine noch größere Abweichung.

Für die wichtigen Parameter der Atomlagen ergab sich (im Vergleich mit einer Voraussage von Mehrotra et al. 1978):

	y(Cd)	x(O)	y(O)	z(O)
D500 (Siemens)	.4417(2)	-.0273(17)	.2241(11)	.0555(9)
PW1050(Norelco)	.4410(1)	-.0297(7)	.2281(4)	.0535(4)
Guinierfilm	.4396(3)	-.0361(13)	.2320(9)	.0554(7)
Vorschlag	.443	-.031	.228	.055

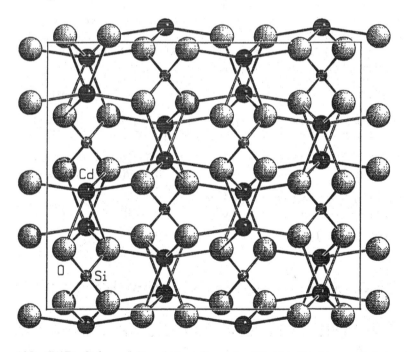

Abb. G(17): Stab- und Kugel-Darstellung der Cd_2SiO_4-Struktur projiziert entlang [100]. [010] zeigt nach oben, [001] nach rechts (nach Dinnebier, 1993).

Fehlende *Winkelentzerrung* (vor allem bei Guinier-Filmen und bei OEDs mit großem Winkelbereich) und nicht korrigierte *Überstrahlung* (bei kleinen Winkeln) bewirken nicht nur erhöhte R-Werte und zu kleine (sogar negative) Temperaturfaktoren, sondern führen auch zu verschobenen Atomlagen. Am Beispiel einer Messung mit einem ortsempfindlichen Detektor an Korundpulver zeigen Kern & Eysel (1994) den Einfluss der fehlenden Korrekturen. Es wurden vier Datensätze verfeinert : 1) wie gemessen (RAW), 2) nach der Winkelentzerrung mit SRM 640 (Si) als innerem Standard ($2\theta_{corr}$), 3) nach der zusätzlichen Intensitätskorrektur mit einer Eichkurve, die durch Messung der Standardmaterialien SRM 676 (Korund) und SRM 675 (Fluorphlogopit) bestimmt wurde (I_{corr}), und 4) mit einer Intensitätskorrektur, deren Parameter für ein Polynom 2. Ordnung in der Rietveld-Verfeinerung mit angepasst wurden (BO_{corr}) (s. Tab. G(10)). Die jeweiligen verfeinerten Paramter wurden mit einer Einkristallverfeinerung verglichen.

Tab G(10): Einfluss von Winkel- und Intensitätskorrekturen auf die Rietveld-verfeinerten Parameter einer Korundprobe. RAW: unkorrigiert, $2\theta_{corr}$: winkelkorrigiert mit Si als innerem Standard, I_{corr}: zusätzlich mit einer Eichkurve auf Überstrahlung korrigiert und BO_{corr}: Überstrahlungskorrektur mit einem Polynom 2. Grades während der Verfeinerung (3 zusätzliche Parameter). Zum Vergleich sind auch die Daten einer Einkristallverfeinerung angegeben (geringere Fehler für die Koordinaten, aber größere Fehler der Gitterkonstanten!). Signifikante Abweichungen sind fett gedruckt. Die Standardabweichungen beziehen sich auf die jeweils letzte Stelle (nach Kern & Eysel, 1994).

	RAW	$2\theta_{corr}$	I_{corr}	BO_{corr}	Einkristall
a	4.75936(3)	4.75927(1)	4.75928(1)	4.75927(2)	4.7602(4)
c	12.9924(1)	12.99203(6)	12.99206(6)	12.99205(6)	12.9933(17)
Al z	0.3527(1)	0.3527(0)	0.3527(0)	0.3525(0)	0.35216(1)
O x	**0.3088(4)**	**0.3085(2)**	**0.3087(2)**	**0.3070(2)**	0.30624(4)
Al B	**-0.01(3)**	**-0.03(1)**	**0.17(1)**	**0.20(1)**	0.28
O B	**-0.11(4)**	**-0.11(2)**	**0.07(2)**	**0.12(2)**	0.25
R_{wp}	20.7	11.0	11.1	10.3	
R_B	8.1	6.8	7.4	4.6	4.2

G.4.5 Atomabstände und Bindungswinkel

Nach abgeschlossener Verfeinerung einer Struktur interessieren die Atomabstände, die Bindungswinkel und die Koordinationszahlen und -polyeder (= Anzahl und Anordnung der direkt gebundenen Atome). In dem Zusatzprogramm CVIS der anorganischen Strukturdatenbank ICSD kann die Abstandsverteilung angegebener Atompaare graphisch dargestellt werden und zwar einmal für die

Atompaare in allen Strukturen der Datenbank und zum anderen für die ausgewählte Struktur. In letzterem Diagramm ist der Bereich der nächsten Nachbarn meist durch eine deutliche Lücke von den übernächsten Nachbarn, die nicht mehr zur Koordinationssphäre gehören, abgetrennt. Für ionogene Strukturen haben Shannon & Prewitt (1969, 1970) einen Satz von Ionenradien angegeben, der nicht nur den Ladungszustand sondern auch die Koordinationszahl berücksichtigt. Die Summe dieser Ionenradien sollte dem mittleren Bindungsabstand in einem Koordinationspolyeder entsprechen. Die Einzelabstände können jedoch stärker um diesen Mittelwert schwanken. So liegen Mo und W meist nicht in der Mitte der MoO_6 bzw. WO_6 Oktaeder und die Abstände variieren meist zwischen 1.7 und 2.4 Å.

Der Atomabstand A-B ist die Länge des Vektors $\mathbf{d}_{AB} = (\Delta x \cdot \mathbf{a} + \Delta y \cdot \mathbf{b} + \Delta z \cdot \mathbf{c})$ mit $\Delta x = (x_A - x_B)$, $\Delta y = (y_A - y_B)$, und $\Delta z = (z_A - z_B)$. Damit ergibt sich die Länge d_{AB} zu:

$$d_{AB} =$$
$$\sqrt{(\Delta x^2 \cdot a^2 + \Delta y^2 \cdot b^2 + \Delta z^2 \cdot c^2 + 2\Delta x \cdot \Delta y \cdot ab \cdot \cos\gamma + 2\Delta x \cdot \Delta z \cdot ac \cdot \cos\beta + 2\Delta y \cdot \Delta z \cdot bc \cdot \cos\alpha)}.$$

Für die Standardabweichung von d_{AB} wird hier nur eine vereinfachte Formel angegeben unter der Annahme, dass die Lagefehler von A und B annähernd isotrop sind, d. h. dass für A und B $\sigma(x) \cdot a \approx \sigma(y) \cdot b \approx \sigma(z) \cdot c$ gilt, was in den meisten Fällen erfüllt ist. Die $\sigma(x, y, z)$ werden dabei aus der letzten Verfeinerung übernommen. Mit $\sigma(A) = 1/3(\sigma(x_A) \cdot a + \sigma(y_A) \cdot b + \sigma(z_A) \cdot c)$ und $\sigma(B)$ entsprechend erhält man dann:

$$\sigma^2(d_{AB}) = \sigma^2(A) + \sigma^2(B)$$

Diese Formel gilt nur für symmetrieunabhängige Atome A und B. Sind A und B symmetrieäquivalent, d. h. ist B = A', so gilt: $\sigma(d_{AA'}) = 2\sigma(A)$.

Ein Bindungswinkel wird durch drei Atome A-B-C bestimmt mit B als Zentralatom. Den Bindungswinkel kann man entweder nach dem Cosinussatz für das Dreieck ABC oder über das Vektorprodukt $\mathbf{d}_{BA} \cdot \mathbf{d}_{BC}$ berechnen:

$$\cos \angle A\text{-}B\text{-}C = (d^2_{AB} + d^2_{BC} - d^2_{AC})/(2 \cdot d_{AB} \cdot d_{BC}) \quad \text{oder}$$

$$\cos \angle A\text{-}B\text{-}C =$$
$$(\Delta x_1 \cdot \Delta x_2 \cdot a^2 + \Delta y_1 \cdot \Delta y_2 \cdot b^2 + \Delta z_1 \cdot \Delta z_2 \cdot c^2 + (\Delta x_1 \cdot \Delta y_2 + \Delta x_2 \cdot \Delta y_1) \cdot ab \cdot \cos\gamma +$$
$$(\Delta x_1 \cdot \Delta z_2 + \Delta x_2 \cdot \Delta z_1) \cdot ac \cdot \cos\beta + (\Delta y_1 \cdot \Delta z_2 + \Delta y_2 \cdot \Delta z_1) \cdot bc \cdot \cos\alpha)/(d_{BA} \cdot d_{BC})$$

mit $\Delta x_1 = x_B - x_A$, $\Delta x_2 = x_B - x_C$ usw..

Unter der Voraussetzung isotroper Lagefehler (wie oben) ergibt sich für die Standardabweichung von $\angle A\text{-}B\text{-}C$ in Bogenmaß (Rollet, 1965):

$$\sigma^2(\angle A\text{-}B\text{-}C) =$$

$$\sigma^2(A)/d^2_{AB} + \sigma^2(B) \cdot d^2_{AC}/(d^2_{AB} \cdot d^2_{BC}) + \sigma^2(C)/d^2_{BC} \quad \text{oder, ohne } d_{AC},$$

$$\sigma^2(A)/d^2_{AB} + \sigma^2(B)\cdot(1/d^2_{AB}-2\cos(\angle A\text{-}B\text{-}C)/(d_{AB}d_{BC}) + 1/d^2_{BC}) + \sigma^2(C)/d^2_{BC}$$

G.5 Fundamentalparameter für Profilfunktionen

Die gewünschten Größen bei einer Rietveldanalyse sind die Gitterkonstanten und die Atomkoordinaten, bei Gemischen auch die Gewichtsanteile der beteiligten Phasen. Die Hauptarbeit beim bisher geschilderten konventionellen Vorgehen besteht aber im Auffinden möglichst gut passender Profilfunktionen und Untergrundskurven. Schon Klug & Alexander (1954, 1973) weisen darauf hin, dass sich die Form eines Röntgenrelexes gesetzmäßig aus einigen physikalischen Größen ohne Rückgriff auf irgendwelche mathematischen Modellfunktionen berechnen lässt. Zu diesen Gößen zählen: Die Intensitätsverteilung der *Röntgenquelle* gegen λ (bei Röntgenröhren im wesentlichen das $K_{\alpha1,\alpha2}$-Dublett, Anteil W für Wellenlängenverteilung)), die *geräteabhängigen Größen* wie Breite und Länge der verwendeten Schlitzblenden vor der Röhre und dem Detektor, die Art der die axiale Divergenz begrenzenden Soller-Blenden und die Abmessungen des Probenträgers (Anteil G, der aufgeteilt werden kann in äquatoriale – in der Beugungsebene wirkende - und axiale – senkrecht zur Beugungsebene wirkende – Anteile) und schließlich Eigenschaften des *Probenmaterials* wie die Absorption (davon hängt die Eindringtiefe ab), die mittleren Kristallitgröße und eventuelle Gitterverspannungen (strain, vor allem bei massiven Polykristallen wie z. B. Metallproben, Anteil S für sample).

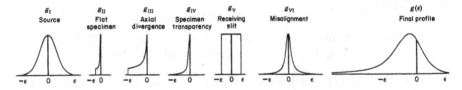

Abb, G(18): Faltung von 6 gerätebedingen Fundamentalfunktionen zum Gesamtprofil (nach Klug&Alexander, 1973)

Alle diese Größen oder Fundamentalparameter bedingen jede für sich eine wohldefinierte Intensitätsverteilung um den theoretischen 2θ-Wert, der sich direkt aus den Gitterkonstanten ergibt. Diese Intensitätsverteilungen lassen sich durch einfache mathemetische Funktionen – die Fundamentalfunktionen – beschreiben. Die Form der Fundamentalfunktionen hängt nicht nur von den Fundamentalparametern ab sondern auch von 2θ (Abb. G(20)). Die gemessene Peakform Y(2θ) ist die Faltung dieser 8-10 Fundamentalfunktionen, d. h. die Fouriertransformierte des Produkts der Fouriertransformierten der einzelnen Funktionen, d. h. . Y(2θ) = (W ✖ G) ✖ S + Bgd (Untergrund). Bei kleinen 2θ überwiegt dabei der Einfluß der Geräteanteile G, bei großen 2θ der der Wellenlängeverteilung W.

Das Handicap für die Anwendung dieser exakten Methode war bisher der dafür notwendige Rechenaufwand. In der letzten Zeit wurden jedoch schnelle Faltungs-routinen entwickelt (Cheary & Coelho, 1992, 1998a und 1998b) und der Rechen-aufwand stellt auf modernen PCs kein Problem mehr dar. Es ist sogar möglich, zunächst unbekannte Parameter, wie z.B. eine Schlitzbreite oder die Korngröße des Präparates, während der Rechnung zu verfeinern. Die Faltung ergibt von vorn-herein asymmetrische Reflexe (vor allem bedingt durch die axialen Anteile von G), so dass die Asymmetrie kein störender Faktor mehr ist.

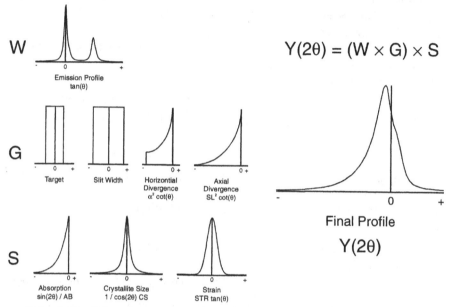

Abb. G(19): Faltung von 8 Fundamentalfunktionen der Anteile W, G und S zum Gesamtprofil (Programmbeschreibung von DIFFRAC^{plus} TOPAS der Fa. Bruker AXS)

Mit diesem Ansatz fällt die mühsame Anpassung der Profilfunktionen weg und bei der Rietveldmethode kann nach dem Einrasten der Gitterkonstanten (lock in) sofort mit der Strukturverfeinerung oder Phasenanlyse begonnen werden ohne große Gefahr, dass die Rechnung divergiert. Selbst das Startmodell muß nicht besonders gut sein, um doch noch Konvergenz zu erreichen. Im Programm DIFFRAC^{plus} TOPAS der Firma Bruker AXS ist die Methode der Fundamental-parameter eingebaut.

Ein ähnlicher Ansatz liegt im Programm BGMN von J. Bergmann, Dresden vor. In diesem werden die Fundamentalfunktionen durch die Summe einiger Lorentzfunktionen angenähert, da die Faltung von Lorentzfunktionen mathema-tisch sehr einfach ist und wieder eine Lorentzfunktion ergibt. Das Gesamtprofil ist dann die Summe aller gefalteten Lorentzfunktionen.

Tab. G(11): Durch Goniometer und Probe bedingte Fundamental-(oder Aberrations-)Funktionen $Fn(\varepsilon)$ zum Aufbau der Profilfunktionen im Programm TOPAS mit zugehörigen Fundamental-Parametern. R_p und R_s entsprechen dem primären und sekundären Diffraktometerradius, ε dem Abstand von der Peaklage $2\theta_k$, $\varepsilon = 2\theta - 2\theta_k$, Cheary & Coelho (1998a, b).

Aberrationen:	Parameter-Name:	Aberrationsfunktion $Fn(\varepsilon)$:
Goniometer:		
Äquatoriale Divergenz (feste Divergenz-Blende)	EDFA [°]	$Fn(\varepsilon) = (4\varepsilon_m\varepsilon)^{-1/2}$
		für $\varepsilon = 0$ bis $\varepsilon_m = -(\pi/360)\cot(\theta_k)EDFA^2$
Äquatoriale Divergenz (variable Divergenz-Blende)	EDFL [mm]	$Fn(\varepsilon) = (4\varepsilon_m\varepsilon)^{-1/2}$
		für $\varepsilon = 0$ bis $\varepsilon_m = -EDFL^2\sin(\theta_k)\cdot(180/\pi)/4R_s^2$
Größe der Quelle in der äquatorialen Ebene	TA [mm]	$Fn(\varepsilon)$ = Rechtecksfkt., für $-\varepsilon_m/2 < \varepsilon < \varepsilon_m/2$
		mit $\varepsilon_m = (180/\pi)/TA/R_s$
Probenkippung; Dicke der Probenoberfläche in Projektion auf die äquatoriale Ebene	ST [mm]	$Fn(\varepsilon)$ = Rechtecksfkt., für $-\varepsilon_m/2 < \varepsilon < \varepsilon_m/2$
		mit $\varepsilon_m = (180/\pi))\cos(\theta_k)ST/R_s$
Länge der Detektorblende in der axialen Ebene	SL [mm]	$Fn(\varepsilon) = (1/\varepsilon_m)(1-(\varepsilon_m/\varepsilon)^{1/2})$
		für $\varepsilon = 0$ bis $\varepsilon_m = -(90/\pi)(SL/R_s)^2\cot(2\theta_k)$
Breite der Detektorblende in der äquatorialen Ebene	SW [mm]	$Fn(\varepsilon)$ = Rechtecksfkt., für $-\varepsilon_m/2 < \varepsilon < \varepsilon_m/2$
		mit $\varepsilon_m = (180/\pi)SW/R_s$
Probe:		
Linearer Absorptions-Koeffizient	AB [cm^{-1}]	$Fn(\varepsilon) = (1/\delta)\exp(-\varepsilon/\delta)$
		für $\varepsilon \leq 0$ und $\delta = 900\cdot\sin(2\theta_k)/(\pi\cdot A\cdot R_s)$
RMS Stress	STR [%]	$Fn(\varepsilon)$ = Gauß-Profil mit $fwhm = 4(2\ln(2))^{1/2}\tan(\theta_k)STR/100$
Kristallit-Größe	CS [nm]	$Fn(\varepsilon)$ = Lorentz-Profil mit $fwhm = 0.1(180/\pi)\ EMREF(lo)/(\cos(\theta_k)CS)$

Für die volle axiale Divergenz werden die folgenden Aberrationsparameter benutzt: SL (wie oben), SAML (Probenlänge in der axialen Ebene), SOUL (Länger der Quelle in der axialen Ebene), PS (Durchlasswinkel der primären Soller-Blende), SS (Durchlasswinkel der sekundären Soller-Blende). Siehe Abb. G(20) und G(22).

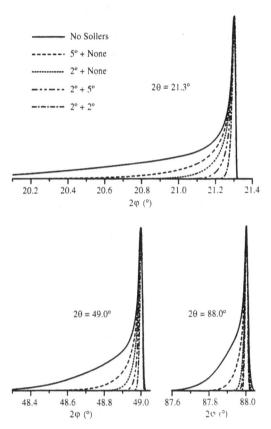

Abb. G(20): Berechnung einiger Fundamentalfunktionen der axialen Divergenz in Ahängigkeit von der Art und Anzahl der Sollerblenden im einfallenden und abgebeugten Strahl (keine, 5°- oder 2°-Sollerblende) und für verschiedene 2θ-Werte (Cheary & Coelho, 1998 b)

Übliche Gerätewerte sind z. B. (für ein Bruker-Gerät D5000) in der Reihenfolge des Strahlengangs (s. Abb. G(22)): Länge der Quelle 12 mm, $R_p = R_s = 217.5$ mm, feste Divergenzblende mit 0.5° Öffnungswinkel und 12 mm Länge, primäre und sekundäre Sollerblende mit je 2.3° axialer Divergenz, Detektorblende mit 0.1 mm Breite und 12 mm Länge.

Am Beispiel des 111-Reflexes von LaB$_6$ (Abb. G(21)) soll der Aufbau des Gesamtprofils aus den Fundamentalfunktionen gezeigt werden. In Abb. A ist neben der Messkurve (gepunktetet) nur die Wellenlängenverteilung um den theoretischen 2θ-Wert eingetragen. In Abb. B kommen die ungefähr kastenförmigen Fundamentalfunktionen der äquatorialen Geräteanteile hinzu, in Abb. C die der axialen Geräteanteile, die die Flanken auf der Seite zu kleineren Winkeln hin stark verbreitern. Der verbleibende Unterschied zwischen gemessener und berechneter Kurve wird jetzt nur noch durch die Korngröße der Probe verursacht. Durch Verfeinerung dieser Größe ergibt sich schließlich die endgültige Kurve D. Vor allem bei kleinen 2θ fallen Peakmaximum und Peaklage fallen nicht mehr zusammen.

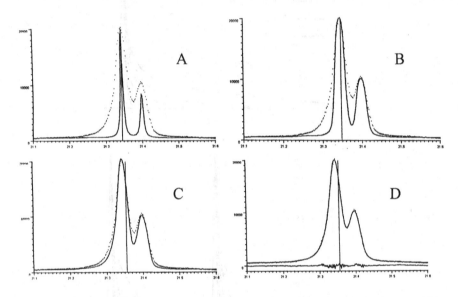

Abb. G(21): Aufbau des Röntgenreflexes 111 von LaB$_6$ durch Faltung der verschiedenen Fundamentalfunktionen. A: nur W (CuKα), B: W ✕ G$_{Eq}$, C: W ✕ G$_{Eq}$ ✕ G$_{Ax}$, D: W ✕ G$_{Eq}$ ✕ G$_{Ax}$ ✕ S. Die Messwerte sind gepunktet (Rad = 217.5 mm, DS = 0.48°, RS = 0.1 mm, 2 Sollerblenden mit je 2.3°). (nach A. Kern, Bruker AXS, 1997)

In Abb. G(22) ist noch einmal der Strahlengang eines Bragg-Brentano-Diffraktometers dargestellt mit der Form der Stahlenquelle und den eingebauten Blenden, die alle mit ihren Fundamentalfunktionen in das Reflexprofil eingehen. Die Spektralverteilung der charakteristischen Strahlung wurde von mehreren Autoren sehr genau gemessen und kann durch 4 oder 5 Lorentzfunktionen gut angenähert werden (Abb. G(23) und Tab. G(12)).

Die Überlegenheit der Fundamentalfuntionen gegenüber mathematischen Modellfunktion (Pearson VII etc.) soll an zwei Beispielen gezeigt werden.

Versucht man beim Quarzquintuplet bei 68° in konventioneller Weise drei unabhänige Reflexe einzupassen so erhält man bei der Freigabe aller Profilparameter für den dritten Peak eine viel zu breite linke Flanke (Abb. G(24), Rwp = 2.22 %), die erst durch Parameterkopplung (Constraints) unter Verschlechterung des R-Wertes (4.03 %) einer plausible Form annimt. Mit Fundamentalparametern erhält man mit nur einem verfeinerten Peakformparameter (die mittlere Korngröße) eine gute Anpassung (R=4.3 %).

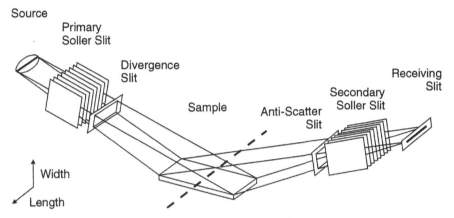

Abb. G(22): Strahlengang mit Blenden für die Bragg-Brentano-Geometrie. (Programmbeschreibung von TOPAS der Fa. Bruker AXS, Karlsruhe, 2000).

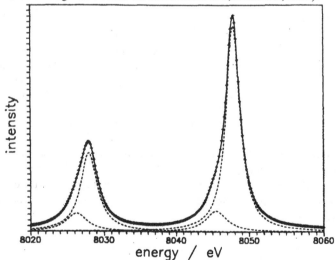

Abb. G(23): CuKα-Energiespektrum angepasst durch vier Lorentzfunktionen. (nach Härtwig et al., 1993, in der Programmbeschreibung von DIFFRAC*plus* TOPAS der Fa. Bruker AXS, Karlsruhe, 2000).

Tab. G(12): Näherung des CuKα-Emissionsprofils durch 5 Lorentzprofile. Die Halbhöhenbreiten sind Γ. Diese Profile ändern sich in der 2θ-Skala mit tanθ (Programmbeschreibung von TOPAS der Fa. Bruker AXS, Karlsruhe, 2000).

Emissionslinie	λ[Å]	I_{Rel}	Γ[Å·10^{-3}]
Satelliten	1.534753	1.59	3.69
Kα_{1a}	1.540596	57.91	0.44]
Kα_{1b}	1.541058	7.62	0.60
Kα_{2a}	1.544410	24.17	0.52]
Kα_{2b}	1.544721	8.81	0.62

Abb. G(24): Quarzquintuplet bei 68° angepasst durch drei CuKα1/CuKα2-Split-Pseudo-Voigt-Funktionen. Alle Parameter wurden verfeinert. Für den 3. Peak (bei 68.301°) ergibt das eine unsinnig breite Flanke auf der linken Seite (Programmbeschreibung von DIFFRAC^{plus} TOPAS der Fa. Bruker AXS, Karlsruhe, 2000).

Im 2. Beispiel wird die Anpassung eines gut aufgelösten LaB$_6$-100-Peaks gezeigt. Das Maximum des CuKα$_1$-Peaks wurde bei 21.347° ermittelt. Wegen der Asymmetrie besonders bei kleinen Winkeln wird aber bei der Verfeinerung mit Fundamentalfunktionen für die Peaklage ein Wert von 21.353° bestimmt, d. h. mit Fundamentalfunktionen wird die durch die Messbedingungen bewirkte geringe Linienverschiebung von 0.006° sofort mit ermittelt. Der Literaturwert nach PDF 34-427 (Pulverdatei) ist 21.354°.

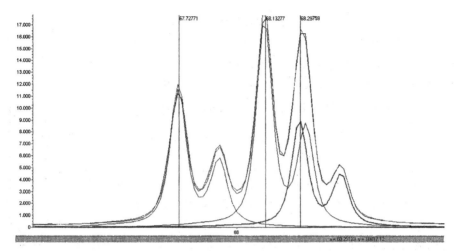

Abb. G(25): Quarzquintuplet bei 68° angepasst durch Fundamentalfunktionen. Es wurde neben den Gitterkonstanten und der Nullpuktskorrektur nur die durch die Korngröße verursachte Peakverbreiterung verfeinert. (Programmbeschreibung von DIFFRAC*plus* TOPAS der Fa. Bruker AXS, Karlsruhe, 2000).

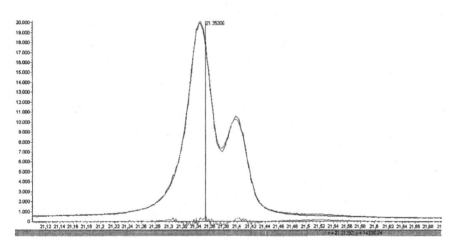

Abb. G(26): 100-Peak von LaB_6 angepasst durch Fundmantalfunktionen. Die Peaklage ist gegenüber dem Peakmaximum um 0.006° nach oben verschoben (Programmbeschreibung von DIFFRAC*plus* TOPAS der Fa. Bruker AXS, Karlsruhe, 2000).

Literaturverzeichnis

A: Lehrbücher und Handbücher

Bacon, G.E. (1975) Neutron diffraction. 3rd Ed., Clarendon Press, Oxford, 426 S.

Bish, D.L. & Post, J.E. (editors) (1989) Modern Powder Diffraction. Rev. Mineral. **20**, Mineral. Soc. Amer., 369 S.

Bragg, W.H. & Bragg, W.L.(1933) The crystalline state. Vol. 1: A general survey. G. Bell and sons Ltd., London, 352 S.

Brindley, G.W. & Brown, G. (editors) (1980) Crystal Structures of Clay Minerals and their X-ray Identification. Monograph No. 5, Mineralogical Society, London, 495 S.

Buerger, M.J. (1977) Kristallographie. de Gruyter, Berlin, New York, 386 S.

Hamming, R.W. (1983) Digitale Filter (2. Aufl.). VCH, Weinheim, 277 S.

Hutchison, C.S. (1974) Laboratory Handbook of Petrographic Techniques. J. Wiley & Sons, New York, 527 S.

ICDD-International Centre for Diffraction Data: Methods & Practices in X-Ray Powder Diffraction. (Lose-Blatt-Sammlung seit 1987 für Benutzer der PDF-Datei), auch: Mineral File Workbook, 1983

International Tables for X-Ray Crystallography (ab 1952) Herausgegeben von: The International Union of Crystallography (IUCr), Kynoch Press, Birmingham
Band I: (1952,1965, 1969) Symmetry Groups. Editors: Henry, N.F.M. & Lonsdale, K., 558 S.
Band II:(1959, 1967) Mathematical Tables. Editors: Kasper, J.S. & Lonsdale, K., 444 S.
Band III:(1962, 1968) Physical and Chemical Tables. Editors.: MacGilavry, C.H. & Rieck, G.D., 362 S.
Band VI: (1974) Revised and Supplementary Tables. Ed.: Ibers, J.A. & Watson, W.C., 366 S.
Diese Tabellen werden in überarbeiteter Form ersetzt durch:

International Tables for Crystallography, Kluwer Publ. Co. (D. Reidel), Dordrecht/Boston
Band A: (1983, 1987, 1992) Space Group Symmetry. Editor: Hahn, T., 878 S.
Band B: (1993, 2001) Reciprocal Space. Editor: Shmueli, U., 506 S.
Band C: (1992, 1999) Mathematical, Physical and Chemical Tables. Editor: Wilson, A.J.C.& Prince E., 883 S.

Jasmund, K. & Lagaly, G. (1992) Tonminerale und Tone. Steinkopf, Darmstadt, 491 S.

Jeffery, J.W. (1971) Methods in X-Ray Crystallography. Academic Press, London, New York, 571 S.

Jenkins, R. & Snyder, R.L. (1996) Introduction to X-ray powder diffractometry (Vol. 138 in Chemical Analysis) John Wiley & sons, Inc., New York, 403 S.

Jost, K.-H. (1975) Röntgenbeugung an Kristallen, Akademie-Verlag, Berlin, 404 S.

Kleber, W. (1990) Einführung in die Kristallographie. Verlag Technik, Berlin. 17. Aufl. (bearb. von Bautsch, H.-J., Bohm, J. & Kleber, I.) 416 S.

Klug, H.P. & Alexander, L.E. (1974) X-Ray Diffraction Procedures. J. Wiley & Sons Inc., New York, 996 S. (1. Auflage 1954)

Krischner, H. & KoppelhuberBitschnau, B. (1994) Röntgenstrukturanalyse und Rietveldmethode, 5. Aufl., Vieweg & Sohn, Braunschweig/Wiesbaden, 194 S.

McKie, D. & McKie, C. (1974) Crystalline Solids. Nelson, London, 628 S.

Megaw, H.D. (1973) Crystal Structures: a Working Approach. Saunders, Philadelphia, 563 S.

Moore, D. M. & Reynolds, R.C. (1997) X-Ray Diffraction and the Identification and Analysis of Clay Minerals. 2nd ed., Oxford Univ. Press, Oxford, 378 S.

v. Philipsborn, H. (1994) Strahlenschutz. Radioaktivität und Strahlungsmessung. Bayerisches Staatsministeriun für Umweltfragen. München, 20 S.

Reynolds, R.C. & Walker, J.R. (editors) (1993) Computer Application to X-Ray Powder Diffraction Analysis of Clay Minerals. Clay Min. Soc., Workshop Lect. Vol. 5, Boulder, CO, USA, 171 S.

Rollet, J.S. ed. (1965) Computing Methods in Crystallography,. Pergamon Presss, Oxford, 256 S.

Sagel, K. (1958) Tabellen zur Röntgenstrukturanalyse. Springer, Berlin. 204 S.

Whittaker, E.J.W. (1981) Crystallography. Pergamon Press, Oxford, 254 S.

Whittaker, E.T. & Robinson, G. (1924) The calculus of observations. Blackie, London. 4. Aufl. 1965, 397 S.

Wölfel. E.R. (1987) Theorie und Praxis der Röntgenstrukturanalyse. Vieweg & Sohn, Braunschweig/Wiesbaden, 319 S.

Young, R.A. (editor) (1993) The Rietveld Method. Oxford Univ. Press, Oxford, 298 S. (als Paperback 1995, IUCr Monographs on Crystallogrphy, # 5)

Zevin, L.S. & Kimmel, G. (1995) Quantitative X-ray diffractometry. Springer, New York, Berlin, 372 S.

B: Periodika

Acta Crystallographica (seit 1948) University Press, Cambridge, seit 1952 Munksgaard, Kopenhagen. Ab Band 24 (1968) geteilt in A und B, seit Band 39 (1983) Teil C (je 12 Hefte/Jahr), seit 1993 Teil D für Proteinstrukturen etc.

Advances in X-Ray Analysis (seit 1960) = Fortschrittsberichte der Jahreskonferenzen über "Applications of X-Ray Analysis", Denver, Colorado (über XRD, RFA u.a.) (1 Band/Jahr).

EPDIC, Proceedings of the European Powder Diffraction Conference (seit 1991). Mat. Sci. Forum, Trans Tech Publ., Zürich (Tagung alle 1-2 Jahre)

Journal of Applied Crystallography (seit 1968) Munksgaard, Kopenhagen (6 Hefte/Jahr)

PDF-Datei auf Karten (eingestellt), in Buchform, als CD-ROM und auf Magnetband. Herausgeber: ICDD-International Centre for Diffr. Data, Newton Square, PA 19073-3273

Powder Diffraction (seit 1986). ICDD-International Centre for Diffr. Data, Newton Square, PA 19073-3273 (4 Hefte/Jahr) seit 1993: Am. Inst. of Physics (AIP)

C: Zeitschriftenartikel

Ahtee, M., Nurmela, M., Suortti, P. & Järvinen, M. (1989) Correction for preferred orientation in Rietveld refinement. J. Appl. Cryst. **22**, 261-268

Allmann, R. (1987) Präparathöhenkorrektur bei Röntgenpulveraufnahmen. Z. Krist. **178**, 5

Allmann, R. (1989) Automatisierung von Pulverdiffraktometern und Auswertung der Diffrakto-gramme auf einem PC. In: G. Gauglitz (Herausgeber) Software-Entwicklung in der Chemie. S.429-432, Springer-Verlag, Berlin/Heidelberg

Allmann, R. (1993) Smoothing by digital filters and a new peak search routine. EPDIC2., Enschede, Mat. Sci. Forum **133-136**, 323-324

Bambauer, H.U., Corlett, M., Eberhard, E. & Viswanathan, K. (1967) Diagrams for the deter-mination of plagioclases using X-ray powder methods. Schweiz. Min. Petr. Mitt. **47**, 351-364

Benabad-Sidky, A., Cabouche, G., Mesnier, T.M. & Niepce, J.C. (1991) Desummation of mixed powder diffraction lines. Mat. Sci. Forum **79-82**, 99-106

Bergmann, J., Friedel, P. & Kleeberg, R. (1998) BGMN – a new fundamental parameters based Rietveld program for laboratory X-ray sources, it's use in quantitative analysis and structure invrestigations. Comission of Powder Diffraction, IUCr CPD Newsletters **20**, 5-8

Bergmann, J. & Kleeberg, R. (2001) Fundamental parameters versus learnt profiles using the Rietveld program BGMN, EPDIC 7, Mater. Sc. Forum **378-381**, 30-35

Berti, G., Giubbilini, S. & Tognoni, E. (1995) DISVAR93: A software package for determining systematic effects in X-ray powder diffractometrie. Powder Diff. **10**, 104-111

Biermann, G. & Ziegler, H. (1986) Properties of a variable digital filter for smoothing and resolution enhancement. Analyt. Chem. **58**, 536-539

Bish, D.L. & Chipera, S.J. (1995) Accuracy in quantitative X-ray powder diffraction Analysis. Adv. X-ray Anal. **38**, 47 - 57

Bish, D.L. & Howard, S.A. (1988) Quantitative phase analysis using the Rietveld method. J. Appl. Cryst. **21**, 86-91

Bish, D.L. & Reynolds Jr., R.C. (1989) Sample preparation for X-ray diffraction. Rev. Min **20**,.73-99

Blafferty, Th. (1984): Fuzzy sets and invertal search- Two concepts for compound identification in spectra. Adv. X-ray Anal. **27**, 27-34 (auch: Anal. Chim. Acta **161**, 135-148)

Blanton, T.N., Huang, T.C., Toroya, H., Hubbard, C.R., Robie, S.B., Louër, D., Göbel, H.E., Will, G., Gilles, R. & Raftery, T. (1995) JCPDS—International Centre for Diffraction Data round robin study of silver behenate. A possible low-angle X-ray diffraction calibration standard. Powder Diff. **10**, 91-95

Bohlin, H. (1920) Anordnung für röntgenkristallographische Untersuchungen von Kristallpulvern. Ann. Phys. **61**, 421-439

Boultif, A. & Louër, D. (1991) Indexing of powder diffraction patterns for low-symmetry lattices by the successive dichotomy method. J. Appl. Cryst. **24**, 987-993

Bragg, W.L. (1912) The mirror reflection of X-rays. Nature **90**, 410 (auch: Proc. Camb. Phil. Soc. **17**, 43-57, 1913, vorgetragen am 11. 11. 1912, θ noch als Winkel zur Normalen)

Bragg, W.H. & Bragg, W.L.(1913) The reflection of X-rays by crystals. Proc. Roy. Soc. London (A) **88**, 428-438 (θ als Glanzwinkel wie heute üblich)

Bragg, W.L. (1913) The structure of some crystals as indicated by their diffraction of X-rays. Proc. Roy. Soc. London (A) **89**, 248-277 (NaCl und weitere Strukturen)

Brandt, C., Rozendaal, H., Blafferty, T., & Bates, S. (1991) Automated multicomponent phase identification using fuzzy sets and inverted data base search. Mat. Sc. Forum **79-82**, 35-40

Bromba, M.A.U. & Ziegler, H. (1981) Application hints for Savitzky-Golay digital smoothing filters. Analyt. Chem. **53**, 1583-1586

Bromba, M.A.U. & Ziegler, H. (1983a) Digital smoothing of noisy spectra. Analyt. Chem. **55**, 648-653

Bromba, M.A.U. & Ziegler, H. (1983b) Digital filter for computationally efficient smoothing of noisy spectra. Analyt. Chem. **55**, 1299-1302

Bromba, M.A.U. & Ziegler, H. (1984) Varible filter for digital smoothing and resolution enhancement of noisy spectra. Analyt. Chem. **56**, 2052-2058

Brown, A. & Edmonds, J.W. (1980) The fitting of powder diffraction profiles to an analytical expression and the influence of line broadening factors. Adv. X-Ray Anal. **23**, 361-374

Buerger, M.J. (1957, 1960) Reduced cells. Z. Krist. **109**, 42-60 und **113**, 52-56

Cagliotti, G., Paoletti, A. & Ricci,F.P. (1958) Choice of collimators for a crystal spectrometer for neutron diffraction. Nucl. Instr. **3**, 223-228

Cameron, D.G. & Armstrong, E.E. (1988) Optimization of stepsize in X-ray powder diffractogram collection. Powder Diff. **3**, 32-37 (auch ICDD, Methods & Practices)

Cammenga, H.K., Eysel, W., Gmelin, E., Hemminger, W., Höhne, G.W.H. & Sarge, S.M. (1992) Die Temperaturkalibrierung dynamischer Kalorimeter. II. Kalibriersubstanzen. PTB-Mitt. **102**, Fachbeitr., 13-18 (auch in Thermochimica Acta)

Cascarano, G., Favia, L. & Giacovazzo, C. (1992) SIRPOW.91, a direct methods package optimized for powder data. J. Appl. Cryst. **25**, 310-317

Cheary, R.W. & Coelho A. (1992) A fundamental parameters approach to X-ray line-profile fitting. J. Appl. Cryst. **25**, 109-121

Cheary, R.W. & Coelho A. (1998a) An experimental investigation of the effects of axial divergence on diffraction line profiles st. Powder Diffraction **13**, 100-106

Cheary, R.W. & Coelho A. (1998b) Axial divergence in a conventional X-ray powder diffractometer. I. Theoretical foundations. J. Appl. Cryst. **31**, 851-861

Cheary, R.W. & Coelho A. (1998c) Axial divergence in a conventional X-ray powder diffractometer. II. Realization and evaluation in a fundamental-parameter profile fitting procedure. J. Appl. Cryst. **31**, 862-868

Chung, F.H. (1974) Quantitative interpretation of X-ray diffraction patterns I, II, III. J. Appl. Cryst. **7**, 519-525, 526-531 und **8**, 17-19

Cline, J.P. & Snyder, R.L. (1983) The dramatic effect of crystallite size on X-ray intensities. Adv. X-Ray Anal. **26**, 111-118

David, W.I.F. (1986) Powder diffraction peak shapes. Parameterization of the Pseudo-Voigt as a Voigt function. J. Appl. Cryst. **19**, 63-64

Debye, P. & Scherrer, P. (1916) Interferenzen an regellos orientierten Teilchen im Röntgenlicht. Physik. Z. **17**, 277-283

de Castro, T. (1987) Dosimetrie of X-Ray Beams: The Measure of the Problem. Adv. X-ray Anal. **30**, 533-568 (auch: dito 575-582)

Delhez, R., de Keijser, T.H. & Mittemeijer, E.J. (1982) Determination of crystallite size and lattice distortions through X-ray diffraction line profile analysis (Recipes, Methods, Comments). Fresenius Z. Analyt. Chem. **312**, 1-16

de Keijser, T.H., Mittemeijer, E.J. & Rozendaal, H.C.F. (1983) The determination of crystallite-size and lattice-strain parameters in conjunction with the profile-refinement method for the determination of crystal structures. J. Appl. Cryst. **16**, 309-316

Deslattes, R.D. & Henins, A. (1973) X-ray to visible wavelength ratios. Phys. Rev. Lett. **31**, 972-975 (siehe auch ibid **33**, 463-466 (1974) und **36**, 898-890 (1976))

de Wolff, P.M. (1968) A simplified criterion for the reliability of a powder pattern indexing. J. Appl. Cryst. **1**, 108-113 und J. Appl. Cryst. **5**, 243 (1972)

Dinnebier, R.E. (1989) GUFI: Computergesteuerte Guinierfilm Vermessung und Auswertung. Diplomarbeit, Heidelberg, 236 S.

Dinnebier, R.E. (1993) GUFI, ein Programmsystem zu Messung und Auswertung von Röntgen-Beugungsaufnahmen an Pulvern. Dissertation, Heidelberg, 151 S. + 180 S. Programmbe-schreibung. (Heidelberger Geowiss. Abh., Band 68)

Dinnebier, R.E. (ed.) (2000) VII. Workshop Powder Diffraction, Structure determination and refinement from powder diffraction data.9. Berichte aus Arbeitskreisen der DGK

Dollase, W.A. (1986) Correction of intensities for preferred orientation of the March model. J. Appl. Cryst. **19**, 267-272

Dragoo, A.L. (1986) Standard reference materials for powder diffraction, Part I- overview of current and future standard materials. Powder Diff. **1**, 294-298

von Dreele, R.B. (1989) Neutron Powder Diffraction. Rev. Min **20**,.333-369

Elton N.J. & Salt, P.D. (1996) Paricle statistics in quantitative X-rax diffractometry. Powder Diff. **11**, 218 - 219

Ewald, P.P. (1921) Das reziproke Gitter in der Strukturtheorie. Z. Krist. (A) **56**, 148-150

Eysel, W. & Breuer, K.-H. (1984) Differential scanning calorometry: Simultaneous temperature and calorimetric calibration. Anal. Calorimetry. Plenum Publ. Corp. 67-80

Faile, S.P., Dabrowski, A.J., Huth, G.G. & Iwanczyk, J.S. (1980) Mercuric Iodide platelets for X-ray spectroscopy produced by polymer controlled growth. J. Crystal Growth **50**, 752-756

Finger, L.W. (1989) Synchrotron powder diffraction. Rev. Min. **20**, 308-331

Fischer, R.X. (1996) Divergence slit corrections for Bragg Brentano diffractometrs with rectan-gular sample surface. Powder Diffraction **11**, 17-21

Foster, B.A. & Wölfel, E.R. (1988) Automated quantitative multi-phase analysis using a focusing transmission diffractometer in conjunction with a curved position-sensitive detector. Adv. X-Ray Anal. **31**, 325-330

Friedrich, W. Knipping, P. & Laue, M. (1912) Interferenz-Erscheinungen bei Röntgenstrahlen. Sitz.ber. math.-phys. Kl. Königl. Bayer. Akad. Wiss. München, 303-322

Gandolfi, G. (1967) Discussion upon methods to obtain X-ray powder patterns from a single crystal. Mineral. Petrogr. Acta **13**, 67-74

Garbauskas, M.F. & Goehner, R.P. (1982) Complete quantitative analysis using both X-ray flourescence and X-ray diffraction. Adv. X-Ray Anal. **25**, 283-288

Göbel, H.E. (1982) A Guinier diffractometer with a scanning position sensitive detector. Adv. X-ray Anal. **25**, 315-324

Goehner, R.P. (1978) Background subtract subroutine for spectral data. Analyt. Chem. **50**, 1223-1225

Guinier, A. (1937) Arrangement for obtaining intense diffraction diagrams of crystalline powders with monochromatic radiation. C.R. Acad. Sci. Paris **204**, 1115-1116

Hanawalt, J.D., Rinn, H.W. & Frevel, L. (1938) Chemical Analysis by X-ray Diffraction Patterns. Ind. Eng. Chem. Anal., Ed. **10**, 457-512

Häusermann, D. (Grenoble), Kuhs, W.F. (Göttingen) & Ahsbahs, H. (Marburg) (1993) pers. Mitt.

Hill, R.J. (1992a) Applications of Rietveld analysis to materials characterization in solid-state chemistry, physics and mineralogy. Adv. X-Ray Anal. **35**, 25-38

Hill, R.J. (1992b) Rietveld refinement round robin. I. Analysis of standard X-ray and neutron data for PbSO$_4$. J. Appl. Cryst. **25**, 589-610

Hill, R.J. & Cranswick, L.M.D. (1994) Rietveld refinement round robin.II. Analysis of monoclinic ZrO$_2$. J. Appl. Cryst. **27**, 802-844

Hill, R.J. & Flack, H.D. (1987) The use of Durbin-Watson d-statistic in Rietveld analysis. J. Appl. Cryst. **20**, 356-361

Hill, R.J. & Howard, C.J. (1987) Quantitative phase analysis from neutron powder diffraction data using the Rietveld method. J. Appl. Cryst. **20**, 467-474

Hill, R.J. & Madsen, I.C. (1984)The effect of profile step counting time on the determination of crystal structure parameters by X-ray Rietveld analysis. J. Appl. Cryst. **17**, 297-306

Hill, R.J. & Madsen, I.C. (1986)The effect of profile step width on the determination of crystal structure parameters and estimated standard deviations by X-ray Rietveld analysis. J. Appl. Cryst. **19**, 10-18

Hill, R.J. & Madsen, I.C. (1987) Data collection strategies for constant wavelength Rietveld analysis. Powder Diff. **2**, 146-162

Hofmann, E.G. & Jagodzinski, H. (1955) Hochauflösende Röntgenapparatur für die Feinstrukturanalyse. Z.Metallkunde **46**, 601-610.

Howard, S.A. & Preston, K.D. (1989) Profile fitting of powder diffraction patterns. Rev. Mineral. **20**, 217-275

Huang, T.C. (1988) Precision peak determination in X-ray powder diffraction. Aust. J. Phys. **41**, 201-212

Huang, T.C. & Parrish, W. (1984) A combined derivative method for peak search analysis. Adv. X-Ray Anal. **27**, 45-52

Hubbard. C.R. (1983) Certification of Si powder diffraction standard reference material 640a. J. Appl. Cryst. **16**, 285-288

Hubbard. C.R., Evans, E.H. & Smith, D.K. (1976) The reference intensity ratio, I/I_c, for computer simulated patterns. J. Appl. Cryst. **9**, 169-174

Hubbard. C.R. & Snyder, R.L. (1988) Reference intensity ratio-measurement and use in quantitative XRD. Powder Diff. **3**, 74-78

Hubbard. C.R., Stalick, J.K. & Mighell, A.D. (1983) NBS*AIDS83: A program for the analysis und evaluation of crystallographic data, Center of Material Science, National Bureau of Standards, Washington DC.

Hull, A.W. & Davey, W.P. (1921) Graphical determination of hexagonal and tetragonal crystal structures from X-ray data. Phys. Rev. **17**, 266-267 und 549-570

Ito, T. (1949) A general powder X-ray photography. Nature **164**, 755-756 (auch: X-ray studies on polymorphism (1950) S.187-228. Maruzen, Tokio, 231 S.)

Jansen, J., Peschar, R. & Schenk H. (1992) On the determination of accurate intensities from powder diffraction data. II. Estimation of intensities of overlapping reflections. J. Appl. Cryst. **25**, 227-243

Järvinen, M., Laakkonen M.-L. & Paakkari, T. (1992) Correcting effect of preferred orientation in transparent samples. Adv. X-Ray Anal. **35**, 303-308

Jenkins, R., Fawcett. T.G., Smith, D.K. Visser, J.W., Morris, M.C. & Fevel, L.K. (1986) Sample preparation methods in X-ray powder diffractometry. Powder Diff. **1.2**, 51-63

Jenkins, R. & Hubbard, C.R. (1977) A preliminary report on the design and results of the second round robin to evaluate search/match methods for qualitative powder diffractometry. Adv. X-ray Anal. **22**, 133-142

Jenkins, R. & Schreiner, W.N. (1986) Considerations in the design of goniometers for use in X-ray powder diffractometers. Powder Diff. **1**, 305-319

Khattak, C.P. & Cox D.E. (1977) Profile analysis of X-ray powder diffractometer data: Structural refinement of $La_{0.75}Sr_{0.25}CrO_3$. J. Appl. Cryst. **10**, 405-411

Kern, A. (1992) Präzisionspulverdiffraktometrie: Ein Vergleich verschiedener Methoden. Diplomarbeit, Heidelberg, 175 S. (Heidelb. Geowiss. Abh. Bd. **58**)

Kern, A. (1998) Hochtemperatur-Rietveldanalysen: Möglichkeiten und Grenzen.. Dissertation, Heidelberger Geowiss. Abhandlungen, Band **89**. Heidelberg, 323 S.

Kern, A: & Eysel, W. (1994) Experimental whole powder pattern intensity calibration in X-ray powder diffractometry (XRPD). Mat. Sci. Forum **166-169**, 135-140 (EPDIC 3)

Kern, A.A.& Coelho, A:A. (1998) A new fundamental parameters approach in profile analysis of powder data. Allied Publishers Ltd., ISBN 81-7023-881-1, 144-155

Kraus, W. & Nolze, G. (1996) POWDER CELL - a program for the reprensentation and manipulation of crystal structures and calculating of the resulting X-ray powder patterns. J. Appl. Cryst. **29**, 301-303

Ladell, J., Zagofsky, A. & Pearlman, S. (1975) Cu $K\alpha_2$ elimination algorithm. J. Appl. Cryst. **8**, 499-506

Langford, J.L., Louër, D., Sonneveld, E.J. & Visser, J.W. (1986) Applications of total pattern fitting to a study of crystallite size and strain in Zinc Oxide powder. Powder Diff. **1**, 211-221

Laue , M. (1913) Röntgenstrahlinterferenzen. Physik. Z. **14**, 1075-1079

Lauterjung, J., Will, G., & Hinze, E. (1985) A fully automatic peak-search program for the evaluation of Gauss-shaped diffraction patterns. Nucl. Instr. and Methods in Physics Res. **A239**, 281-287

Levien, L., Prewitt, C.T. & Weidner, D.J. (1980) Structure and elastic properties of quartz at pressure. Am. Min. **65**, 920-930

Louër, D. (1991) Indexing of powder diffraction patterns. EPDIC 1, Mat. Sci. Forum **79-82**, 17-26

Maichle, J.K., Ihringer, J. & Prandl, W. (1988) Simultaneous structure refinement of neutron, synchrotron and X-ray powder diffraction patterns. J. Appl. Cryst. **21**, 22-27

Malmros, G. & Thomas, J.O. (1977) Least-squares structure refinement based on profile analysis of powder film intensity data. J. Appl. Cryst. **10**, 7-11

March, A. (1932) Mathematische Theorie der Regelung nach der Korngestalt bei affiner Deformation. Z. Krist. **81**, 285-297

Marquardt, D.W. (1963) An algorithm for least-squares estimation of nonlinear parameters. J. Soc. Indust. Appl. Math. **11**, 431-441

Mehrotra, B.N., Hahn, Th., Eysel, W., Röpke, H. &Illguth, A. (1978) Crystal Chemistry of Compounds with Thenardite (Na_2SO_4 V) Structure. N.Jb. Mineral., Mh. **1978**, 408-421

McCusker, L.B. (1988) The ab initio structure determination of sigma-2 (a new clathrasil phase) from synchrotron powder diffraction data. J. Appl. Cryst. **21**, 305-310

Naidu, S,V,N. & Houska; C.R. (1982) Profile separation in complex powder patterns. J. Appl. Cryst. **15**,190-198

Norelco Reporter (1983) Automated Powder Diffractometry. Vol. **30**, No 1X, Special issue, Febr. 83, 69. S

O'Connor, B.H., Li, D.Y. & Sitepu, H. (1991) Strategies for preferred orientation corrections in X-ray powder diffraction using line intensity ratios. Adv. X-Ray Anal. **34**, 409-415

O'Connor, B.H., Li, D.Y. & Sitepu, H. (1992) Texture characterisation in X-ray powder diffraction using the March formula. Adv. X-Ray Anal. **35**, 277-283

Parrish, W. (1960) Results of the I.U.Cr. precision lattice-parameter project. Acta Cryst. **13**, 838-850

Parrish, W. (1988) Advances in synchrotron X-ray polycrystalline diffraction. Aust. J. Phys. **41**, 101-112

Pawley, G.S. (1981) Unit-cell refinement from powder diffraction scans. J. Appl. Cryst. **14**, 357-361

Post, J.E. & Bish, D.L. (1989) Rietveld refinement of crystal structures using powder X-ray diffraction data. Rev. Mineral. **20**, 277-308

Press, W.H. & Teukolsky, S.A. (1990) Savitzky-Golay smoothing filters. Comp. in Physics **4**, 689-672

Proctor, A. & Sherwood, P.M.A. (1980) Smoothing of digital X-ray photoelectron spectra by an extended sliding least-squares approach. Analyt. Chem. **52**, 2315-2321

Reich, G. (1987) Recognizing chromatographic peaks with pattern recognition methods. Anal. Chim. Acta **201**, 153-170 und 171-183

Renninger, M. (1956) Absolutvergleich der stärksten Röntgenstrahl-Reflexe verschiedener Kristalle. Z. Krist. **107**, 464-470

Rietveld, H.M. (1967) Line profiles of neutron powder-diffraction peaks for structure refinement. Acta Cryst. **22**, 151-152

Rietveld, H.M. (1969) A profile refinement method for nuclear and magnetic structures. J. Appl. Cryst. **2**, 65-71

Röntgen, W.C. (1895) Sitz.ber. phys.-med. Ges. Würzburg, vorl. Mitt. 28. 12. 1895, 10 S.

Rouse, K.D. & Cooper, M.J. (1970) Absorption corrections for neutron diffraction. Acta Cryst. **A26**, 682-694

Runge, C. (1917) Die Bestimmung eines Kristallsystems durch Röntgenstrahlen. Phys. Z. **18**, 509-515 (Nachdruck in Powd. Diff. 7, 200-205 (1992))

Sakata, M. & Cooper, M.J. (1979) An analysis of the Rietveld profile refinement method. J. Appl. Cryst. **12**, 554-653

Sánchez, H.J. (1991) A new peak search routine for fast evaluation on small computers. Comp. in Physics **5**, 407-413

Savitzky; A. & Golay, M.J.E. (1964) Smoothing and differentiation of data by simplified least squares procedures. Analyt. Chem. **36**, 1627-1639. korrigiert von Steinier, Termonia & Deltour in Analyt. Chem. **44**, 1906-1909

Schäfer, W. & Will, G. (1988) Profile fitting and the two stage method in neutron powder diffractometry for structure and texture analysis. J. Appl. Cryst. **21**, 228-239

Scherrer, P. (1918) Bestimmung der Größe und inneren Struktur von Kolloidteilchen mittels Röntgenstrahlung. Nachr. Ges. Wiss. Göttingen, Sept., 98-100

Schneider, J. (1993) Mirror heaters for high temperature X-ray diffraction. Adv. X-Ray Anal. **36**, 397-402

Schreiner, W.N (1986) Towards improved alignment of powder diffractometers. Powder Diff. **1**, 26-33

Schreiner, W.N. & Jenkins, R. (1980) A second derivative algorithm for identification of peaks in powder diffraction patterns. Adv. R-Ray Anal. **23**, 287-293

Schreiner, W.N. & Surdowski, C. (1983) Systematic and random powder diffractometer errors relevant to phase identification. Norelco Rep.. **30** 1X, 40-44

Schreiner, W.N., Surdowski, C. & Jenkins, R. (1982a) An approach to the isostructural/isotypical, and solid solution problems in multiphase X-ray analysis. J. Appl. Cryst. **15**, 605-610

Schreiner, W.N., Surdowski, C. & Jenkins, R. (1982b) A new microcpmputer search/match/ identify program for qualitative phase analysis with the powder diffractometer. J. Appl. Cryst. **15**, 513-523, auch 524-530

Schreiner, W.N., Surdowski, C. & Jenkins, R. (1983) Qualitative phase analysis using an X-ray powder diffractometer. Norelco Rep.. **30** 1X, 22-25

Schreiner, W.N. & Surdowski, C. (1983) Systematic and random powder diffractometer errors relevant to phase identification. Norelco Rep.. **30** 1X, 40-44

Schuster, M. Göbel; H.. (1997) Application of graded multiplayer optics in X-ray diffraction. Adv. X-Ray Anal. **39**, 57-71

Seemann, H. (1919) Eine fokussierende röntgenspektroskopische Anordnung für Kristallpulver. Ann. Phys. **59**, 455-464

Smith, D.K. (1992) Particle statistics and whole-pattern methods in quantitative X-ray powder diffraction analysis. Adv. X-Ray Anal. **35**, 1-15

Smith, G.S., Johnson, Q.C., Cox, D.E., Snyder, R.L., Smith, D.K. & Zalkin, A. (1987) Synchrotron radiation applied to computer indexing. Adv. X-Ray Anal. **30**, 383-388

Smith, G.S. & Snyder, R.L. (1979) F_N: A criterion for rating powder diffraction patterns and evaluation of the reliability of powder pattern indexing. J. Appl. Cryst. **12**, 60-65

Smith, G.S.& Kahara, E. (1975) Automated computed indexing of powder patterns, the monoclinic case. J. Appl. Cryst. **8**, 681-683

Snyder, R.L. & Bish, D.L. (1989) Quantitative analysis. Rev. Mineral. **20**, 101-144

Sonneveld, E.J. & Visser, J.W. (1975) Automatic collection of powder data from photographs. J. Appl. Cryst. **8**, 1-7

Spencer (1904) zitiert in Whittaker, E.T. & Robinson, G. (1924)

Straumanis, M. & Ievins, A. (1936) Precision measurements by the method of Debye and Scherrer. II. Z. Phys. **98**, 461-475 (auch: Naturwiss. **23**, 833 (1935))

Straumanis, M. & Mellis. O. (1936) Precision measurements by the method of Debye and Scherrer. I. Z. Phys. **94**, 184-191

Stroh, A. (1988) Quantitative röntgenographische Phasenanalyse von Gesteinen und Mineral-gemischen. Dissertation, Gießen, 228 S.

Suortti, P. (1972) Effects of porosity and surface roughness on the X-ray intensity reflected from a powder specimen. J. Appl. Cryst. **5**, 325-331

Tanner, B.K. (1990) High resolution X-ray diffraction for the characterisation of semiconductor materials. Adv. X-Ray Anal. **33**, 1-11

Tien, Pei-Lin (1974) A simple device for smearing clay-on-glass slides for quantitative X-ray diffraction studies. Clays & Clay Minerals **22**, 367-368

Tissot, R.G. & Eatough, M.O. (1991) Practical and "unusual" applications in X-ray diffraction using position sensitive detectors. Adv. X-Ray Anal. **34**, 349-355

Toraya, H. (1986) Whole-powder-pattern fitting without reference to a structural model: appli-cation to X-ray powder diffractometer data. J. Appl. Cryst. **19**, 440-447

Toraya, H. (1989a) The determination of direction-dependent crystallite size and strain by X-ray whole-powder-pattern fitting. Powder Diff. **4**, 130-136

Toraya, H. (1989b) Whole powder pattern decomposition method. The Rigaku J. **6**, 28-34

Toraya, H. (1993) Position constrained and unconstrained powder-pattern-decomposition methods. in R.A.Young, 1995. 254 - 276

Toraya, H. & Marumo, F. (1981) Preferred orientation correction in powder pattern fitting. Mineral. J. **10**, 211-221

Tributh, H. & Lagaly, G., Hrg. (1991) Identifizierung und Charakterisierung von Tonmineralen. Berichte der Deutschen Ton- und Tonmineralgruppe e.V., DTTG 1991

Turk, P.-G. (1989) Hochdruckuntersuchungen im System Cu-S: Stabilität, Kristallstruktur und Polymorphie des Covellins (CuS). Dissertation, Marburg

van Berkum, J.G.M., Sprong, G.J.M., de Keijser, Th.H., Delhez, R. & Sonneveld, E.J (1955) The optimum standard specimen for X-eay diffraction line-profile analysis. Powder Diff. **10**, 129-139

Visser, J.W. (1969) A fully automatic program for finding the unit cell from powder data. J. Appl. Cryst. **2**, 89-95

Visser, J.W. & de Wolff, P.M. (1964) Absolute intensities. Report 641.109, Technisch Physische Dienst, Delft, NL

Von Dreele, R.B. (1989) Neutron powder diffraction. Rev. Min. **20**, 333-369

Vonk, C.G. (1988) A revaluation of film methods in X-ray scattering. Rigaku J. **5**, No. 2, 9-17

Wang, C., Pan, C., Wang, D., Sang A., Nie, J. & Li., S. (1966) An improved method for quantitative analysis of sedimentary rocks by X.ray diffraction. Powder Diff. **11**, 235 - 239

Warren, B.E. (1969) X-ray diffraction. Addison-Wesley Series in Metallurgy and Materials. 382 S.

Warren, B.E. & Averbach, B.L. (1952) X-ray diffraction studies of cold work in metals. 152-172. In: Seitz F. (editor) Imperfections in nearly perfect crystals. John Wiley & Sons, New York auch: The separation of cold-work distortion and particle size broadening in X-ray patterns. J. Appl. Phys. **23**, 497

Werner, P.-E., Erikson, L. & Westdahl, M. (1985) TREOR, a semi-exhaustive trial-and-error powder indexing program for all symmetries. J. Appl. Cryst. **18**, 367-370

Will, G. (1979) POWLS: A powder least-squares program. J. Appl. Cryst. **12**, 483-485

Will, G. (1991) The two-step-method and its applications in crystallographic problems. EPDIC 1, Mat. Sci. Forum **79-82**, 207-220

Will, G., Jansen, E & Schäfer, W. (1990) Structural refinements in chemistry and physics. A comparative study using the Rietveld and the two-step method. Adv. X-Ray Anal. **33**, 261-268

Will, G., Parrish, W & Huang, T.C. (1983) Crystal-structure refinement by profile fitting and least squares analysis of powder diffraction data. J. Appl. Cryst. **16**, 611-622

Willis, B.T.M. & Pryor, A.W. (1975) Thermal Vibrations in Crystallography, Cambridge University Press, 280 S.

Wilson, A.J.C. & Parrish, W. (1954) A Theoretical Investigation of Geometrical Factors Affecting Wölfel. E.R. (1983) A novel curved position-sensitive proportional counter for X-ray diffractometry. J. Appl. Cryst. **16**, 341-348

Young, R.A., MacKie, P.E. & von Dreele, R.B. (1977) Application of the pattern-fitting structure refinement to X-ray powder diffractometer patterns. J. Appl. Cryst. **10**, 262-269

Young, R.A. & Wiles, D.B. (1981) Application of the Rietveld method for structure refinement with powder diffraction data. Adv. X-Ray Anal. **24**, 1-23

D: Eine Auswahl von Rechenprogrammen für PC's
Eine ausführliche Übersicht findet sich in:

Smith, D.K. & Gorter. S. (1991) Powder diffraction program information 1990 program list. J. Appl. Cryst. **25**, 369-402 und Release 2.2 vom 15.5.95, direkt bestellen bei: Dr. Syb Gorter, Gorlaeus Lab., University of Leiden, Einsteinweg 55, PO Box 9502, NL-2300 RA Leiden. Dort sind auch einige der Programme erhältlich (Powder Diffr. Software Exchange Bank)

etwas kürzer gefaßt in Rev. Mineral. **20** (1989) Chap. 7 von D.K. Smith: Computer analysis of diffraction data (S. 183-216)

IMA Catalogue of Software for Mineralogists. IMA (WGDCA) c/o Prof. D.G.W. Smith, Dept. of Geology, Univ. of Alberta, Edmonton, Alberta, Canada TGG 2E3 ($ 31.-)

Im Internet finden sich auf der Homepage der Internationalen Union for Crystallography alle kristallographischen Public Domain Programme unter: www.iucr.ac.uk. Eine weitere Internetadressen ist: www.Imcp.jussieu.fr/sincris-top/logiciel/result.

Auf der CD „Xtal Nexus" sind eine große Zahl von Programmen zusammengestellt von Lachlan M. D. Cranswick (www.ccp14.ac.uk/people/lachlan/ oder www.ccp14.ac.uk/index)

Die im Folgenden genannten *kommerziellen Programme* werden meistens zusammen mit einem Gerät ausgeliefert.

Messprogramme:

DIFFRAC^{plus} Datenerfassung, Firma BRUKER AXS, D-76181 Karlsruhe, vor allem für das Gerät D5000 (http://www.bruker-axs.com/production/products/xrd/software)

GUFI (von Guinier-Film-Auswertung), Ver. 3.03 (1994), Dr. Robert Dinnebier, vertrieben durch ENRAF-NONIUS (Dr P.U. Pennartz, Obere Dammstr. 8-10, 42684 Solingen)

X'Pert Data Collector, Fa. PHILIPS, Almelo (in D: Miramstr. 87, 34123 Kassel) , für die X'Pert-MPD-Diffraktometer (Multiple Purpose Diffactometer, auch mit X-Celerator Detektor)

Auswerteprogramme (Peaksuche etc.):

DIFFRAC^{plus} EVA (evaluation), Firma BRUKERaxs, D-76181 Karlsruhe, vor allem für das Gerät D5000 (http://www.bruker-axs.com/production/products/xrd/software)

FULLPROF (ftp://bali.saclay.cea.fra/pub/divers/)

GUFI (von Guinier-Film-Auswertung), Ver. 3.03 (1994), Dr. Robert Dinnebier, vertrieben durch ENRAF-NONIUS (Dr P.U. Pennartz, Obere Dammstr. 8-10, 42684 Solingen)

JADE 6.1 (2002) von Materials Data, Inc., P.O. Box 791, Livermore, CA 94550, USA (www.materialsdata.com)

RayfleX, Fa. Seifert, Ahrensburg (http://www.roentgenseifert.com/seif4.9.htm)

SHADOW (1989) A system for X-ray powder diffraction pattern analysis. Howard, S.A., Adv. X-Ray Anal. **32**, 523-530

WinXPOW der Fa. Stoe, PF 101302, 64213 Darmstadt mit: Messkontrolle, Profilanpassung, Peaksuche, Indizierung, Gitterkonstantenverfeinerung, Warren-Averbach-Analyse, Diagrammberechnung

X'Pert HighScore, Fa. PHILIPS, Almelo (in D: Miramstr. 87, 34123 Kassel) (http://www-eu.analytical.philips.com/products/xrd)

Profilanpassung:

AXES, (1995) Dr. Hugo Mändar, EE2400 Tartu, Estland, Dept. of Physics, 4 Tähe Street (ftp://physic.ut.ee/pub/pc/axes/)

DIFFRAC-AT FIT, Firma BRUKERaxs, D-76181 Karlsruhe, vor allem für das Gerät D5000 (http://www.bruker-axs.com/production/products/xrd/software)

DIFPATAN, Ver. 1.3 (1992), Radomír Kuzel, R., Faculty of Mathematics and Physics, Charles University, Ke Karlovu 5, 12116 Prague 2, Tschechien

PMAIN1, Dr. J. Lauterjung, GeoForschungsZentrum, Potsdam. Absolute Integralintensitäten durch Profilanpassung (im Programmpaket QUAX4).

X'Pert Smoothfit und LPA, Fa. PHILIPS, Almelo (in D: Miramstr. 87, 34123 Kassel)

Für einzelne Peakgruppen geeignet ist auch: PEAKFIT von Jandel, PF 4107, 40688 Erkrath

Indizierung unbekannter Phasen:

DICVOL: Louër, D. (enthalten in GUFI u.a., http://sdpd.univ-lemans.fr/ftp/dicvol191.zip)

PC-ITO: J.V. Visser, Techn. Physische Dienst TNO-TU, P.O. Box 155, NL-2628 CK Delft (enthalten in GUFI u.a., http://sdpd.univ-lemans.fr/ftp/ito13.zip)

POWD. (1989), an interactive program for powder diffraction data interpreting and indexing, Wu, E. J. Appl. Cryst. **22**, 506-510

TREOR. Per-Erik Werner, Arrhenius Lab., Univ. Stockholm, S-10691 Stockholm (in GUFI u.a., http://sdpd.univ-lemans.fr/ftp/treor90.zip)

Gitterkonstantenverfeinerung:

LATCO vom Autor. Einschließlich der Verfeinerung des Präparathöhenfehlers

LSUCRE: Evans H.T., Appleman, D.E. & Handworker, D.S. (enthalten in GUFI)

UNITCELL, (http://www.esc.cam.ac.uk/astaff/holland/)

Phasenbestimmung (aus PDF-Datei):

DIFFRAC^{plus} SEARCH, Firma BRUKER AXS, D-76181 Karlsruhe, vor allem für das Gerät D5000 (http://www.bruker-axs.com/production/products/xrd/software).

DIFFRAC^{plus} DQUANT (quantitative Analyse), Firma BRUKER AXS, D-76181 Karlsruhe

MICRO-ID, JADE von Materials Data, Inc., P.O. Box 791, Livermore, CA 94550, USA SEARCH/MATCH-Modul zu JADE, (1994)

Search/Match-Modul zu WinXPOW der Fa. Stoe, PF 101302, 64213 Darmstadt

X'Pert-HighScore der Fa. PHILIPS, Almelo (in D: Miramstr. 87, 34123 Kassel)

PCPDF-WIN. Wird vom ICDD zusammen mit der PDF-Datei auf CD-ROM ausgeliefert.

QUMAIN (quantitative Phasenbestimmung mit Eichdiagrammen) Dr. J. Lauterjung, GeoForschungsZentrum, D-14473 Potsdam, Telegrafenberg (im Programmpaket QUAX4)

Berechnung von Pulverdiagrammen (auch in allen Rietveld programmen):

MICRO-POWD von Materials Data, Inc., P.O. Box 791, Livermore, CA 94550, USA

POWDER CELL 2.3 (1999), W. Kraus und Dr. G. Nolze, BAM, Lab. V.13, Unter den Eichen 87, 12205 Berlin. (http://www.bam.de/a_v/v_1/powder/a_cell.html)

VISUAL (enthalten in derWINDOWS-Version der anorganischen Strukturdatei ICSD)

X'Pert Plus, Fa. PHILIPS, Almelo (in D: Miramstr. 87, 34123 Kassel)

Rietveld-Methoden:

BGMN, mit Fundamentalparametern (http://www.bgmn.de) (Bergmann et al., 1998), Vers. 3.3.22 vom 26.2.02

DIFFRAC^{plus} TOPAS (komplettes Programmpaket auch mit Funmdamentalparametern), Firma BRUKER AXS, D-76181 Karlsruhe, (http://www.bruker-axs.com/production/products/xrd/software).

GSAS, A brief description of the 3rd GSAS constant wavelength profile function, Larry Finger, Carnegie Institution, Washington (ftp://ftp.lanl.gov/public/gsas)

HILL, PC-Adaption des Programms LHPM8 von C.J. Howard & R.J. Hill durch C.L. Lenggauer, Inst. f. Min. und Kristallographie d. Univ. Wien, Dr.Karl-Lueger-Ring 1, A-1010 Wien

X'Pert Plus der Fa. PHILIPS, Almelo (in D: Miramstr. 87, 34123 Kassel)

WYRIET von J. Schneider, Inst. f. Krist. und Mineralogie, Univ. München, Theresienstr. 41, D-80333 München 2 (PC-Fassung eines Programms von D.B. Wiles & R.A. Young)

Die Deutsche Gesellsch. für Kristallographie DGK veranstaltet Workshops zur Einführung in die Rietveldmethode und den Gebrauch von einigen der genannten Programme. Dinnebier, 2000

Korngrößenanalyse (Scherrer und Warren-Averbach):

DIFFRAC^{plus} STRESS, Firma BRUKER AXS, D-76181 Karlsruhe, (http://www.bruker-axs.com/production/products/xrd/software).

LINEPROFILE der Fa. PHILIPS, Almelo (in D: Miramstr. 87, 34123 Kassel)

WIN-CRYSIZE, Firma BRUKERaxs, D-76181 Karlsruhe, vor allem für das Gerät D5000 (http://www.bruker-axs.com/production/products/xrd/software n

X'Pert Stress, Fa. PHILIPS, Almelo (in D: Miramstr. 87, 34123 Kassel)

Andere kristallographische Programme:

SHAPE (Kristallzeichnen) Ver. 4.0 (1991) und ATOMS Ver. 3.0 (1994) (Strukturzeichnung) Eric Dowty, 196 Beechwood Ave., Bogota, NJ 07603, USA

DIAMOND Ver.1.1(1996) (Strukturzeichnung), Prof.Dr. G.Bergerhoff Softwareentwicklung, Bonn

Andere Strukturzeichnungsprogramme (Stab- und Kugel-Modelle) sind in POWDER CELL 2.3 und ind der anorganischen Strukturdatei ICSD enthalten.

SHAPE (Kristallzeichnen) Ver. 4.0 (1991) und ATOMS Ver. 3.0 (1994) (Strukturzeichnung)
Eric Dowty, 196 Beechwood Ave., Bogota, NJ 07603, USA

DIAMOND Ver.1.1(1996) (Strukturzeichnung), Prof.Dr. G.Bergerhoff Softwareentwicklung,
Bonn

Andere Strukturzeichnungsprogramme (Stab- und Kugel-Modelle) sind in POWDER CELL 2.3
und ind der anorganischen Strukturdatei ICSD enthalten.

CRYSCOMP und CRYSDRAW (Berechnen und Zeichnen von Kristallformen) Prof. Dr. J.
Bohm, Max-Born-Institut, Rudower Chaussee 6, D-12489 Berlin

DIFFRAC^{plus} TEXTURE (Texturanalyse), Firma BRUKER AXS, D-76181 Karlsruhe,
(http://www.bruker-axs.com/production/products/xrd/software).

DRILL (Berechnen der Bohrlöcher für Stab-und Kugel-Modelle) D.K Smith (&Clark), Dept.
Geosciences, 239 Deike Building, Pennsylvania State Univ., University Park, PA 16802,
USA

ICSD = Inorganic Crystal Structure Database auf CD-ROM (halbjährliches Update), Fachinfor-
mationszentrum Karlsruhe, 76344 Eggenstein-Leopoldshafen (mit z.Z. ca. 60 000 Kristallstrukturen, begonnen von Prof. G. Bergerhoff, Bonn). Die neue WINDOWS-Version (ab
2002, zusammen mit NIST, USA) enthält im 'Visual'-Teil ein Programm zur Berechnung
von Strukturbildern und Pulverdiagrammen aus den gespeicherten Atomkoordinaten.

X'Pert Industry, Fa. PHILIPS, Almelo (in D: Miramstr. 87, 34123 Kassel), für Industrie-
Applikationen

Nachtrag:

Das Programmpaket RayfleX der Firma Agfa NDT Pantak Seifert GmbH (Seifert Analytical
X-ray), Bogenstr. 41, D22926 Ahrensburg enthält die folgenden Einzelprogramme:
RayfleX MEASURE (Messprogramme)
Rayflex ANALYZE (Datenreduktion, Peak-Suche, Profilanpassung, Phasenbestimmung,
Indizierung und Gitterkonstantenverfeinerung)
Rayflex ANALYZE, STRESS
Rayflex ANALYZE, TEXTUR
AutoQuan (Quantitative Phasenanalyse)
Parsize (Korngrößenbestimmung)
BGMN (Rietveld-Analyse-Programm mit Fundamentalparametern)

Sachwortverzeichnis

Abbildungsnachweis

Abbildungen **C(8), C(10), C(11), C(12), C(16), D(15), D(22), E(12), E(13), E(14), E(15),**
mit freundlicher Genehmigung aus A. Kern (1992): Präzisionspulverdiffraktometrie Heidelberger
Geowissenschaftliche Abhandlungen, **58**

Abbildung **B(11), D(21)**
mit freundlicher Genehmigung aus R. E. Dinnebier (1989): Computergesteuerte Gunier-Film-
Vermessung und Auswertung
Diplomarbeit, Heidelberg und (1993) Dissertation (Heidelberg)

Abbildungen **C(13), C(14)**
aus Jeffrey, J.W. (1971), Methods in X-Ray-Crystallography
mit freundlicher Genehmigung des Verlages Academic Press, London

Abbildungen **B(1), B(2), B(3), B(7)**
aus Jost, K.-H. (1975): Röntgenbeugung an Kristallen
mit freundlicher Genehmigung des Akademie-Verlages, Berlin

Abbildung **B(19)**
aus Buerger, M.J.: Kristallographie
mit freundlicher Genehmigung des Verlages DeGruyter, Berlin

Abbildung **B(6), B(13), C(9)**
aus International Tables for X-Ray-Crystallograpy, Vol.II (1967)
mit freundlicher Genehmigung der International Union of Crystallography, Chester, England

Abbildung **D(6)**
aus Whittaker, E.J.W. (1981): Crystallography
mit freundlicher Genehmigung des Verlages Elsevier Science Ltd., Kidlington, England

Abbildung **C(6)**
aus Sagel, K. (1958): Tabellen zur Röntgenstrukturanalyse
mit freundlicher Genehmigung des Springer-Verlages, Berlin

Abbildungen **D(3), D(4)**
aus Kleber, Bautsch, Bohm (17.Aufl.1990), Einführung in die Kristallographie
mit freundlicher Genehmigung des Verlages Technik, Berlin

Abbildungen **D(8), D(9), D(12), D(18), C(5)**
aus Krischner, H. (1994): Einführung in die Röntgenfeinstrukturanalyse mit freundlicher
Genehmigung des Vieweg-Verlages, Wiesbaden, 5. Auflage

Abbildungen **D(1), D(2)**
aus Hutchison, C.S. (1974) Laboratory Handbook of PetrographicTechniques
mit freundlicher Genehmigung des Verlages Wiley S Sons, New York

Abbildungen **B(14), B(15), B(17), D(7), D(11), D(23), F(18),**
aus Klug, H.P. & Alexander, W E. (1974) X-Ray-Diffraction Procedures for Polycrystallin
and Amorphous Materials. 2nd edition
mit freundlicher Genehmigung des Verlages Wiley & Sons, New York

Druck: Strauss GmbH, Mörlenbach
Verarbeitung: Schäffer, Grünstadt